经济数学基础

线性代数学习指导

（第2版）

崔书英 马谦杰 编

清华大学出版社
北 京

内 容 简 介

本书是《线性代数》(第4版)(陈卫星，崔书英，清华大学出版社，2014)的辅助教材. 每章包括说明与要求、内容提要、典型例题分析、自测题、自测题参考答案与提示5部分内容. 每章对重要概念、定理、公式进行了简明扼要的总结归纳，重点突出，层次清晰，便于读者记忆和掌握；每章归纳出各种基本题型并详细介绍了各种题型的解题方法和技巧，选题广泛且具代表性；每章配两种类型习题：客观题(填空和选择题)、计算题和证明题，读者可以借此进行基本训练，提高独立解题能力；每章后面给出习题参考答案，部分习题给出了解法或提示，以适于读者自学.

本书可以作为财经类学生的学习参考书，也可以作为硕士研究生入学考试的辅导教材.

图书在版编目(CIP)数据

线性代数学习指导/崔书英，马谦杰编. —2版. —北京：清华大学出版社，2014 (2022.8重印)
(经济数学基础)
ISBN 978-7-302-37300-1

Ⅰ. ①线… Ⅱ. ①崔… ②马… Ⅲ. ①线性代数—高等学校—教学参考资料 Ⅳ. ①O151.2

中国版本图书馆CIP数据核字(2014)第159937号

责任编辑：刘 颖
封面设计：常雪影
责任校对：王淑云
责任印制：宋 林

出版发行：清华大学出版社
网 址：http://www.tup.com.cn，http://www.wqbook.com
地 址：北京清华大学学研大厦A座 邮 编：100084
社 总 机：010-83470000 邮 购：010-62786544
投稿与读者服务：010-62776969，c-service@tup.tsinghua.edu.cn
质量反馈：010-62772015，zhiliang@tup.tsinghua.edu.cn
印 装 者：三河市铭诚印务有限公司
经 销：全国新华书店
开 本：185mm×230mm 印 张：12 字 数：253千字
版 次：2007年2月第1版 2014年8月第2版 印 次：2022年8月第17次印刷
定 价：35.00元

产品编号：058627-04

编委会

主　编　韩玉良

编　委（按姓氏笔画为序）

于永胜　曲子芳　李宏艳　陈卫星

郭　林　崔书英　隋亚莉

前言

《线性代数学习指导》是《线性代数》(第4版)(陈卫星,崔书英,清华大学出版社,2014)配套的辅助教材.编写本书的目的是想让学生在学习原教材的基础上,进一步开阔眼界,拓展思路,多实践,多练习,以增强分析问题和解决问题的能力.本书具有以下几个特点:

1. 紧扣大纲,突出重点.书中的每一章都写有"说明与要求",其中既有对本章重点内容的简略概括和串讲,又有对本章学习的具体要求.目的在于使学生能明确本章的重点、难点,弄清各知识点之间的相互联系,以便对本章有一个全局性的认识和把握.学习要求是根据国家教委的《线性代数教学大纲》和考研大纲的要求提出的,强调读者按照教学大纲的要求进行学习.

2. 选题广泛且代表性强.在例题选择和编排上,编者参考了大量的教科书、习题集以及最近几年的考研试题和考研辅导书.从中精选了180多道例题.对题目按题型进行归纳分类,归纳总结了各种题型的解题方法.每种题型的解法都具有一定的代表性.读者可在掌握这些类型的解题方法后,举一反三,触类旁通.

3. 一题多解,方法灵活.例题分析中,注重一题多解,大部分题目给出了两种以上的解法,构思新颖、方法灵活.对各类题型的解法都有分析,有小结.引导学生多方位思考,开阔解题思路,使所学知识融会贯通,并能综合灵活地解决问题.

4. 紧密结合原教材.在章节和内容的编排上与原教材结合紧密,定义和概念的叙述以及符号的使用都与原教材保持一致,使学生学起来比较方便.每章内容的编排总结比原教材更加深入,更有条理,使学生易于理解和掌握.

另外还选编了适量的自测题，并给出了参考答案和提示，供学生练习.以巩固所学知识，提高独立解题能力，并检测自己对所学知识掌握的程度.

本书可作为学习线性代数这门课程的参考用书，也可作为考研复习的辅导用书.

编 者

2014年5月

目录

第 1 章 行列式

1.1 说明与要求

本章的重点是行列式的计算，要求在理解 n 阶行列式的概念、掌握行列式性质的基础上，熟练正确地计算三阶、四阶及简单的 n 阶行列式.

计算行列式的基本思路是：按行(列)展开公式，通过降阶来计算. 但在展开之前往往先利用行列式性质通过对行列式的恒等变形，使行列式中出现较多的零和公因式，从而简化计算. 常用的行列式计算方法和技巧有：直接利用定义法、化三角行列式法、降阶法、递推法、数学归纳法和利用已知行列式法.

行列式在本章的应用是求解线性方程组(克莱姆法则). 要掌握克莱姆法则并注意克莱姆法则应用的条件.

1.2 内容提要

1.2.1 排列

1. 基本概念

(1) 排列和逆序

由 n 个数 $1,2,3,\cdots,n$ 组成的一个有序数组称为一个 n 级排列或称 n 元排列.

在一个排列中，如果两个数的前后位置与它们的大小次序相反，即排在前面的数比后面的数大，就称这两个数构成一个逆序.

(2) 逆序数

一个排列中逆序的个数称为此排列的逆序数. 用 $N(i_1,i_2,\cdots,i_n)$ 表示排列 $i_1i_2\cdots i_n$ 的逆序数.

排列的逆序数由其中每一个数所引起的逆序个数相加而得到.

(3) 排列的奇偶性

若排列的逆序数是奇数，则称该排列为奇排列；逆序数为偶数，则称之为偶排列.

(4) 对换

把一个排列的某两个数的位置相互调换，其余各数不动，得到一个新的排列，这种调换称为一次对换.

2. 有关排列和逆序的几个重要结论

(1) 对换改变排列的奇偶性.

(2) 在全部的 n 级排列中，奇排列和偶排列各占一半，各为 $n!/2$ 个($n\geqslant 2$).

(3) 任意一个 n 级排列 $i_1i_2\cdots i_n$ 经过若干次对换可变为自然顺序排列 $123\cdots n$，且所作的对换次数与排列 $i_1i_2\cdots i_n$ 的奇偶性相同.

1.2.2 行列式

1. n 阶行列式的定义

$$\begin{vmatrix} a_{11} & a_{12} & \cdots & a_{1n} \\ a_{21} & a_{22} & \cdots & a_{2n} \\ \vdots & \vdots & & \vdots \\ a_{n1} & a_{n2} & \cdots & a_{nn} \end{vmatrix} = \sum_{j_1j_2\cdots j_n}(-1)^{N(j_1j_2\cdots j_n)}a_{1j_1}a_{2j_2}\cdots a_{nj_n}.$$

这里，$\sum\limits_{j_1j_2\cdots j_n}$ 是对所有 n 级排列 $j_1j_2\cdots j_n$ 求和. 故行列式等于取自不同行、不同列的 n 个元素的乘积 $a_{1j_1}a_{2j_2}\cdots a_{nj_n}$ 的代数和. 每一项的正负号取决于组成该项的 n 个元素的列标排列的逆序数(当其行标按自然顺序排列时)，即当 $j_1j_2\cdots j_n$ 是偶排列时，取正号，当 $j_1j_2\cdots j_n$ 是奇排列时，取负号. 由于 n 级排列共有 $n!$ 项，所以 n 阶行列式共有 $n!$ 项.

下面是几种特殊的行列式：

(1) 上三角行列式

$$\begin{vmatrix} a_{11} & a_{12} & a_{13} & \cdots & a_{1n} \\ & a_{22} & a_{23} & \cdots & a_{2n} \\ & & a_{33} & \cdots & a_{3n} \\ & & & \ddots & \vdots \\ & & & & a_{nn} \end{vmatrix} = a_{11}a_{22}a_{33}\cdots a_{nn}.$$

(2) 下三角行列式

$$\begin{vmatrix} a_{11} & & & & \\ a_{21} & a_{22} & & & \\ a_{31} & a_{32} & a_{33} & & \\ \vdots & \vdots & \vdots & \ddots & \\ a_{n1} & a_{n2} & a_{n3} & \cdots & a_{nn} \end{vmatrix} = a_{11}a_{22}a_{33}\cdots a_{nn}.$$

(3)

$$\begin{vmatrix} a_{11} & a_{12} & \cdots & a_{1,n-1} & a_{1n} \\ a_{21} & a_{22} & \cdots & a_{2,n-1} & \\ \vdots & \vdots & \iddots & & \\ a_{n-1,1} & a_{n-1,2} & & & \\ a_{n1} & & & & \end{vmatrix} = \begin{vmatrix} & & & & a_{1n} \\ & & & a_{2,n-1} & a_{2n} \\ & & \iddots & \vdots & \vdots \\ & a_{n-1,2} & \cdots & a_{n-1,n-1} & a_{n-1,n} \\ a_{n1} & a_{n2} & \cdots & a_{n,n-1} & a_{nn} \end{vmatrix}$$

$$= (-1)^{\frac{n(n-1)}{2}} a_{n1}a_{n-1,2}\cdots a_{1n}.$$

(4) 设 $\boldsymbol{A},\boldsymbol{B}$ 分别是 m 阶和 n 阶方阵，则

$$\begin{vmatrix} \boldsymbol{A} & \boldsymbol{0} \\ \boldsymbol{C} & \boldsymbol{B} \end{vmatrix} = \begin{vmatrix} \boldsymbol{A} & \boldsymbol{D} \\ \boldsymbol{0} & \boldsymbol{B} \end{vmatrix} = |\boldsymbol{A}||\boldsymbol{B}|,$$

$$\begin{vmatrix} \boldsymbol{0} & \boldsymbol{A} \\ \boldsymbol{B} & \boldsymbol{C} \end{vmatrix} = \begin{vmatrix} \boldsymbol{D} & \boldsymbol{A} \\ \boldsymbol{B} & \boldsymbol{0} \end{vmatrix} = (-1)^{mn}|\boldsymbol{A}||\boldsymbol{B}|.$$

2. 行列式的性质

性质 1 行列式的行和列互换，其值不变，即行列式 D 与它的转置行列式相等，$D=D^{\mathrm{T}}$.

性质 2 用一个数 k 乘以行列式的某一行(列)的各元素，等于该数乘以此行列式. 或者说行列式的某一行(列)的公因子可以提到行列式的前面.

推论 1 若行列式的某行(列)的元素全为零，则该行列式等于零.

性质 3 如果行列式中某行(列)中各元素均为两项之和，则这个行列式等于两个行列式的和，即

$$\begin{vmatrix} a_{11} & a_{12} & \cdots & a_{1n} \\ a_{21} & a_{22} & \cdots & a_{2n} \\ \vdots & \vdots & & \vdots \\ a_{i1}+b_{i1} & a_{i2}+b_{i2} & \cdots & a_{in}+b_{in} \\ \vdots & \vdots & & \vdots \\ a_{n1} & a_{n2} & \cdots & a_{nn} \end{vmatrix} = \begin{vmatrix} a_{11} & a_{12} & \cdots & a_{1n} \\ a_{21} & a_{22} & \cdots & a_{2n} \\ \vdots & \vdots & & \vdots \\ a_{i1} & a_{i2} & \cdots & a_{in} \\ \vdots & \vdots & & \vdots \\ a_{n1} & a_{n2} & \cdots & a_{nn} \end{vmatrix} + \begin{vmatrix} a_{11} & a_{12} & \cdots & a_{1n} \\ a_{21} & a_{22} & \cdots & a_{2n} \\ \vdots & \vdots & & \vdots \\ b_{i1} & b_{i2} & \cdots & b_{in} \\ \vdots & \vdots & & \vdots \\ a_{n1} & a_{n2} & \cdots & a_{nn} \end{vmatrix}.$$

性质 4 交换行列式中任意两行(列)的位置，行列式的正负号改变.

推论 2 如果行列式中有两行(列)的对应元素相同，则行列式等于零.

推论 3 如果行列式中有两行(列)的对应元素成比例，则行列式等于零.

性质 5 把行列式中某一行(列)的各元素同乘以一个数 k 加到另一行(列)的对应元素上，行列式的值不变.

3. 行列式按某行(列)展开

(1) 余子式

n 阶行列式中，把元素 a_{ij} 所在的第 i 行第 j 列的元素划去后剩下的元素按原来的次

序排列而得到的 $n-1$ 阶行列式，称为元素 a_{ij} 的余子式，记为 M_{ij}.

(2) 代数余子式

$A_{ij}=(-1)^{i+j}M_{ij}$ 称为元素 a_{ij} 的代数余子式.

(3) 行列式按某一行(列)展开

行列式等于它的任一行(列)的所有元素分别与它们所对应的代数余子式的乘积之和，即

$$D=\begin{vmatrix} a_{11} & a_{12} & \cdots & a_{1n} \\ a_{21} & a_{22} & \cdots & a_{2n} \\ \vdots & \vdots & & \vdots \\ a_{n1} & a_{n2} & \cdots & a_{nn} \end{vmatrix}=a_{i1}A_{i1}+a_{i2}A_{i2}+\cdots+a_{in}A_{in}$$

$$=a_{1j}A_{1j}+a_{2j}A_{2j}+\cdots+a_{nj}A_{nj}\quad (i,j=1,2,\cdots,n).$$

(4) 行列式的任何一行(列)的各元素与另一行(列)的各元素对应的代数余子式的乘积之和等于零，即

$$a_{i1}A_{j1}+a_{i2}A_{j2}+\cdots+a_{in}A_{jn}=0\quad (i\neq j),$$
$$a_{1k}A_{1l}+a_{2k}A_{2l}+\cdots+a_{nk}A_{nl}=0\quad (k\neq l).$$

1.2.3 克莱姆法则

1. 非齐次线性方程组

如果线性方程组

$$\begin{cases} a_{11}x_1+a_{12}x_2+\cdots+a_{1n}x_n=b_1, \\ a_{21}x_1+a_{22}x_2+\cdots+a_{2n}x_n=b_2, \\ \qquad\qquad\vdots \\ a_{n1}x_1+a_{n2}x_2+\cdots+a_{nn}x_n=b_n \end{cases} \tag{1.1}$$

的系数行列式 $D\neq0$，那么这个线性方程组有唯一解

$$x_1=\frac{D_1}{D},\quad x_2=\frac{D_2}{D},\quad \cdots,\quad x_n=\frac{D_n}{D}, \tag{1.2}$$

其中 D_j 是将系数行列式中的第 j 列的元素(即 x_j 的系数)换成线性方程组中的常数项 $b_1,b_2,\cdots,b_m$ 所构成的行列式.

克莱姆法则给出了线性方程组的解与线性方程组的系数及常数项的关系的公式，在理论上和应用上都很重要.

若系数行列式 $D=0$，则不能用克莱姆法则求解. 此时线性方程组可能有解，也可能无解，这需要根据具体情况讨论.

2. 齐次线性方程组

如果齐次线性方程组

$$\begin{cases} a_{11}x_1+a_{12}x_2+\cdots+a_{1n}x_n=0, \\ a_{21}x_1+a_{22}x_2+\cdots+a_{2n}x_n=0, \\ \qquad\vdots \\ a_{n1}x_1+a_{n2}x_2+\cdots+a_{nn}x_n=0 \end{cases} \tag{1.3}$$

的系数行列式 $D\neq 0$，那么齐次线性方程组只有零解. 若系数行列式 $D=0$，则齐次线性方程组有非零解. 反之亦然.

注 克莱姆法则只能用于线性方程组的个数与未知量个数相等且行列式不等于零的线性方程组，对于线性方程个数与未知量个数不等或未知量个数与线性方程个数相等，但系数行列式等于零的情况，需用另外的方法求解.

1.3 典型例题分析

1.3.1 排列

例 1.1 求下列排列的逆序数，并确定它们的奇偶性.

(1) $n(n-1)\cdots21$； (2) $135\cdots(2n-1)246\cdots(2n)$.

解 (1) 为了找出排列 $n(n-1)\cdots21$ 的所有逆序而不遗漏，对此排列的 n 个数从左到右顺序地考察. 第一个数 n 后面比它小的数有 $n-1$ 个，共构成 $n-1$ 个逆序，第二个数 $n-1$ 后面比它小的数有 $n-2$ 个，……，3 后面比它小的数有 2 个，2 后面比它小的数有 1 个，所以

$$N(n(n-1)\cdots21)=(n-1)+(n-2)+\cdots+2+1=\frac{n(n-1)}{2}.$$

由于$\frac{n(n-1)}{2}$的奇偶性需根据 n 而定，故讨论如下：

当 $n=4k$ 时，$\frac{n(n-1)}{2}=2k(4k-1)$是偶数；

当 $n=4k+1$ 时，$\frac{n(n-1)}{2}=2k(4k+1)$是偶数；

当 $n=4k+2$ 时，$\frac{n(n-1)}{2}=(2k+1)(4k+1)$是奇数；

当 $n=4k+3$ 时，$\frac{n(n-1)}{2}=(2k+1)(4k+3)$是奇数.

综上所述，当 $n=4k$ 或 $4k+1$ 时，此排列为偶排列；当 $n=4k+2$ 或 $n=4k+3$ 时，此排列为奇排列，其中 k 为任意非负整数.

(2) 该排列中前 n 个数 $1,3,5,\cdots,2n-1$ 之间不构成逆序，后 n 个数 $2,4,6,\cdots,2n$ 之间也不构成逆序，只有前 n 个数与后 n 个数之间才构成逆序.

$$N(135\cdots(2n-1)246(2n))=0+1+2+\cdots+(n-1)=\frac{n(n-1)}{2}.$$

小结 求任一排列 $i_1i_2\cdots i_n$ 的逆序数可按如下的方法计算 $N(i_1i_2\cdots i_n)$：用 i_1 后面比 i_1 小的数的个数加上 i_2 后面比 i_2 小的数的个数……加上 i_n 后面比 i_n 小的数的个数. 如 $N(53214)=4+2+1+0=7$.

例 1.2 选择 i,j,k 使 $21i36jk97$ 为偶排列.

解 在排列中可供 i,j,k 选择的数字只有 4,5,8，不妨设 $i=4,j=5,k=8$，则

$$N(214365897)=1+1+1+2=5,$$

为奇排列. 由对换两个数字改变排列的奇偶性可知，当 $i=5,j=4,k=8$，或 $i=8,j=5,k=4$，或 $i=4,j=8,k=5$ 时，9 级排列为偶排列.

例 1.3 设 $a_{1i}a_{32}a_{54}a_{2j}a_{45}$ 为 5 阶行列式的一项，取"－"号，试确定 i,j.

解 将题给项重新排列变为 $a_{1i}a_{2j}a_{32}a_{45}a_{54}$ 列标排列为 $ij254$，可见 i,j 可取 1,3. 不妨设 $i=1,j=3$，则 $N(13254)=1+1=2$，故可知应取 $i=3,j=1$.

例 1.4 有一个 5 阶行列式，其中 $a_{21}a_{32}a_{45}a_{13}a_{54}$ 为其一项，试确定其符号.

解 该项行标排列的逆序数 $N(23415)=3$，该项列标排列的逆序数 $N(12534)=2$. 因为行标与列标排列的逆序数之和 $3+2=5$ 为奇数，故该项取"－"号.

例 1.5 写出 4 阶行列式中包含因子 $a_{22}a_{34}$ 的所有项，并确定它们的符号.

解 在 4 阶行列式中，含 $a_{22}a_{34}$ 的一般项为

$$(-1)^{N(p24q)}a_{1p}a_{22}a_{34}a_{4q},$$

这里 p,q 是 1,3 的所有排列，即 13 和 31 两个排列，因此含有 $a_{22}a_{34}$ 的项只有两个，即

$$(-1)^{N(1243)}a_{11}a_{22}a_{34}a_{43}=-a_{11}a_{22}a_{34}a_{43},$$
$$(-1)^{N(3241)}a_{13}a_{22}a_{34}a_{41}=a_{13}a_{22}a_{34}a_{41}.$$

1.3.2 行列式的计算

计算行列式有以下几种常用的方法.

1. 利用行列式的定义计算行列式

例 1.6 计算行列式 $D_n=\begin{vmatrix} 0 & \cdots & 0 & 1 & 0 \\ 0 & \cdots & 2 & 0 & 0 \\ \vdots & & \vdots & \vdots & \vdots \\ n-1 & \cdots & 0 & 0 & 0 \\ 0 & 0 & 0 & 0 & n \end{vmatrix}$.

解 由于行列式中不为零的项只有 $12\cdots(n-1)n$ 这一项，而把这 n 个元素按行下标顺序排列时，列下标的排列为 $(n-1)(n-2)\cdots 21n$，其逆序数 $N((n-1)(n-2)\cdots 21n)=(n-1)(n-2)/2$，所以行列式 $D_n=(-1)^{\frac{(n-1)(n-2)}{2}}n!$.

例 1.7 计算行列式 $\begin{vmatrix} a & b & 0 & \cdots & 0 & 0 \\ 0 & a & b & \cdots & 0 & 0 \\ \vdots & \vdots & \vdots & & \vdots & \vdots \\ 0 & 0 & 0 & \cdots & a & b \\ b & 0 & 0 & \cdots & 0 & a \end{vmatrix}$.

解 由行列式的定义可知，此行列式的非零项只有两项 $a_{11}a_{22}\cdots a_{nn}$ 和 $a_{12}a_{23}\cdots a_{n-1,n}a_{n1}$，故

$$\begin{vmatrix} a & b & 0 & \cdots & 0 & 0 \\ 0 & a & b & \cdots & 0 & 0 \\ \vdots & \vdots & \vdots & & \vdots & \vdots \\ 0 & 0 & 0 & \cdots & a & b \\ b & 0 & 0 & \cdots & 0 & a \end{vmatrix} = (-1)^{N(12\cdots n)}aa\cdots a+(-1)^{N(23\cdots n1)}bb\cdots b$$

$$= a^n+(-1)^{n-1}b^n.$$

例 1.8 计算行列式 $D_4=\begin{vmatrix} a_1 & 0 & b_1 & 0 \\ 0 & a_2 & 0 & b_2 \\ b_3 & 0 & a_3 & 0 \\ 0 & b_4 & 0 & a_4 \end{vmatrix}$.

解 在 D_4 中第一行的非零元素为 $a_{11}=a_1$，$a_{13}=b_1$，故 $j_1=1,3$；同理由第 2,3,4 行可求得 $j_2=2,4$；$j_3=1,3$；$j_4=2,4$. 因为 j_1,j_2,j_3,j_4 能组成 4 个四级排列：1234，1432，3214，3412，故 D_4 中相应有 4 个非零项：

$$(-1)^{N(1234)}a_{11}a_{22}a_{33}a_{44}=a_1a_2a_3a_4,\quad (-1)^{N(1432)}a_{11}a_{24}a_{33}a_{42}=-a_1b_2a_3b_4,$$
$$(-1)^{N(3214)}a_{13}a_{22}a_{31}a_{44}=-b_1a_2b_3a_4,\quad (-1)^{N(3412)}a_{13}a_{24}a_{31}a_{42}=-b_1b_2b_3b_4,$$

于是有

$$D_4=a_1a_2a_3a_4-a_1b_2a_3b_4-b_1a_2b_3a_4+b_1b_2b_3b_4=(a_1a_3-b_1b_3)(a_2a_4-b_2b_4).$$

例 1.9 证明：$\begin{vmatrix} a_{11} & a_{12} & a_{13} & a_{14} & a_{15} \\ a_{21} & a_{22} & a_{23} & a_{24} & a_{25} \\ 0 & 0 & 0 & a_{34} & a_{35} \\ 0 & 0 & 0 & a_{44} & a_{45} \\ 0 & 0 & 0 & a_{54} & a_{55} \end{vmatrix}=0$.

证明 这个行列式的元素满足：

$$a_{3j_3}=0\quad(\text{当 } j_3=1,2,3 \text{ 时}),$$

$$a_{4j_4}=0\quad(\text{当 } j_4=1,2,3 \text{ 时}),$$
$$a_{5j_5}=0\quad(\text{当 } j_5=1,2,3 \text{ 时}),$$

而5阶行列式的一般项为$(-1)^{N(j_1j_2j_3j_4j_5)}a_{1j_1}a_{2j_2}a_{3j_3}a_{4j_4}a_{5j_5}$，只要 j_3,j_4,j_5 中有一个为1，2，3时，对应项便为零.又因为 $j_3j_4j_5$ 应取1，2，3，4，5中各不相同的3个数，其中必然有1，2，3中的任一个数，因此行列式的一般项必为零，即行列式为零.证毕.

小结 对于含有零元素较多的行列式，可直接用定义计算，此时只需求出所有非零项即可.为求出非零项 $a_{1j_1}a_{2j_2}\cdots a_{nj_n}$ 的列下标 $j_1j_2\cdots j_n$ 的所有 n 级排列，先由第一行的非零元素及位置，写出 j_1 可取的数码；再由第2，3，…，n 行的非零元素及其位置分别写出 $j_2j_3\cdots j_n$ 可能取的数码；进而求出 $j_1j_2\cdots j_n$ 的所有 n 级排列，非零项 $a_{1j_1}a_{2j_2}\cdots a_{nj_n}$ 的列下标 $j_1j_2\cdots j_n$ 的 n 级排列有多少个，相应地该行列式就含有多少个非零项.

2. 化三角行列式法

化三角行列式法就是把一个行列式经过适当的变换化成三角行列式的形式，从而直接计算出其结果，这是行列式计算中的一个重要方法.如何将一个行列式化成三角行列式，是否一定要化成三角行列式才能计算，这需要具体问题具体分析.

例1.10 计算行列式

$$\begin{vmatrix} 1 & 2 & 3 & 4 \\ 2 & 3 & 4 & 1 \\ 3 & 4 & 1 & 2 \\ 4 & 1 & 2 & 3 \end{vmatrix}.$$

分析 这个行列式关于主对角线对称，即形如

$$\begin{vmatrix} a_{11} & a_{12} & a_{13} & a_{14} \\ a_{12} & a_{22} & a_{23} & a_{24} \\ a_{13} & a_{23} & a_{33} & a_{34} \\ a_{14} & a_{24} & a_{34} & a_{44} \end{vmatrix}.$$

这样的行列式称为对称行列式.由于各行的元素之和相等，若把各列的元素都加到第1列，则可以提出公因子，使第1列都变成1，然后再化成三角行列式即可求出其值.

解
$$\begin{vmatrix} 1 & 2 & 3 & 4 \\ 2 & 3 & 4 & 1 \\ 3 & 4 & 1 & 2 \\ 4 & 1 & 2 & 3 \end{vmatrix} \xlongequal{①+(②+③+④)} \begin{vmatrix} 10 & 2 & 3 & 4 \\ 10 & 3 & 4 & 1 \\ 10 & 4 & 1 & 2 \\ 10 & 1 & 2 & 3 \end{vmatrix} = 10\begin{vmatrix} 1 & 2 & 3 & 4 \\ 1 & 3 & 4 & 1 \\ 1 & 4 & 1 & 2 \\ 1 & 1 & 2 & 3 \end{vmatrix}$$

$$\xlongequal[④-①]{\substack{②-①\\③-①}} 10\begin{vmatrix} 1 & 2 & 3 & 4 \\ 0 & 1 & 1 & -3 \\ 0 & 2 & -2 & -2 \\ 0 & -1 & -1 & -1 \end{vmatrix}$$

$$\xrightarrow[\text{④}+\text{②}]{\text{③}-2\times\text{②}} 10\begin{vmatrix} 1 & 2 & 3 & 4 \\ 0 & 1 & 1 & -3 \\ 0 & 0 & -4 & 4 \\ 0 & 0 & 0 & -4 \end{vmatrix}=160.$$

注 此行列式可以推广到 n 阶. 例如

$$\begin{vmatrix} 1 & 2 & 3 & \cdots & n \\ 2 & 3 & 4 & \cdots & 1 \\ 3 & 4 & 5 & \cdots & 2 \\ \vdots & \vdots & \vdots & & \vdots \\ n & 1 & 2 & \cdots & n-1 \end{vmatrix},$$

读者可以按上述方法计算,先把行列式的 2 至 n 列都加到第 1 列. 提出公因子$\frac{n(n-1)}{2}$,第 1 列都变成了 1,然后把第 1 行的(-1)倍加到其他各行. 这样,第 1 列除第 1 行上有非零元素外,其他均为零.

例 1.11 计算行列式$\begin{vmatrix} 2(x+y) & 2(x+y) & 2(x+y) \\ x & x+y & y \\ x+y & y & x \end{vmatrix}$.

解 $$\begin{vmatrix} 2(x+y) & 2(x+y) & 2(x+y) \\ x & x+y & y \\ x+y & y & x \end{vmatrix}=2(x+y)\begin{vmatrix} 1 & 1 & 1 \\ x & x+y & y \\ x+y & y & x \end{vmatrix}$$

$$\xrightarrow[\text{③}-(x+y)\times\text{①}]{\text{②}-x\times\text{①}} 2(x+y)\begin{vmatrix} 1 & 1 & 1 \\ 0 & y & y-x \\ 0 & -x & -y \end{vmatrix}\xrightarrow{\text{③}-(x/y)\times\text{②}} 2(x+y)\begin{vmatrix} 1 & 1 & 1 \\ 0 & y & y-x \\ 0 & 0 & \frac{x}{y}(y-x)-y \end{vmatrix}$$

$$=2(x+y)(xy-x^2-y^2)=-2(x^3+y^3).$$

注 此题若不用上述方法化成三角行列式,而由倒数第二个行列式开始即用三阶行列式计算会更简单,我们所以要用前面方法解,是为了练习化为三角行列式的方法.

例 1.12 计算 4 阶行列式

$$D=\begin{vmatrix} 1+x & 1 & 1 & 1 \\ 1 & 1-x & 1 & 1 \\ 1 & 1 & 1+y & 1 \\ 1 & 1 & 1 & 1-y \end{vmatrix}.$$

解

$$D \xlongequal[\substack{②-①\\③-①\\④-①}]{} \begin{vmatrix} 1+x & -x & -x & -x \\ 1 & -x & 0 & 0 \\ 1 & 0 & y & 0 \\ 1 & 0 & 0 & -y \end{vmatrix}$$

$$\xlongequal[①+\frac{1}{x}\times②-\frac{1}{y}\times③+\frac{1}{y}\times④]{} \begin{vmatrix} x & -x & -x & -x \\ 0 & -x & 0 & 0 \\ 0 & 0 & y & 0 \\ 0 & 0 & 0 & -y \end{vmatrix} = x^2y^2.$$

例 1.13 计算 n 阶行列式

$$D=\begin{vmatrix} 1 & 2 & 3 & \cdots & n-1 & n \\ 1 & -1 & 0 & \cdots & 0 & 0 \\ 0 & 2 & -2 & \cdots & 0 & 0 \\ \vdots & \vdots & \vdots & & \vdots & \vdots \\ 0 & 0 & 0 & \cdots & n-1 & 1-n \end{vmatrix}$$

解 从第2列到第 n 列都加到第1列,得

$$D=\begin{vmatrix} \frac{n(n+1)}{2} & 2 & 3 & \cdots & n-1 & n \\ 0 & -1 & 0 & \cdots & 0 & 0 \\ 0 & 2 & -2 & \cdots & 0 & 0 \\ \vdots & \vdots & \vdots & & \vdots & \vdots \\ 0 & 0 & 0 & \cdots & n-1 & 1-n \end{vmatrix}$$

$$=\frac{n(n+1)}{2}\begin{vmatrix} 1 & 2 & 3 & \cdots & n-1 & n \\ 0 & -1 & 0 & \cdots & 0 & 0 \\ 0 & 2 & -2 & \cdots & 0 & 0 \\ \vdots & \vdots & \vdots & & \vdots & \vdots \\ 0 & 0 & 0 & \cdots & n-1 & 1-n \end{vmatrix}.$$

第1列乘$(-j)$加到第 j 列$(j=2,\cdots,n)$,得

$$D=\frac{n(n+1)}{2}\begin{vmatrix} 1 & 0 & 0 & \cdots & 0 & 0 \\ 0 & -1 & 0 & \cdots & 0 & 0 \\ 0 & 2 & -2 & \cdots & 0 & 0 \\ \vdots & \vdots & \vdots & & \vdots & \vdots \\ 0 & 0 & 0 & \cdots & n-1 & 1-n \end{vmatrix}$$

$$=(-1)^{n-1}\cdot\frac{n(n+1)}{2}\cdot(n-1)!=\frac{(-1)^{n-1}(n+1)!}{2}.$$

例 1.14 证明

$$\begin{vmatrix} a_0 & 1 & 1 & \cdots & 1 \\ 1 & a_1 & 0 & \cdots & 0 \\ 1 & 0 & a_2 & \cdots & 0 \\ \vdots & \vdots & \vdots & & \vdots \\ 1 & 0 & 0 & \cdots & a_n \end{vmatrix} = a_1 a_2 \cdots a_n \left(a_0 - \sum_{i=1}^{n} \frac{1}{a_i} \right).$$

证法一 左边从第 i 行提出 $a_{i-1}(i=1,2,\cdots,n+1)$，得

$$左式 = a_0 a_1 a_2 \cdots a_n \begin{vmatrix} 1 & \frac{1}{a_0} & \frac{1}{a_0} & \cdots & \frac{1}{a_0} \\ \frac{1}{a_1} & 1 & 0 & \cdots & 0 \\ \frac{1}{a_2} & 0 & 1 & \cdots & 0 \\ \vdots & \vdots & \vdots & & \vdots \\ \frac{1}{a_n} & 0 & 0 & \cdots & 1 \end{vmatrix}.$$

从第 2 列开始，各列依次分别乘以 $-\frac{1}{a_1},-\frac{1}{a_2},\cdots,-\frac{1}{a_n}$ 后都加到第 1 列，得

$$左式 = \prod_{i=0}^{n} a_i \begin{vmatrix} 1-\sum\limits_{i=1}^{n} \frac{1}{a_0 a_i} & \frac{1}{a_0} & \frac{1}{a_0} & \cdots & \frac{1}{a_0} \\ 0 & 1 & 0 & \cdots & 0 \\ 0 & 0 & 1 & \cdots & 0 \\ \vdots & \vdots & \vdots & & \vdots \\ 0 & 0 & 0 & \cdots & 1 \end{vmatrix}$$

$$= \prod_{i=0}^{n} a_i \left(1 - \sum_{i=1}^{n} \frac{1}{a_0 a_i} \right) = a_1 a_2 \cdots a_n \left(a_0 - \sum_{i=1}^{n} \frac{1}{a_i} \right) = 右式.$$

证法二 把第 i 行的 $-\frac{1}{a_{i-1}}$ 倍加到第 1 行 $(i=2,3,\cdots,n+1)$，得

$$左式 = \begin{vmatrix} a_0-\sum\limits_{i=1}^{n} \frac{1}{a_i} & 0 & 0 & \cdots & 0 \\ 1 & a_1 & 0 & \cdots & 0 \\ 1 & 0 & a_2 & \cdots & 0 \\ \vdots & \vdots & \vdots & & \vdots \\ 1 & 0 & 0 & \cdots & a_n \end{vmatrix} = a_1 a_2 \cdots a_n \left(a_0 - \sum_{i=1}^{n} \frac{1}{a_i} \right) = 右式.$$

例 1.15　计算行列式

$$D_{n+1}=\begin{vmatrix} a_0 & c_1 & c_2 & \cdots & c_n \\ b_1 & a_1 & & & \\ b_2 & & a_2 & & \\ \vdots & & & \ddots & \\ b_n & & & & a_n \end{vmatrix}.$$

解　这种行列式的形式与例 1.14 相同,称为爪形行列式. 将第 $i+1$ 列的 $-\dfrac{b_i}{a_i}$ 倍 $(i=1,2,\cdots,n)$ 都加到第 1 列,得

$$D_{n+1}=\begin{vmatrix} a_0-\sum\limits_{i=1}^{n}\dfrac{b_ic_i}{a_i} & c_1 & c_2 & \cdots & c_n \\ 0 & a_1 & & & \\ 0 & & a_2 & & \\ \vdots & & & \ddots & \\ 0 & & & & a_n \end{vmatrix}=\left(a_0-\sum_{i=1}^{n}\frac{b_ic_i}{a_i}\right)a_1a_2\cdots a_n.$$

例 1.16　计算行列式

$$D=\begin{vmatrix} 1 & 2 & 2 & \cdots & 2 \\ 2 & 2 & 2 & \cdots & 2 \\ 2 & 2 & 3 & \cdots & 2 \\ \vdots & \vdots & \vdots & & \vdots \\ 2 & 2 & 2 & \cdots & n \end{vmatrix}.$$

解　把第 2 行的 -1 倍分别加到其余各行,再把第 1 行的 2 倍加至第 2 行,得

$$D=\begin{vmatrix} -1 & 0 & 0 & \cdots & 0 \\ 2 & 2 & 2 & \cdots & 2 \\ 0 & 0 & 1 & \cdots & 0 \\ \vdots & \vdots & \vdots & & \vdots \\ 0 & 0 & 0 & \cdots & n-2 \end{vmatrix}=\begin{vmatrix} -1 & 0 & 0 & \cdots & 0 \\ 0 & 2 & 2 & \cdots & 2 \\ 0 & 0 & 1 & \cdots & 0 \\ \vdots & \vdots & \vdots & & \vdots \\ 0 & 0 & 0 & \cdots & n-2 \end{vmatrix}=-2(n-2)!.$$

例 1.17　计算行列式

$$D_{n+1}=\begin{vmatrix} x & a_1 & a_2 & \cdots & a_n \\ a_1 & x & a_2 & \cdots & a_n \\ a_1 & a_2 & x & \cdots & a_n \\ \vdots & \vdots & \vdots & & \vdots \\ a_1 & a_2 & a_3 & \cdots & x \end{vmatrix}.$$

解　将各列全部加到第 1 列,并提出公因子,得

$$D_{n+1}=\left(x+\sum_{i=1}^{n}a_i\right)\begin{vmatrix}1 & a_1 & a_2 & \cdots & a_n\\ 1 & x & a_2 & \cdots & a_n\\ 1 & a_2 & x & \cdots & a_n\\ \vdots & \vdots & \vdots & & \vdots\\ 1 & a_2 & a_3 & \cdots & x\end{vmatrix}.$$

将第 1 列的 $-a_1$ 倍加到第 2 列，将第 1 列的 $-a_2$ 倍加到第 3 列，……，将第 1 列的 $-a_n$ 倍加到最后一列，有

$$D_{n+1}=\left(x+\sum_{i=1}^{n}a_i\right)\begin{vmatrix}1 & 0 & 0 & \cdots & 0\\ 1 & x-a_1 & 0 & \cdots & 0\\ 1 & a_2-a_1 & x-a_2 & \cdots & 0\\ \vdots & \vdots & \vdots & & \vdots\\ 1 & a_2-a_1 & a_3-a_2 & \cdots & x-a_n\end{vmatrix}=\left(x+\sum_{i=1}^{n}a_i\right)\prod_{i=1}^{n}(x-a_i).$$

例 1.18 计算行列式

$$D=\begin{vmatrix}1 & 2 & 3 & \cdots & n-1 & n\\ 2 & 3 & 4 & \cdots & n & n\\ 3 & 4 & 5 & \cdots & n & n\\ \vdots & \vdots & \vdots & & \vdots & \vdots\\ n & n & n & \cdots & n & n\end{vmatrix}.$$

解 从第 $n-1$ 行开始直到第 1 行，每一行乘 -1 加到下一行，得

$$D=\begin{vmatrix}1 & 2 & 3 & \cdots & n-1 & n\\ 1 & 1 & 1 & \cdots & 1 & 0\\ 1 & 1 & 1 & \cdots & 0 & 0\\ \vdots & \vdots & \vdots & & \vdots & \vdots\\ 1 & 0 & 0 & \cdots & 0 & 0\end{vmatrix}=(-1)^{\frac{n(n-1)}{2}}n.$$

例 1.19 计算行列式

$$D=\begin{vmatrix}1 & b_1 & 0 & 0\\ -1 & 1-b_1 & b_2 & 0\\ 0 & -1 & 1-b_2 & b_3\\ 0 & 0 & -1 & 1-b_3\end{vmatrix}.$$

解 从第 1 行开始，依次把每行加至下一行，得

$$D=\begin{vmatrix}1 & b_1 & 0 & 0\\ 0 & 1 & b_2 & 0\\ 0 & -1 & 1-b_2 & b_3\\ 0 & 0 & -1 & 1-b_3\end{vmatrix}=\begin{vmatrix}1 & b_1 & 0 & 0\\ 0 & 1 & b_2 & 0\\ 0 & 0 & 1 & b_3\\ 0 & 0 & -1 & 1-b_3\end{vmatrix}=\begin{vmatrix}1 & b_1 & 0 & 0\\ 0 & 1 & b_2 & 0\\ 0 & 0 & 1 & b_3\\ 0 & 0 & 0 & 1\end{vmatrix}=1.$$

例 1.20 计算行列式

$$D=\begin{vmatrix} a_1+m & a_2 & \cdots & a_n \\ a_1 & a_2+m & \cdots & a_n \\ \vdots & \vdots & & \vdots \\ a_1 & a_2 & \cdots & a_n+m \end{vmatrix}.$$

解 添加一行一列,得

$$D=\begin{vmatrix} 1 & a_1 & a_2 & \cdots & a_n \\ 0 & a_1+m & a_2 & \cdots & a_n \\ 0 & a_1 & a_2+m & \cdots & a_n \\ \vdots & \vdots & \vdots & & \vdots \\ 0 & a_1 & a_2 & \cdots & a_n+m \end{vmatrix}_{n+1}.$$

用第1行的−1倍加到其他各行,得

$$D=\begin{vmatrix} 1 & a_1 & a_2 & \cdots & a_n \\ -1 & m & 0 & \cdots & 0 \\ -1 & 0 & m & \cdots & 0 \\ \vdots & \vdots & \vdots & & \vdots \\ -1 & 0 & 0 & \cdots & m \end{vmatrix}_{n+1}.$$

这是前面讲过的爪形行列式,只要从第2列开始,每列都乘以$\frac{1}{m}$加到第1列便得到

$$D=\begin{vmatrix} 1+\sum\limits_{i=1}^{n}\frac{a_i}{m} & a_1 & a_2 & \cdots & a_n \\ 0 & m & 0 & \cdots & 0 \\ 0 & 0 & m & \cdots & 0 \\ \vdots & \vdots & \vdots & & \vdots \\ 0 & 0 & 0 & \cdots & m \end{vmatrix}=m^n+m^{n-1}(a_1+a_2+\cdots+a_n).$$

注 本例的方法也称为加边法,此法大多适用于行列式的某一行(列)有一个相同的字母的情形.加边法是在行列式的边上加上1行1列,使n阶行列式变成了$n+1$阶行列式,但其值保持不变.

小结 以上11个例子都用了化三角行列式法.化三角行列式常用的方法有:(1)保留第i行(列)不变动,将其他各行(列)分别乘以一个常数加到这一行(列)上.如例1.10、例1.13、例1.14、例1.15都利用了这种方法.(2)将一行(列)的倍数加到其余各行(列).如例1.10、例1.16、例1.17.(3)逐行(列)相加.如例1.18、例1.19.(4)加边法.如例1.20.在一些较复杂的问题中,往往要几种方法混合使用.

3. 降阶法

降阶法是将行列式按一行或一列展开，使行列式降低一阶，但这样会使一个行列式的计算变为多个行列式的计算，计算量仍很大. 为此，往往是先利用行列式性质将其化成某一行(列)有较多零元素的行列式，然后再展开.

例 1.21 计算行列式

$$D=\begin{vmatrix} 7 & -11 & 3 & 5 & 15 \\ 1 & 3 & -1 & 3 & -7 \\ 3 & -4 & 1 & 2 & 7 \\ 5 & -6 & 2 & 4 & 9 \\ 10 & -8 & 3 & 4 & 19 \end{vmatrix}.$$

分析 此题可用前面的方法化成三角行列式，但工作量比较大. 若按一行或一列展开，需要计算 5 个 4 阶行列式，也很繁琐. 为此，先利用行列式的性质把一行或一列化成含尽量多的零元素，然后再按这一行或列展开.

解

$$D \xlongequal[\text{④}-2\times\text{③},\text{⑤}-3\times\text{③}]{\text{①}-3\times\text{③},\text{②}+\text{③}} \begin{vmatrix} -2 & 1 & 0 & -1 & -6 \\ 4 & -1 & 0 & 5 & 0 \\ 3 & -4 & 1 & 2 & 7 \\ -1 & 2 & 0 & 0 & -5 \\ 1 & 4 & 0 & -2 & -2 \end{vmatrix}$$

$$=(-1)^{3+3}\begin{vmatrix} -2 & 1 & -1 & -6 \\ 4 & -1 & 5 & 0 \\ -1 & 2 & 0 & -5 \\ 1 & 4 & -2 & -2 \end{vmatrix} \xlongequal{\substack{\text{②}+\text{①} \\ \text{③}-2\times\text{①} \\ \text{④}-4\times\text{①}}} \begin{vmatrix} -2 & 1 & -1 & -6 \\ 2 & 0 & 4 & -6 \\ 3 & 0 & 2 & 7 \\ 9 & 0 & 2 & 22 \end{vmatrix}$$

$$=(-1)^{1+2}\begin{vmatrix} 2 & 4 & -6 \\ 3 & 2 & 7 \\ 9 & 2 & 22 \end{vmatrix} = -\begin{vmatrix} -4 & 0 & -20 \\ 3 & 2 & 7 \\ 6 & 0 & 15 \end{vmatrix} = -2\begin{vmatrix} -4 & -20 \\ 6 & 15 \end{vmatrix} = -120.$$

例 1.22 计算 n 阶行列式

$$D=\begin{vmatrix} \lambda & \alpha & \alpha & \cdots & \alpha \\ b & \alpha & \beta & \cdots & \beta \\ b & \beta & \alpha & \cdots & \beta \\ \vdots & \vdots & \vdots & & \vdots \\ b & \beta & \beta & \cdots & \alpha \end{vmatrix}.$$

解 用降阶法，把第 n 行的 -1 倍加到第 $i(i=2,3,\cdots,n-1)$ 行上去，此时

$$D=\begin{vmatrix} \lambda & \alpha & \alpha & \cdots & \alpha & \alpha \\ 0 & \alpha-\beta & 0 & \cdots & 0 & \beta-\alpha \\ 0 & 0 & \alpha-\beta & \cdots & 0 & \beta-\alpha \\ \vdots & \vdots & \vdots & & \vdots & \vdots \\ 0 & 0 & 0 & \cdots & \alpha-\beta & \beta-\alpha \\ b & \beta & \beta & \cdots & \beta & \alpha \end{vmatrix}.$$

将第2列至第 $n-1$ 列都加到第 n 列，得

$$D=\begin{vmatrix} \lambda & \alpha & \alpha & \cdots & \alpha & (n-1)\alpha \\ 0 & \alpha-\beta & 0 & \cdots & 0 & 0 \\ 0 & 0 & \alpha-\beta & \cdots & 0 & 0 \\ \vdots & \vdots & \vdots & & \vdots & \vdots \\ 0 & 0 & 0 & \cdots & \alpha-\beta & 0 \\ b & \beta & \beta & \cdots & \beta & \alpha+(n-2)\beta \end{vmatrix}.$$

按第1列展开，有

$$D=\lambda\begin{vmatrix} \alpha-\beta & 0 & \cdots & 0 & 0 \\ 0 & \alpha-\beta & \cdots & 0 & 0 \\ \vdots & \vdots & & \vdots & \vdots \\ 0 & 0 & \cdots & \alpha-\beta & 0 \\ \beta & \beta & \cdots & \beta & \alpha+(n-2)\beta \end{vmatrix}$$

$$+(-1)^{n+1}b\begin{vmatrix} \alpha & \alpha & \cdots & \alpha & (n-1)\alpha \\ \alpha-\beta & 0 & \cdots & 0 & 0 \\ 0 & \alpha-\beta & \cdots & 0 & 0 \\ \vdots & \vdots & & \vdots & \vdots \\ 0 & 0 & \cdots & \alpha-\beta & 0 \end{vmatrix}$$

$$=\lambda(\alpha-\beta)^{n-2}[\alpha+(n-2)\beta]+(-1)^{n+1}b(-1)^{n}(n-1)\alpha(\alpha-\beta)^{n-2}$$

$$=(\alpha-\beta)^{n-2}[\lambda\alpha+(n-2)\lambda\beta-(n-1)\alpha b].$$

例 1.23 计算行列式

$$D=\begin{vmatrix} x & -1 & 0 & \cdots & 0 & 0 \\ 0 & x & -1 & \cdots & 0 & 0 \\ 0 & 0 & x & \cdots & 0 & 0 \\ \vdots & \vdots & \vdots & & \vdots & \vdots \\ 0 & 0 & 0 & \cdots & x & -1 \\ a_n & a_{n-1} & a_{n-2} & \cdots & a_2 & a_1+x \end{vmatrix}.$$

解 将原行列式按第 n 行展开，得

$$D=a_n(-1)^{n+1}\begin{vmatrix}-1 & 0 & \cdots & 0 & 0\\ x & -1 & \cdots & 0 & 0\\ \vdots & \vdots & & \vdots & \vdots\\ 0 & 0 & \cdots & -1 & 0\\ 0 & 0 & \cdots & x & -1\end{vmatrix}$$

$$+a_{n-1}(-1)^{n+2}\begin{vmatrix}x & 0 & \cdots & 0 & 0\\ 0 & -1 & \cdots & 0 & 0\\ \vdots & \vdots & & \vdots & \vdots\\ 0 & 0 & \cdots & -1 & 0\\ 0 & 0 & \cdots & x & -1\end{vmatrix}$$

$$+\cdots+(a_1+x)(-1)^{n+n}\begin{vmatrix}x & -1 & \cdots & 0 & 0\\ 0 & x & \cdots & 0 & 0\\ \vdots & \vdots & & \vdots & \vdots\\ 0 & 0 & \cdots & x & -1\\ 0 & 0 & \cdots & 0 & x\end{vmatrix}$$

$$=a_n+a_{n-1}x+a_{n-2}x^2+\cdots+a_2x^{n-2}+(a_1+x)x^{n-1}$$

$$=a_n+a_{n-1}x+a_{n-2}x^2+\cdots+a_2x^{n-2}+a_1x^{n-1}+x^n.$$

4. 逆推法

逆推法是利用行列式的性质，把一个 n 阶行列式表示成具有相同结构的较低阶行列式的线性关系，再根据此关系式逆推求得所给 n 阶行列式.

例 1.24 计算行列式

$$D_5=\begin{vmatrix}1-a & a & 0 & 0 & 0\\ -1 & 1-a & a & 0 & 0\\ 0 & -1 & 1-a & a & 0\\ 0 & 0 & -1 & 1-a & a\\ 0 & 0 & 0 & -1 & 1-a\end{vmatrix}.$$

解 把各列均加至第 1 列，并按第 1 列展开，得到递推公式

$$D_5=\begin{vmatrix}1 & a & 0 & 0 & 0\\ 0 & 1-a & a & 0 & 0\\ 0 & -1 & 1-a & a & 0\\ 0 & 0 & -1 & 1-a & a\\ 0 & 0 & 0 & -1 & 1-a\end{vmatrix}=D_4-a(-1)^{5+1}a^4,$$

继续使用这个递推公式，有

$$D_4=D_3+a^4,\quad D_3=D_2-a^3,$$

而初始值为 $D_2=1-a+a^2$,所以

$$D_5=1-a+a^2-a^3+a^4-a^5.$$

例 1.25 计算 n 阶行列式

$$D_n=\begin{vmatrix} x & -1 & \cdots & 0 & 0 \\ 0 & x & \cdots & 0 & 0 \\ \vdots & \vdots & & \vdots & \vdots \\ 0 & 0 & \cdots & x & -1 \\ a_n & a_{n-1} & \cdots & a_2 & a_1 \end{vmatrix}.$$

解 按第1列展开得

$$D_n=xD_{n-1}+(-1)^{n+1}a_n\begin{vmatrix} -1 & 0 & \cdots & 0 & 0 \\ x & -1 & \cdots & 0 & 0 \\ \vdots & \vdots & & \vdots & \vdots \\ 0 & 0 & \cdots & -1 & 0 \\ 0 & 0 & \cdots & x & -1 \end{vmatrix}=xD_{n-1}+a_n.$$

由此递推,得

$$\begin{aligned} D_n &=a_n+xD_{n-1}=a_n+x(a_{n-1}+xD_{n-2})=a_n+xa_{n-1}+x^2D_{n-2} \\ &=\cdots=a_n+a_{n-1}x+a_{n-2}x^2+\cdots+x^{n-1}D_1 \\ &=a_n+a_{n-1}x+a_{n-2}x^2+\cdots+a_2x^{n-2}+a_1x^{n-1}. \end{aligned}$$

例 1.26 计算

$$D_{n+1}=\begin{vmatrix} n!a_0 & (n-1)!a_1 & (n-2)!a_2 & \cdots & a_{n-1} & a_n \\ -n & x & 0 & \cdots & 0 & 0 \\ 0 & -(n-1) & x & \cdots & 0 & 0 \\ \vdots & \vdots & \vdots & & \vdots & \vdots \\ 0 & 0 & 0 & \cdots & x & 0 \\ 0 & 0 & 0 & \cdots & -1 & x \end{vmatrix}.$$

解 按第1列展开,得

$$\begin{aligned} D_{n+1} &= n!a_0x^n+(-1)^{2+1}(-n)D_n=n!a_0x^n+nD_n \\ &= n!a_0x^n+n[(n-1)!a_1x^{n-1}+(n-1)D_{n-1}] \\ &= n!(a_0x^n+a_1x^{n-1})+n(n-1)D_{n-1} \\ &= \cdots=n!(a_0x^n+a_1x^{n-1}+\cdots+a_{n-2}x^2)+n(n-1)\cdots 2D_2, \end{aligned}$$

其中

$$D_2=\begin{vmatrix} 1!a_{n-1} & a_n \\ -1 & x \end{vmatrix}=a_{n-1}x+a_n,$$

于是 $D_{n+1}=n!(a_0x^n+a_1x^{n-1}+\cdots+a_{n-1}x+a_n)$.

5. 数学归纳法

在证明与自然数 n 有关的行列式等式时，一般可用数学归纳法.

例 1.27 证明

$$D_n=\begin{vmatrix}2&-1&0&\cdots&0&0\\-1&2&-1&\cdots&0&0\\0&-1&2&\cdots&0&0\\\vdots&\vdots&\vdots&&\vdots&\vdots\\0&0&0&\cdots&2&-1\\0&0&0&\cdots&-1&2\end{vmatrix}=n+1.$$

证明 当 $n=1$ 时，$D_1=2=1+1$，故对一阶行列式，结论成立.

假设结论对 $n-1$ 阶行列式成立，即 $D_{n-1}=(n-1)+1=n$. 下面证明结论对 n 阶行列式成立. 对于 D_n，将各列加到第 1 列，再按第 1 列展开，得

$$D_n=\begin{vmatrix}1&-1&0&\cdots&0&0\\0&2&-1&\cdots&0&0\\0&-1&2&\cdots&0&0\\\vdots&\vdots&\vdots&&\vdots&\vdots\\0&0&0&\cdots&2&-1\\1&0&0&\cdots&-1&2\end{vmatrix}$$

$$=D_{n-1}+(-1)^{n+1}\begin{vmatrix}-1&0&0&\cdots&0&0\\2&-1&0&\cdots&0&0\\-1&2&-1&\cdots&0&0\\\vdots&\vdots&\vdots&&\vdots&\vdots\\0&0&0&\cdots&-1&0\\0&0&0&\cdots&2&-1\end{vmatrix}$$

$$=D_{n-1}+(-1)^{n+1}(-1)^{n-1}=D_{n-1}+1.$$

由归纳假设知，$D_{n-1}=n$，故证得 $D_{n+1}=n+1$ 对一切 $n\geqslant 1$ 成立.

例 1.28 证明 n 阶行列式

$$\begin{vmatrix}\alpha+\beta&\alpha\beta&0&\cdots&0&0\\1&\alpha+\beta&\alpha\beta&\cdots&0&0\\0&1&\alpha+\beta&\cdots&0&0\\\vdots&\vdots&\vdots&&\vdots&\vdots\\0&0&0&\cdots&\alpha+\beta&\alpha\beta\\0&0&0&\cdots&1&\alpha+\beta\end{vmatrix}=\frac{\alpha^{n+1}-\beta^{n+1}}{\alpha-\beta}\quad(\alpha\neq\beta).$$

分析 此题证明方法很多，因为含有较多的零元素，所以可以考虑按行列展开，也可以化成三角行列式，请读者自己完成. 现在我们用数学归纳法来证明此题.

证明 当阶数为1时，$D_1=\alpha+\beta=\dfrac{\alpha^2-\beta^2}{\alpha-\beta}$，结论成立.

当阶数为2时，$D_2=\begin{vmatrix}\alpha+\beta & \alpha\beta \\ 1 & \alpha+\beta\end{vmatrix}=(\alpha+\beta)^2-\alpha\beta=\dfrac{\alpha^3-\beta^3}{\alpha-\beta}$，结论成立.

假设当阶数为$n-1$时，$D_{n-1}=\dfrac{\alpha^n-\beta^n}{\alpha-\beta}$成立.

当阶数为n时，将行列式D_n按第1行展开得

$$D_n=(\alpha+\beta)\begin{vmatrix}\alpha+\beta & \alpha\beta & 0 & \cdots & 0 & 0 \\ 1 & \alpha+\beta & \alpha\beta & \cdots & 0 & 0 \\ 0 & 1 & \alpha+\beta & \cdots & 0 & 0 \\ \vdots & \vdots & \vdots & & \vdots & \vdots \\ 0 & 0 & 0 & \cdots & \alpha+\beta & \alpha\beta \\ 0 & 0 & 0 & \cdots & 1 & \alpha+\beta\end{vmatrix}_{n-1}$$

$$-\alpha\beta\begin{vmatrix}1 & \alpha\beta & 0 & \cdots & 0 & 0 \\ 0 & \alpha+\beta & \alpha\beta & \cdots & 0 & 0 \\ 0 & 1 & \alpha+\beta & \cdots & 0 & 0 \\ \vdots & \vdots & \vdots & & \vdots & \vdots \\ 0 & 0 & 0 & \cdots & \alpha+\beta & \alpha\beta \\ 0 & 0 & 0 & \cdots & 1 & \alpha+\beta\end{vmatrix}_{n-1}.$$

将第二个行列式再按第1列展开，得

$$\begin{aligned}D_n&=(\alpha+\beta)D_{n-1}-\alpha\beta D_{n-2}\\&=(\alpha+\beta)\frac{\alpha^n-\beta^n}{\alpha-\beta}-\alpha\beta\frac{\alpha^{n-1}-\beta^{n-1}}{\alpha-\beta}\\&=\frac{\alpha^{n+1}+\alpha^n\beta-\alpha\beta^n-\beta^{n+1}-\alpha^n\beta+\alpha\beta^n}{\alpha-\beta}\\&=\frac{\alpha^{n+1}-\beta^{n+1}}{\alpha-\beta},\end{aligned}$$

故对一切自然数n，结论成立.

6. 利用已知行列式进行计算

利用已知的行列式进行计算时，最重要的已知行列式是范德蒙德行列式.

例 1.29 计算行列式

$$D=\begin{vmatrix} 1 & 1 & 1 & \cdots & 1 \\ x_1+1 & x_2+1 & x_3+1 & \cdots & x_n+1 \\ x_1^2+x_1 & x_2^2+x_2 & x_3^2+x_3 & \cdots & x_n^2+x_n \\ \vdots & \vdots & \vdots & & \vdots \\ x_1^{n-1}+x_1^{n-2} & x_2^{n-1}+x_2^{n-2} & x_3^{n-1}+x_3^{n-2} & \cdots & x_n^{n-1}+x_n^{n-2} \end{vmatrix}.$$

解 把第 1 行的 -1 倍加到第 2 行，把新的第 2 行的 -1 倍加到第 3 行，……，直至把新的第 $n-1$ 行的 -1 倍加到第 n 行，便得到范德蒙德行列式：

$$D=\begin{vmatrix} 1 & 1 & 1 & \cdots & 1 \\ x_1 & x_2 & x_3 & \cdots & x_n \\ x_1^2 & x_2^2 & x_3^2 & \cdots & x_n^2 \\ \vdots & \vdots & \vdots & & \vdots \\ x_1^{n-1} & x_2^{n-1} & x_3^{n-1} & \cdots & x_n^{n-1} \end{vmatrix}=\prod_{1\leqslant j<i\leqslant n}(x_i-x_j).$$

例 1.30 计算

$$D=\begin{vmatrix} 1 & 1 & 1 & 1 \\ a & b & c & d \\ a^2 & b^2 & c^2 & d^2 \\ a^4 & b^4 & c^4 & d^4 \end{vmatrix}.$$

分析 此行列式很像范德蒙德行列式，但从方幂上看，缺了 3 次幂，因此我们给它加上一行一列，使之变成范德蒙德行列式，再计算之.

解 添加一行一列，令

$$f(x)=\begin{vmatrix} 1 & 1 & 1 & 1 & 1 \\ a & b & c & d & x \\ a^2 & b^2 & c^2 & d^2 & x^2 \\ a^3 & b^3 & c^3 & d^3 & x^3 \\ a^4 & b^4 & c^4 & d^4 & x^4 \end{vmatrix}.$$

按最后一列展开，得

$$f(x)=A_{15}+A_{25}x+A_{35}x^2+A_{45}x^3+A_{55}x^4,$$

式中 A_{ij} 为行列式 a_{ij} 的代数余子式，特别地 $D=-A_{45}$. 由于

$$f(a)=f(b)=f(c)=f(d)=0,$$

故 a,b,c,d 是 $f(x)$的四个根.

由范德蒙德行列式知，

$$A_{55}=\begin{vmatrix}1&1&1&1\\a&b&c&d\\a^2&b^2&c^2&d^2\\a^3&b^3&c^3&d^3\end{vmatrix}=(b-a)(c-a)(d-a)(c-b)(d-b)(d-c).$$

当 a,b,c,d 互异时，$A_{55}\neq 0$，由韦伯定理得

$$a+b+c+d=-\frac{A_{45}}{A_{55}}=\frac{D}{A_{55}},$$

所以

$$\begin{aligned}D&=(a+b+c+d)A_{55}\\&=(a+b+c+d)(b-a)(c-a)(d-a)(c-b)(d-b)(d-c).\end{aligned}$$

当 a,b,c,d 中，有两个相等时，$D=0$.

注 在例 1.30 的解法中，给行列式加了一行一列，使之成为范德蒙德行列式，但这不是加边法，因加边后的行列式与原行列式的值不相等.

1.3.3 行列式的应用

利用克莱姆法则解 n 元非齐次线性方程组，如果系数行列式 $D\neq 0$，则求解线性方程组就是要计算 $n+1$ 个 n 阶行列式，代入(1.2)式定出 $x_1,x_2,\cdots,x_n$. 而计算 n 阶行列式，就需用到前面介绍的计算行列式的各种方法.

例 1.31 求解线性方程组

$$\begin{cases}x_2+x_3+x_4+x_5=1,\\x_1+x_3+x_4+x_5=2,\\x_1+x_2+x_4+x_5=3,\\x_1+x_2+x_3+x_5=4,\\x_1+x_2+x_3+x_4=5.\end{cases}$$

解 用克莱姆法则，得

$$D=\begin{vmatrix}0&1&1&1&1\\1&0&1&1&1\\1&1&0&1&1\\1&1&1&0&1\\1&1&1&1&0\end{vmatrix}\xlongequal[④-①,⑤-①]{②-①,③-①}\begin{vmatrix}0&1&1&1&1\\1&-1&0&0&0\\1&0&-1&0&0\\1&0&0&-1&0\\1&0&0&0&-1\end{vmatrix}$$

$$\xlongequal{①+②+③+④+⑤}\begin{vmatrix}4&0&0&0&0\\1&-1&0&0&0\\1&0&-1&0&0\\1&0&0&-1&0\\1&0&0&0&-1\end{vmatrix}=4.$$

$$D_1=\begin{vmatrix}1&1&1&1&1\\2&0&1&1&1\\3&1&0&1&1\\4&1&1&0&1\\5&1&1&1&0\end{vmatrix}\xlongequal[③-②,②-①]{⑤-④,④-③}\begin{vmatrix}1&1&1&1&1\\1&-1&0&0&0\\1&1&-1&0&0\\1&0&1&-1&0\\1&0&0&1&-1\end{vmatrix}$$

$$\xlongequal[+3\times③+4\times②]{①+1\times⑤+2\times④}\begin{vmatrix}11&0&0&0&0\\1&-1&0&0&0\\1&1&-1&0&0\\1&0&1&-1&0\\1&0&0&1&-1\end{vmatrix}=11,$$

用同样的方法可得

$$D_2=\begin{vmatrix}0&1&1&1&1\\1&2&1&1&1\\1&3&0&1&1\\1&4&1&0&1\\1&5&1&1&0\end{vmatrix}=7,\quad D_3=\begin{vmatrix}0&1&1&1&1\\1&0&2&1&1\\1&1&3&1&1\\1&1&4&0&1\\1&1&5&1&0\end{vmatrix}=3,$$

$$D_4=\begin{vmatrix}0&1&1&1&1\\1&0&1&2&1\\1&1&0&3&1\\1&1&1&4&1\\1&1&1&5&0\end{vmatrix}=-1,\quad D_5=\begin{vmatrix}0&1&1&1&1\\1&0&1&1&2\\1&1&0&1&3\\1&1&1&0&4\\1&1&1&1&5\end{vmatrix}=-5.$$

线性方程组有唯一解,为

$$x_1=\frac{D_1}{D}=\frac{11}{4},\quad x_2=\frac{D_2}{D}=\frac{7}{4},\quad x_3=\frac{D_3}{D}=\frac{3}{4},$$

$$x_4=\frac{D_4}{D}=-\frac{1}{4},\quad x_5=\frac{D_5}{D}=-\frac{5}{4}.$$

例 1.32 求线性方程组的解：

$$\begin{cases}x_1+x_2+x_3+x_4=1,\\2x_1+3x_2+4x_3+5x_4=1,\\4x_1+9x_2+16x_3+25x_4=1,\\8x_1+27x_2+64x_3+125x_4=1.\end{cases}$$

解 系数行列式 D 是一个范德蒙德行列式，

$$D=\begin{vmatrix}1&1&1&1\\2&3&4&5\\2^2&3^2&4^2&5^2\\2^3&3^3&4^3&5^3\end{vmatrix}=(3-2)(4-2)(5-2)(4-3)(5-3)(5-4)=12.$$

D_1,D_2,D_3,D_4 也都是范德蒙德行列式，

$$D_1=\begin{vmatrix}1&1&1&1\\1&3&4&5\\1^2&3^2&4^2&5^2\\1^3&3^3&4^3&5^3\end{vmatrix}=(3-1)(4-1)(5-1)(4-3)(5-3)(5-4)=48,$$

$$D_2=\begin{vmatrix}1&1&1&1\\2&1&4&5\\2^2&1^2&4^2&5^2\\2^3&1^3&4^3&5^3\end{vmatrix}=(1-2)(4-2)(5-2)(4-1)(5-1)(5-4)=-72,$$

$$D_3=\begin{vmatrix}1&1&1&1\\2&3&1&5\\2^2&3^2&1^2&5^2\\2^3&3^3&1^3&5^3\end{vmatrix}=(3-2)(1-2)(5-2)(1-3)(5-3)(5-1)=48,$$

$$D_4=\begin{vmatrix}1&1&1&1\\2&3&4&1\\2^2&3^2&4^2&1^2\\2^3&3^3&4^3&1^3\end{vmatrix}=(3-2)(4-2)(1-2)(4-3)(1-3)(1-4)=-12,$$

因此线性方程组有唯一的一组解

$$x_1=\frac{D_1}{D}=\frac{48}{12}=4,\quad x_2=\frac{D_2}{D}=\frac{-72}{12}=-6,$$

$$x_3=\frac{D_3}{D}=\frac{48}{12}=4,\quad x_4=\frac{D_4}{D}=\frac{-12}{12}=-1.$$

例 1.33 已知线性方程组

$$\begin{cases} x_1 + x_2 + 2x_3 + 3x_4 = 1, \\ x_1 + 3x_2 + 6x_3 + x_4 = 3, \\ 3x_1 - x_2 - kx_3 + 15x_4 = 3, \\ x_1 - 5x_2 - 10x_3 + 12x_4 = 1. \end{cases}$$

问 k 取何值时，此线性方程组有唯一解.

解 为使线性方程组有唯一解，必须有系数行列式 $D\neq 0$，计算 D.

$$D=\begin{vmatrix} 1 & 1 & 2 & 3 \\ 1 & 3 & 6 & 1 \\ 3 & -1 & -k & 15 \\ 1 & -5 & -10 & 12 \end{vmatrix} = \begin{vmatrix} 1 & 1 & 2 & 3 \\ 0 & 2 & 4 & -2 \\ 0 & -4 & -k-6 & 6 \\ 0 & -6 & -12 & 9 \end{vmatrix}$$

$$= \begin{vmatrix} 2 & 4 & -2 \\ -4 & -k-6 & 6 \\ -6 & -12 & 9 \end{vmatrix} = 2\times 3\begin{vmatrix} 1 & 2 & -1 \\ -4 & -k-6 & 6 \\ -2 & -4 & 3 \end{vmatrix}$$

$$= 6\begin{vmatrix} 1 & 2 & -1 \\ 0 & 2-k & 2 \\ 0 & 0 & 1 \end{vmatrix} = 6\begin{vmatrix} 2-k & 2 \\ 0 & 1 \end{vmatrix} \neq 0,$$

所以 $k\neq 2$，即只要 $k\neq 2$，线性方程组就有唯一解.

例 1.34 若齐次线性方程组

$$\begin{cases} x_1 + x_2 + x_3 + ax_4 = 0, \\ x_1 + 2x_2 + x_3 + x_4 = 0, \\ x_1 + x_2 - 3x_3 + x_4 = 0, \\ x_1 + x_2 + ax_3 + bx_4 = 0 \end{cases}$$

有非零解，则 a,b 应满足什么条件？

解 齐次线性方程组有非零解的充要条件是系数行列式 $D=0$，计算行列式

$$D = \begin{vmatrix} 1 & 1 & 1 & a \\ 1 & 2 & 1 & 1 \\ 1 & 1 & -3 & 1 \\ 1 & 1 & a & b \end{vmatrix} = \begin{vmatrix} 1 & 0 & 0 & a-1 \\ 1 & 1 & 0 & 0 \\ 1 & 0 & -4 & 0 \\ 1 & 0 & a-1 & b-1 \end{vmatrix}.$$

按第 2 列展开，得

$$D= \begin{vmatrix} 1 & 0 & a-1 \\ 1 & -4 & 0 \\ 1 & a-1 & b-1 \end{vmatrix} =-4(b-1)+(a-1)^2+4(a-1)$$

$$=-4b+a^2+2a+1=0,$$

即当 $b=\frac{(a+1)^2}{4}$ 时，此齐次线性方程组有非零解.

1.4 自测题

1. 填空题

(1) $N(768135492)=$________.

(2) $N(132487695)=$________.

(3) 已知 $a_{12}a_{3j}a_{61}a_{5k}a_{43}a_{25}$ 是 6 阶行列式中带负号的项，则 $j=$________，$k=$________.

(4) 在 5 阶行列式中，$(-1)^{N(15423)+N(23145)}a_{12}a_{53}a_{41}a_{24}a_{35}=$________ $a_{12}a_{53}a_{41}a_{24}a_{35}$.

(5) 在函数 $f(x)=\begin{vmatrix} 2x & 1 & -1 \\ -x & -x & x \\ 1 & 2 & x \end{vmatrix}$ 中，x^3 的系数是________.

(6) 若行列式 $D=\begin{vmatrix} k & 2 & 3 \\ -1 & k & 0 \\ 0 & k & 1 \end{vmatrix}=0$，则 $k=$________.

(7) 若 $\begin{vmatrix} a_{11} & a_{12} & a_{13} \\ a_{21} & a_{22} & a_{23} \\ a_{31} & a_{32} & a_{33} \end{vmatrix}=2$，则 $\begin{vmatrix} 2a_{11} & 2a_{12} & 2a_{12}-2a_{13} \\ 2a_{21} & 2a_{22} & 2a_{22}-2a_{23} \\ 2a_{31} & 2a_{32} & 2a_{32}-2a_{33} \end{vmatrix}=$________；

$\begin{vmatrix} 2a_{11} & a_{21}-3a_{11} & a_{21}-a_{31} \\ 2a_{12} & a_{22}-3a_{12} & a_{22}-a_{32} \\ 2a_{13} & a_{23}-3a_{13} & a_{23}-a_{33} \end{vmatrix}=$________；$\begin{vmatrix} 0 & 0 & 0 & 4 \\ a_{11} & a_{21} & a_{31} & 1 \\ a_{12} & a_{22} & a_{32} & 1 \\ a_{13} & a_{23} & a_{33} & 1 \end{vmatrix}=$________.

(8) 若 $\begin{vmatrix} a & b & c & d \\ 0 & a_{11} & a_{12} & a_{13} \\ 0 & a_{21} & a_{22} & a_{23} \\ 0 & a_{31} & a_{32} & a_{33} \end{vmatrix}=1$，则 $\begin{vmatrix} 0 & a_{11} & a_{12} & a_{13} \\ 0 & a_{21} & a_{22} & a_{23} \\ 0 & a_{31} & a_{32} & a_{33} \\ a & b & c & d \end{vmatrix}=$________，$\begin{vmatrix} a_{11} & a_{21} & a_{31} \\ a_{12} & a_{22} & a_{32} \\ a_{13} & a_{23} & a_{33} \end{vmatrix}=$________.

(9) 设

$$D=\begin{vmatrix} 1 & 2 & 3 \\ \lambda & 0 & -4 \\ 5 & \lambda & 0 \end{vmatrix},$$

则元素 -4 的余子式 $M_{23}=$________，元素 2 的代数余子式 $A_{12}=$________.

(10) 在 n 阶行列式 $D=|a_{ij}|$ 中，当 $i<j$ 时，$a_{ij}=0\ (i,j=1,2,\cdots,n)$，则 $D=$________.

2. 选择题

(1) $\begin{vmatrix} k-1 & 2 \\ 2 & k-1 \end{vmatrix} \neq 0$ 的充分必要条件是(　　).

(A) $k\neq -1$　　(B) $k\neq 3$　　(C) $k\neq -1$ 且 $k\neq 3$　　(D) $k\neq -1$ 或 $k\neq 3$

(2) $\begin{vmatrix} k & 2 & 1 \\ 2 & k & 0 \\ 1 & -1 & 1 \end{vmatrix}=0$ 的充分条件是(　　).

(A) $k=2$　　(B) $k=0$　　(C) $k=-2$ 或 $k=3$　　(D) $k=-3$

(3) 如果线性方程组 $\begin{cases} 3x+ky-z=0, \\ 4y+z=0, \\ kx-5y-z=0 \end{cases}$ 有非零解，则(　　).

(A) $k=0$　　(B) $k=1$　　(C) $k=-1$ 且 $k=3$　　(D) $k=3$

(4) 如果线性方程组 $\begin{cases} kx+z=0, \\ 2x+ky+z=0, \\ kx-2y+z=0 \end{cases}$ 仅有零解，则下列答案中不正确的是(　　).

(A) $k=0$　　(B) $k=-1$　　(C) $k=2$　　(D) $k=-2$

(5) 设线性方程组为 $\begin{cases} bx-ay=-2ad, \\ -2cy+3bz=bc, \\ cx+az=0, \end{cases}$ 则(　　).

(A) 当 a,b,c 取任意实数时，方程组均有解　　(B) 当 $a=0$ 时，方程组无解

(C) 当 $c=0$ 时，方程组无解　　(D) 当 $b=0$ 时，方程组无解

3. 用定义计算下列行列式：

(1) $\begin{vmatrix} 0 & a_{12} & 0 & 0 \\ 0 & 0 & 0 & a_{24} \\ a_{31} & 0 & 0 & 0 \\ 0 & 0 & a_{43} & 0 \end{vmatrix}$；

(2) $\begin{vmatrix} a_{11} & 0 & 0 & a_{14} \\ 0 & a_{22} & a_{23} & 0 \\ 0 & a_{32} & a_{33} & 0 \\ a_{41} & 0 & 0 & a_{44} \end{vmatrix}$;

(3) $\begin{vmatrix} 0 & 0 & a_{13} & 0 & 0 & \cdots & 0 \\ 0 & a_{22} & 0 & 0 & 0 & \cdots & 0 \\ a_{31} & 0 & 0 & 0 & 0 & \cdots & 0 \\ 0 & 0 & 0 & a_{44} & 0 & \cdots & 0 \\ 0 & 0 & 0 & 0 & a_{55} & \cdots & 0 \\ \vdots & \vdots & \vdots & \vdots & \vdots & & \vdots \\ 0 & 0 & 0 & 0 & 0 & \cdots & a_{nn} \end{vmatrix}$;

(4) $\begin{vmatrix} 0 & 0 & \cdots & 0 & n-2 & 0 & 0 \\ 0 & 0 & \cdots & n-3 & 0 & 0 & 0 \\ \vdots & \vdots & & \vdots & \vdots & \vdots & \vdots \\ 0 & 2 & \cdots & 0 & 0 & 0 & 0 \\ 1 & 0 & \cdots & 0 & 0 & 0 & 0 \\ 0 & 0 & \cdots & 0 & 0 & 0 & n \\ 0 & 0 & \cdots & 0 & 0 & n-1 & 0 \end{vmatrix}$.

4. 设 $F(x)=x(x-1)(x-2)\cdots(x-n+1)$，计算行列式

$$D=\begin{vmatrix} F(0) & F(1) & F(2) & \cdots & F(n) \\ F(1) & F(2) & F(3) & \cdots & F(n+1) \\ \vdots & \vdots & \vdots & & \vdots \\ F(n) & F(n+1) & F(n+2) & \cdots & F(2n) \end{vmatrix}.$$

5. 设

$$p(x)=\begin{vmatrix} 1 & x & x^2 & \cdots & x^{n-1} \\ 1 & a_1 & a_1^2 & \cdots & a_1^{n-1} \\ \vdots & \vdots & \vdots & & \vdots \\ 1 & a_{n-1} & a_{n-1}^2 & \cdots & a_{n-1}^{n-1} \end{vmatrix},$$

其中 $a_1,a_2,\cdots,a_{n-1}$ 为互不相同的数.

(1) 由行列式定义说明 $p(x)$ 是一个 $n-1$ 次多项式；

(2) 由行列式的性质求 $p(x)=0$ 的根.

6. 计算下列行列式：

(1) $\begin{vmatrix} 1 & 2 & 3 \\ 99 & 201 & 298 \\ 4 & 5 & 6 \end{vmatrix}$；　(2) $\begin{vmatrix} 7 & 5 & 6 & 5 \\ 4 & 0 & 0 & 0 \\ 8 & 0 & 3 & 0 \\ 1 & 2 & 7 & 0 \end{vmatrix}$；

(3) $\begin{vmatrix} 0 & -1 & -1 & -1 \\ 1 & 0 & -1 & -1 \\ 1 & 1 & 0 & -1 \\ 1 & 1 & 1 & 0 \end{vmatrix}$；　(4) $\begin{vmatrix} 0 & 1 & 1 & 1 \\ 1 & 0 & 1 & 1 \\ 1 & 1 & 0 & 1 \\ 1 & 1 & 1 & 0 \end{vmatrix}$；

(5) $\begin{vmatrix} 0 & x & y & z \\ x & 0 & z & y \\ y & z & 0 & x \\ z & y & x & 0 \end{vmatrix}$；　(6) $\begin{vmatrix} a & b & c & 1 \\ b & c & a & 1 \\ c & a & b & 1 \\ \frac{b+c}{2} & \frac{c+a}{2} & \frac{a+b}{2} & 1 \end{vmatrix}$；

(7) $\begin{vmatrix} a & b & b & b \\ a & b & a & b \\ b & a & b & a \\ b & b & b & a \end{vmatrix}$；　(8) $\begin{vmatrix} a+b+2c & a & b \\ c & b+c+2a & b \\ c & a & c+a+2b \end{vmatrix}$.

7. 计算下列行列式：

(1) $D_{n+1}=\begin{vmatrix} a_1 & a_2 & \cdots & a_n & 0 \\ 1 & 0 & \cdots & 0 & b_1 \\ 0 & 1 & \cdots & 0 & b_2 \\ \vdots & \vdots & & \vdots & \vdots \\ 0 & 0 & \cdots & 1 & b_n \end{vmatrix}$；　(2) $D=\begin{vmatrix} 1 & x_2 & \cdots & x_n \\ x_2 & 1+x_2^2 & \cdots & x_2x_n \\ \vdots & \vdots & & \vdots \\ x_n & x_nx_2 & \cdots & 1+x_n^2 \end{vmatrix}$；

(3) $\begin{vmatrix} 1 & x_1 & x_2 & \cdots & x_{n-1} & x_n \\ 1 & x & x_2 & \cdots & x_{n-1} & x_n \\ 1 & x_1 & x & \cdots & x_{n-1} & x_n \\ \vdots & \vdots & \vdots & & \vdots & \vdots \\ 1 & x_1 & x_2 & \cdots & x & x_n \\ 1 & x_1 & x_2 & \cdots & x_{n-1} & x \end{vmatrix}$；

(4) $\begin{vmatrix} a & a+h & a+2h & \cdots & a+(n-2)h & a+(n-1)h \\ -a & a & 0 & \cdots & 0 & 0 \\ 0 & -a & a & \cdots & 0 & 0 \\ \vdots & \vdots & \vdots & & \vdots & \vdots \\ 0 & 0 & 0 & \cdots & a & 0 \\ 0 & 0 & 0 & \cdots & -a & a \end{vmatrix}$;

(5) $\begin{vmatrix} -a_1 & a_1 & 0 & \cdots & 0 & 0 \\ 0 & -a_2 & a_2 & \cdots & 0 & 0 \\ 0 & 0 & -a_3 & \cdots & 0 & 0 \\ \vdots & \vdots & \vdots & & \vdots & \vdots \\ 0 & 0 & 0 & \cdots & -a_n & a_n \\ 1 & 1 & 1 & \cdots & 1 & 1 \end{vmatrix}_{n+1}$;

(6) $\begin{vmatrix} a_0 & -1 & 0 & \cdots & 0 & 0 \\ a_1 & x & -1 & \cdots & 0 & 0 \\ a_2 & 0 & x & \cdots & 0 & 0 \\ \vdots & \vdots & \vdots & & \vdots & \vdots \\ a_{n-1} & 0 & 0 & \cdots & x & -1 \\ a_n & 0 & 0 & \cdots & 0 & x \end{vmatrix}_{n+1}$;

(7) $\begin{vmatrix} 1 & 2 & 3 & \cdots & n-1 & n \\ 1 & -1 & 0 & \cdots & 0 & 0 \\ 0 & 2 & -2 & \cdots & 0 & 0 \\ \vdots & \vdots & \vdots & & \vdots & \vdots \\ 0 & 0 & 0 & \cdots & 2-n & 0 \\ 0 & 0 & 0 & \cdots & n-1 & 1-n \end{vmatrix}$;

(8) $D_{n+1}=\begin{vmatrix} a & -1 & 0 & \cdots & 0 & 0 \\ ax & a & -1 & \cdots & 0 & 0 \\ ax^2 & ax & a & \cdots & 0 & 0 \\ \vdots & \vdots & \vdots & & \vdots & \vdots \\ ax^{n-1} & ax^{n-2} & ax^{n-3} & \cdots & a & -1 \\ ax^n & ax^{n-1} & ax^{n-2} & \cdots & ax & a \end{vmatrix}$.

8. 解下列方程：

(1) $\begin{vmatrix} 1 & 1 & 2 & 3 \\ 1 & 2-x^2 & 2 & 3 \\ 2 & 3 & 1 & 5 \\ 2 & 3 & 1 & 9-x^2 \end{vmatrix}=0$；

(2) $\begin{vmatrix} 1 & 1 & 1 & \cdots & 1 & 1 \\ 1 & 1-x & 1 & \cdots & 1 & 1 \\ 1 & 1 & 2-x & \cdots & 1 & 1 \\ \vdots & \vdots & \vdots & & \vdots & \vdots \\ 1 & 1 & 1 & \cdots & (n-2)-x & 1 \\ 1 & 1 & 1 & \cdots & 1 & (n-1)-x \end{vmatrix}=0$；

(3) $\begin{vmatrix} x & a_1 & a_2 & \cdots & a_{n-1} & 1 \\ a_1 & x & a_2 & \cdots & a_{n-1} & 1 \\ a_1 & a_2 & x & \cdots & a_{n-1} & 1 \\ \vdots & \vdots & \vdots & & \vdots & \vdots \\ a_1 & a_2 & a_3 & \cdots & x & 1 \\ a_1 & a_2 & a_3 & \cdots & a_n & 1 \end{vmatrix}=0$.

9. 用数学归纳法证明：

(1) $D_n=\begin{vmatrix} x & -1 & \cdots & 0 & 0 \\ 0 & x & \cdots & 0 & 0 \\ \vdots & \vdots & & \vdots & \vdots \\ 0 & 0 & \cdots & x & -1 \\ a_0 & a_1 & \cdots & a_{n-2} & x+a_{n-1} \end{vmatrix}=a_0+a_1x+a_2x^2+\cdots+a_{n-1}x^{n-1}+x^n$；

(2) $D_n=\begin{vmatrix} 2\cos\alpha & 1 & 0 & \cdots & 0 & 0 \\ 1 & 2\cos\alpha & 1 & \cdots & 0 & 0 \\ 0 & 1 & 2\cos\alpha & \cdots & 0 & 0 \\ \vdots & \vdots & \vdots & & \vdots & \vdots \\ 0 & 0 & 0 & \cdots & 2\cos\alpha & 1 \\ 0 & 0 & 0 & \cdots & 1 & 2\cos\alpha \end{vmatrix}=\dfrac{\sin(n+1)\alpha}{\sin\alpha}$.

10. 利用范德蒙德行列式计算下列行列式：

(1) $\begin{vmatrix} 1 & 1 & 1 & 1 \\ 16 & 9 & 49 & 25 \\ 4 & 3 & 7 & -5 \\ 64 & 27 & 343 & -125 \end{vmatrix}$；　(2) $\begin{vmatrix} a_1^n & a_1^{n-1}b_1 & \cdots & a_1b_1^{n-1} & b_1^n \\ a_2^n & a_2^{n-1}b_2 & \cdots & a_2b_2^{n-1} & b_2^n \\ \vdots & \vdots & & \vdots & \vdots \\ a_{n+1}^n & a_{n+1}^{n-1}b_{n+1} & \cdots & a_{n+1}b_{n+1}^{n-1} & b_{n+1}^n \end{vmatrix}$.

11. 用克莱姆法则求解下列线性方程组：

(1) $\begin{cases} x+2y+2z=3, \\ -x-4y+z=7, \\ 3x+7y+4z=3; \end{cases}$ (2) $\begin{cases} 2x_1+x_2-5x_3+x_4=8, \\ x_1-3x_2-6x_4=9, \\ 2x_2-x_3+2x_4=-5, \\ x_1+4x_2-7x_3+6x_4=0; \end{cases}$

(3) $\begin{cases} x_1-2x_2+3x_3-4x_4=4, \\ x_2-x_3+x_4=-3, \\ x_1+3x_2+x_4=1, \\ -7x_2+3x_3+x_4=3. \end{cases}$

12. 判断以下齐次线性方程组是否有非零解：

(1) $\begin{cases} -x_1+2x_2+3x_3=0, \\ 4x_1+x_2-x_3=0, \\ x_1-x_2+4x_3=0; \end{cases}$ (2) $\begin{cases} x_1+3x_2+5x_3-2x_4=0, \\ x_1+5x_2-9x_3+8x_4=0, \\ 5x_1+18x_2+4x_3+5x_4=0, \\ 2x_1+7x_2+3x_3+x_4=0. \end{cases}$

13. λ 为何值时，下列线性方程组有非零解：

(1) $\begin{cases} 3x_1+2x_2-x_3=0, \\ \lambda x_1+7x_2-2x_3=0, \\ 2x_1-x_2+3x_3=0; \end{cases}$ (2) $\begin{cases} 2x_1+\lambda x_2+3x_3=0 \\ \lambda x_1-x_2-4x_3=0, \\ 4x_1+x_2-x_3=0. \end{cases}$

14. 证明线性方程组

$$\begin{cases} 1+x_1+x_2+\cdots+x_n=b_1, \\ 1+2x_1+2^2x_2+\cdots+2^nx_n=b_2, \\ 1+3x_1+3^2x_2+\cdots+3^nx_n=b_3, \\ \qquad\vdots \\ 1+nx_1+n^2x_2+\cdots+n^nx_n=b_n \end{cases}$$

有唯一解.

1.5 自测题参考答案与提示

1. (1) 21. (2) 8. (3) $j=6$; $k=4$. (4) $-$. (5) -2. (6) $k=1$ 或 $k=2$.
   (7) -16; -4; -8. (8) -1; $\dfrac{1}{a}$. (9) $M_{23}=\lambda-10$; $A_{12}=-20$.
   (10) $a_{11}a_{22}\cdots a_{nn}$.
2. (1) (C). (2) (C). (3) (C). (4) (C). (5) (A).
3. (1) $-a_{12}a_{24}a_{31}a_{43}$. (2) $a_{11}a_{22}a_{33}a_{44}-a_{11}a_{23}a_{32}a_{44}+a_{14}a_{23}a_{32}a_{41}-a_{14}a_{22}a_{33}a_{41}$.

(3) $-a_{13}a_{22}a_{31}a_{44}\cdots a_{nn}$. (4) $(-1)^{\frac{n(n-1)}{2}+1}n!$.

4. 提示：$F(0)=F(1)=F(2)=\cdots=F(n-1)=0$，次对角线上的元素都是 $F(n)=n!$，此行列式是 $n+1$ 阶的三角行列式，$D=(-1)^{\frac{n(n+1)}{2}+1}(n!)^{n+1}$.

5. (2) 提示：把 $x=a_i(i=1,2,\cdots,n-1)$ 分别代入行列式得 $p(a_i)=0$，所以 $a_1,a_2,\cdots,a_{n-1}$ 是 $p(x)$ 的 $n-1$ 个根.

6. (1) -15. (2) 120. (3) 提示：把第 4 列加到第 1 列，再把第 4 行加到第 1 行即得三角行列式. (4) -3. (5) $(x+y+z)(x-y-z)(y-x-z)(z-x-y)$. (6) 0. (7) $(b^2-a^2)(b-a)^2=(b-a)^3(b+a)$. (8) $2(a+b+c)^3$.

7. (1) $(-1)^{n+3}\sum\limits_{i=1}^{n}a_ib_i$. (2) 1. (3) $\prod\limits_{i=1}^{n}x-x_i$.

(4) $\left(na+\dfrac{n(n-1)}{2}h\right)a^{n-1}$. 提示：把 $2,3,\cdots,n$ 列都加到第 1 列.

(5) $(-1)^n(n+1)a_1a_2\cdots a_n$. 提示：把各列都加到第 1 列上去，再按第 1 列展开.

(6) $a_0x^n+a_1x^{n-1}+\cdots+a_{n-1}x+a_n$. 提示：按第 1 列展开.

(7) $(-1)^{n-1}(n-1)!\ \dfrac{n(n+1)}{2}$.

(8) $a(a+x)^n$. 提示：按第 1 行展开，得递推公式.

8. (1) $x_1=-1,x_2=1,x_3=-2,x_4=2$.

(2) $x_1=0,x_2=1,x_3=2,\cdots,x_{n-2}=n-3,x_{n-1}=n-2$.

(3) $x_1=a_1,x_2=a_2,x_3=a_3,\cdots,x_n=a_n$.

9. 略.

10. (1) -10368.

(2) $\prod\limits_{1\leqslant j\leqslant i\leqslant n+1}(b_ia_j-a_ib_j)$. 提示：第 i 行提出 a_i^n，再利用范德蒙德行列式计算.

11. (1) $x=3,y=-2,z=2$.

(2) $x_1=3,x_2=-4,x_3=-1,x_4=1$.

(3) $x_1=-8,x_2=3,x_3=6,x_4=0$.

12. (1) 无. (2) 有.

13. (1) $\lambda=\dfrac{63}{5}$. (2) $\lambda=2$；$\lambda=11$.

14. 提示：系数行列式各行依次提出公因子 $1,2,\cdots,n$ 后得范德蒙德行列式.

第 2 章 线性方程组

2.1 说明与要求

本章的内容分向量和线性方程组两部分.

向量部分是由线性组合、线性相关(无关)出发，进而讨论向量中线性无关向量的个数，从而引出对向量组的秩和矩阵的秩的研究.

要理解向量的线性相关、线性无关、向量组的秩和矩阵的秩等概念.对于向量的线性相关性的讨论，无论是证明、判断还是计算，关键在于深刻理解基本概念，搞清楚它们之间的联系.要学会用定义来作推导论证.

向量组的秩与矩阵的秩之间有密切的联系，一个向量组可由另一个向量组线性表出时，向量组的秩之间有相互制约的关系.因此，对于秩的问题要灵活运用条件，注意知识点的转化.求秩及极大无关组的重要方法是初等变换，应熟练掌握此方法.

线性方程组部分的主要内容是利用向量的理论，对线性方程组解的情况以及解的结构进行讨论.

要掌握线性方程组解的判定定理，了解线性方程组的特解，导出组的基础解系和一般解的概念.

2.2 内容提要

2.2.1 用消元法解线性方程组

1. 线性方程组的初等变换

(1) 对调两个方程的位置;

(2) 用一个非零的数乘一个方程的两边;

(3) 将一个方程的若干倍加到另一个方程上.

上述 3 种变换统称为线性方程组的初等变换.

线性方程组经过初等变换后所得到的新方程组与原方程组同解.

2. 矩阵及其初等变换

由 $m\times n$ 个数 $a_{ij}(i=1,2,\cdots,m,j=1,2,\cdots,n)$ 排成的矩形数表

$$\begin{bmatrix} a_{11} & a_{12} & \cdots & a_{1n} \\ a_{21} & a_{22} & \cdots & a_{2n} \\ \vdots & \vdots & & \vdots \\ a_{m1} & a_{m2} & \cdots & a_{mn} \end{bmatrix},$$

称为一个 $m\times n$ 矩阵.其中 a_{ij} 均为某数域中的数.

对矩阵施行下述 3 种变换,称为矩阵的初等变换:

(1) 交换矩阵中两行(列)的位置;

(2) 矩阵的某一行(列)乘以一个非零数;

(3) 矩阵的某一行(列)乘以一个数加到另一行(列)上去.

3. 一般的线性方程组的解法

设线性方程组为

$$\begin{cases} a_{11}x_1+a_{12}x_2+\cdots+a_{1n}x_n=b_1, \\ a_{21}x_1+a_{22}x_2+\cdots+a_{2n}x_n=b_2, \\ \qquad\qquad\vdots \\ a_{m1}x_1+a_{m2}x_2+\cdots+a_{mn}x_n=b_m. \end{cases}$$

线性方程组的增广矩阵记为 $\overline{\mathbf{A}}$,则 $\overline{\mathbf{A}}$ 经过初等行变换可化为如下的阶梯形矩阵(必要时可重新排列未知量的顺序):

$$\overline{\mathbf{A}}\rightarrow\begin{bmatrix} c_{11} & c_{12} & \cdots & c_{1r} & c_{1,r+1} & \cdots & c_{1n} & d_1 \\ 0 & c_{22} & \cdots & c_{2r} & c_{2,r+1} & \cdots & c_{2n} & d_2 \\ \vdots & \vdots & & \vdots & \vdots & & \vdots & \vdots \\ 0 & 0 & \cdots & c_{rr} & c_{r,r+1} & \cdots & c_{rn} & d_r \\ 0 & 0 & \cdots & 0 & 0 & \cdots & 0 & d_{r+1} \\ 0 & 0 & \cdots & 0 & 0 & \cdots & 0 & 0 \\ \vdots & \vdots & & \vdots & \vdots & & \vdots & \vdots \\ 0 & 0 & \cdots & 0 & 0 & \cdots & 0 & 0 \end{bmatrix},$$

其中 $c_{ii}\neq0(i=1,2,\cdots,r)$.于是可知:

(1) 当 $d_{r+1}=0$,且 $r=n$ 时,原线性方程组有唯一解;

(2) 当 $d_{r+1}=0$,且 $r<n$ 时,原线性方程组有无穷多解;

(3) 当 $d_{r+1}\neq0$ 时,原线性方程组无解.

当线性方程组有解时,写出阶梯形矩阵对应的线性方程组并求解,就可得到原线性方

程组的解.

对于齐次线性方程组

$$\begin{cases} a_{11}x_1+a_{12}x_2+\cdots+a_{1n}x_n=0, \\ a_{21}x_1+a_{22}x_2+\cdots+a_{2n}x_n=0, \\ \qquad\qquad\vdots \\ a_{m1}x_1+a_{m2}x_2+\cdots+a_{mn}x_n=0, \end{cases}$$

其增广矩阵 $\bar{\mathbf{A}}$ 的最后一列全为零,所以对 $\bar{\mathbf{A}}$ 施行初等行变换,$\bar{\mathbf{A}}$ 可化为

$$\begin{pmatrix} c_{11} & c_{12} & \cdots & c_{1r} & c_{1,r+1} & \cdots & c_{1n} & 0 \\ 0 & c_{22} & \cdots & c_{2r} & c_{2,r+1} & \cdots & c_{2n} & 0 \\ \vdots & \vdots & & \vdots & \vdots & & \vdots & \vdots \\ 0 & 0 & \cdots & c_{rr} & c_{r,r+1} & \cdots & c_{rn} & 0 \\ 0 & 0 & \cdots & 0 & 0 & \cdots & 0 & 0 \\ 0 & 0 & \cdots & 0 & 0 & \cdots & 0 & 0 \\ \vdots & \vdots & & \vdots & \vdots & & \vdots & \vdots \\ 0 & 0 & \cdots & 0 & 0 & \cdots & 0 & 0 \end{pmatrix},$$

其中 $c_{ii}\neq 0(i=1,2,\cdots,r)$. 于是可知:

(1) 当 $r=n$ 时,齐次线性方程组仅有零解;

(2) 当 $r<n$ 时,齐次线性方程组除零解外,还有无穷多组非零解.

特别地,当 $m<n$ 时,齐次线性方程组必有非零解.

当 $m=n$ 时,齐次线性方程组有非零解的充分必要条件是它的系数行列式 $D=0$.

2.2.2 *n* 维向量

1. 向量的概念

(1) 定义

数域 P 上的 n 个数 $a_1,a_2,\cdots,a_n$ 构成的一个有序数组称为数域 P 上的一个 n 维向量,记为 $(a_1,a_2,\cdots,a_n)$ 或 $\begin{pmatrix} a_1 \\ a_2 \\ \vdots \\ a_n \end{pmatrix}$,$a_i$ 称为向量的第 i 个分量.

(2) 向量的相等

如果两个 n 维向量 $\boldsymbol{\alpha}=(a_1,a_2,\cdots,a_n)$,$\boldsymbol{\beta}=(b_1,b_2,\cdots,b_n)$ 的对应分量相等,即 $a_i=$

$b_i(i=1,2,\cdots,n)$,则称这两个向量相等,记为$\boldsymbol{\alpha}=\boldsymbol{\beta}$.

(3) 零向量

如果一个 n 维向量的 n 个分量均为零,即 $a_i=0(i=1,2,\cdots,n)$,则称它是一个 n 维零向量,记作$\mathbf{0}=(0,0,\cdots,0)$.

(4) 负向量

如果向量$\boldsymbol{\alpha}'=(a_1',a_2',\cdots,a_n')$与$\boldsymbol{\alpha}=(a_1,a_2,\cdots,a_n)$,有 $a_i'=-a_i(i=1,2,\cdots,n)$,则称$\boldsymbol{\alpha}'$是$\boldsymbol{\alpha}$ 的负向量,记作$\boldsymbol{\alpha}'=-\boldsymbol{\alpha}=(-a_1,-a_2,\cdots,-a_n)$.

2. 向量的线性运算

(1) 向量线性运算的定义

设向量$\boldsymbol{\alpha}=(a_1,a_2,\cdots,a_n)$,$\boldsymbol{\beta}=(b_1,b_2,\cdots,b_n)$. 定义

$$\boldsymbol{\alpha}+\boldsymbol{\beta}=(a_1+b_1,a_2+b_2,\cdots,a_n+b_n),$$
$$k\boldsymbol{\alpha}=(ka_1,ka_2,\cdots,ka_n)\quad(k\in P),$$

分别称为向量$\boldsymbol{\alpha}$与$\boldsymbol{\beta}$的和,数 k 与$\boldsymbol{\alpha}$ 的乘积. 这两种运算称为向量的加法及向量的数量乘法. 加法和数量乘法通称为向量的线性运算.

(2) 向量线性运算的性质

① $\boldsymbol{\alpha}+\boldsymbol{\beta}=\boldsymbol{\beta}+\boldsymbol{\alpha}$;

② $(\boldsymbol{\alpha}+\boldsymbol{\beta})+\boldsymbol{\gamma}=\boldsymbol{\alpha}+(\boldsymbol{\beta}+\boldsymbol{\gamma})$;

③ $\boldsymbol{\alpha}+\mathbf{0}=\boldsymbol{\alpha}$;

④ $\boldsymbol{\alpha}+(-\boldsymbol{\alpha})=\mathbf{0}$

⑤ $(kl)\boldsymbol{\alpha}=k(l\boldsymbol{\alpha})$;

⑥ $1\boldsymbol{\alpha}=\boldsymbol{\alpha}$;

⑦ $(k+l)\boldsymbol{\alpha}=k\boldsymbol{\alpha}+l\boldsymbol{\alpha}$;

⑧ $k(\boldsymbol{\alpha}+\boldsymbol{\beta})=k\boldsymbol{\alpha}+k\boldsymbol{\beta}$.

其中$\boldsymbol{\alpha}$,$\boldsymbol{\beta}$,$\boldsymbol{\gamma}$为 n 维向量,k,l 为数域 P 上的数.

3. 向量的线性相关性

(1) 线性组合

对于向量组$\boldsymbol{\alpha}_1,\boldsymbol{\alpha}_2,\cdots,\boldsymbol{\alpha}_m$ 和向量$\boldsymbol{\beta}$,如果存在 m 个数 $k_1,k_2,\cdots,k_m$,使得

$$\boldsymbol{\beta}=k_1\boldsymbol{\alpha}_1+k_2\boldsymbol{\alpha}_2+\cdots+k_m\boldsymbol{\alpha}_m,$$

则称$\boldsymbol{\beta}$是向量组$\boldsymbol{\alpha}_1,\boldsymbol{\alpha}_2,\cdots,\boldsymbol{\alpha}_m$ 的线性组合,或称$\boldsymbol{\beta}$可由向量组线性表出.

(2) 线性相关

对于向量组$\boldsymbol{\alpha}_1,\boldsymbol{\alpha}_2,\cdots,\boldsymbol{\alpha}_m$,如果存在一组不全为零的数 $k_1,k_2,\cdots,k_m$,使得

$$k_1\boldsymbol{\alpha}_1+k_2\boldsymbol{\alpha}_2+\cdots+k_m\boldsymbol{\alpha}_m=\mathbf{0},$$

则称向量组$\boldsymbol{\alpha}_1,\boldsymbol{\alpha}_2,\cdots,\boldsymbol{\alpha}_m$线性相关.

(3) 线性无关

如果只有当$k_1=k_2=\cdots=k_m=0$时,才使得

$$k_1\boldsymbol{\alpha}_1+k_2\boldsymbol{\alpha}_2+\cdots+k_m\boldsymbol{\alpha}_m=\mathbf{0},$$

则称向量组$\boldsymbol{\alpha}_1,\boldsymbol{\alpha}_2,\cdots,\boldsymbol{\alpha}_m$线性无关.

(4) 等价向量组

设$\boldsymbol{\alpha}_1,\boldsymbol{\alpha}_2,\cdots,\boldsymbol{\alpha}_m$和$\boldsymbol{\beta}_1,\boldsymbol{\beta}_2,\cdots,\boldsymbol{\beta}_s$是两个向量组,如果向量组$\boldsymbol{\alpha}_1,\boldsymbol{\alpha}_2,\cdots,\boldsymbol{\alpha}_m$中的每个向量$\boldsymbol{\alpha}_i(i=1,2,\cdots,m)$均可由向量组$\boldsymbol{\beta}_1,\boldsymbol{\beta}_2,\cdots,\boldsymbol{\beta}_s$线性表出,就称向量组$\boldsymbol{\alpha}_1,\boldsymbol{\alpha}_2,\cdots,\boldsymbol{\alpha}_m$可由向量组$\boldsymbol{\beta}_1,\boldsymbol{\beta}_2,\cdots,\boldsymbol{\beta}_s$线性表出.如果两个向量组可以互相线性表出,则称这两个向量组等价.

4. 关于向量间线性关系的几个重要结论

(1) m个n维向量

$$\boldsymbol{\alpha}_1=\begin{pmatrix}a_{11}\\a_{21}\\\vdots\\a_{n1}\end{pmatrix},\quad \boldsymbol{\alpha}_2=\begin{pmatrix}a_{12}\\a_{22}\\\vdots\\a_{n2}\end{pmatrix},\quad\cdots,\quad \boldsymbol{\alpha}_m=\begin{pmatrix}a_{1m}\\a_{2m}\\\vdots\\a_{nm}\end{pmatrix}$$

线性相关(线性无关)的充分必要条件是齐次线性方程组

$$\begin{cases}a_{11}x_1+a_{12}x_2+\cdots+a_{1m}x_m=0,\\a_{21}x_1+a_{22}x_2+\cdots+a_{2m}x_m=0,\\\qquad\vdots\\a_{n1}x_1+a_{n2}x_2+\cdots+a_{nm}x_m=0\end{cases}$$

有非零解(只有零解).

当$m=n$时,向量组$\boldsymbol{\alpha}_1,\boldsymbol{\alpha}_2,\cdots,\boldsymbol{\alpha}_n$线性无关(线性相关)的充分必要条件是

$$\begin{vmatrix}a_{11}&a_{12}&\cdots&a_{1n}\\a_{21}&a_{22}&\cdots&a_{2n}\\\vdots&\vdots&&\vdots\\a_{n1}&a_{n2}&\cdots&a_{nn}\end{vmatrix}\neq 0(=0).$$

当$m>n$时,向量组$\boldsymbol{\alpha}_1,\boldsymbol{\alpha}_2,\cdots,\boldsymbol{\alpha}_m$必定线性相关.

(2) 设向量组$\boldsymbol{\alpha}_1=\begin{pmatrix}a_{11}\\a_{21}\\\vdots\\a_{n1}\end{pmatrix},\boldsymbol{\alpha}_2=\begin{pmatrix}a_{12}\\a_{22}\\\vdots\\a_{n2}\end{pmatrix},\cdots,\boldsymbol{\alpha}_m=\begin{pmatrix}a_{1m}\\a_{2m}\\\vdots\\a_{nm}\end{pmatrix}$和向量$\boldsymbol{\beta}=\begin{pmatrix}b_1\\b_2\\\vdots\\b_n\end{pmatrix}$,则$\boldsymbol{\beta}$可由向量组$\boldsymbol{\alpha}_1,\boldsymbol{\alpha}_2,\cdots,\boldsymbol{\alpha}_m$线性表出的充分必要条件是非齐次线性方程组

$$\begin{cases} a_{11}x_1 + a_{12}x_2 + \cdots + a_{1m}x_m = b_1, \\ a_{21}x_1 + a_{22}x_2 + \cdots + a_{2m}x_m = b_2, \\ \quad\quad\vdots \\ a_{n1}x_1 + a_{n2}x_2 + \cdots + a_{nm}x_m = b_n \end{cases}$$

有解.

当 $m=n$ 时，任何 n 维向量可由 $\boldsymbol{\alpha}_1,\boldsymbol{\alpha}_2,\cdots,\boldsymbol{\alpha}_n$ 线性表示的充分必要条件是

$$\begin{vmatrix} a_{11} & a_{12} & \cdots & a_{1n} \\ a_{21} & a_{22} & \cdots & a_{2n} \\ \vdots & \vdots & & \vdots \\ a_{n1} & a_{n2} & \cdots & a_{nn} \end{vmatrix} \neq 0.$$

(3) 向量组 $\boldsymbol{\alpha}_1,\boldsymbol{\alpha}_2,\cdots,\boldsymbol{\alpha}_m$ $(m\geqslant 2)$ 线性相关的充分必要条件是其中至少有一个向量可由其余 $m-1$ 个向量线性表出.

(4) 若向量组 $\boldsymbol{\alpha}_1,\boldsymbol{\alpha}_2,\cdots,\boldsymbol{\alpha}_m$ 线性无关，而向量组 $\boldsymbol{\beta},\boldsymbol{\alpha}_1,\boldsymbol{\alpha}_2,\cdots,\boldsymbol{\alpha}_m$ 线性相关，则 $\boldsymbol{\beta}$ 可由 $\boldsymbol{\alpha}_1,\boldsymbol{\alpha}_2,\cdots,\boldsymbol{\alpha}_m$ 线性表出，且表示式唯一.

(5) 如果向量组 $\boldsymbol{\alpha}_1,\boldsymbol{\alpha}_2,\cdots,\boldsymbol{\alpha}_r$ 中的每一个向量均可由 $\boldsymbol{\beta}_1,\boldsymbol{\beta}_2,\cdots,\boldsymbol{\beta}_s$ 线性表出，且 $r>s$，则 $\boldsymbol{\alpha}_1,\boldsymbol{\alpha}_2,\cdots,\boldsymbol{\alpha}_r$ 一定线性相关.

(6) 若向量组中有一部分向量线性相关，则整个向量组线性相关. 或者说，一个线性相关的向量组，增加一些向量后，所得到的向量组也线性相关.

(7) 若向量组线性无关，则它的任一个部分组也线性无关. 或者说，一个线性无关的向量组，去掉一部分向量后，仍线性无关.

(8) 若 n 维向量组 $\boldsymbol{\alpha}_1,\boldsymbol{\alpha}_2,\cdots,\boldsymbol{\alpha}_s$ 线性无关，则在每个向量上都添加 m 个分量，所得 $n+m$ 维向量组 $\boldsymbol{\alpha}'_1,\boldsymbol{\alpha}'_2,\cdots,\boldsymbol{\alpha}'_s$ 也线性无关.

(9) 若 n 维向量组 $\boldsymbol{\alpha}_1,\boldsymbol{\alpha}_2,\cdots,\boldsymbol{\alpha}_s$ 线性相关，则在每个向量上都去掉 m 个分量，所得 $n-m$ 维向量组 $\boldsymbol{\alpha}_1^*,\boldsymbol{\alpha}_2^*,\cdots,\boldsymbol{\alpha}_s^*$ 也线性相关.

结论(6),(7),(8)和(9)可简述如下：

相关组增加向量仍相关；

无关组减少向量仍无关；

无关组增加分量仍无关；

相关组减少分量仍相关.

2.2.3 向量组的秩和矩阵的秩

1. 极大线性无关组(简称极大无关组)

(1) 定义

向量组的一个部分组称为一个极大无关组，如果部分组是线性无关的，且再从原向量

组的其余向量中任取一个添加进去,所得到的新的部分组都线性相关.

(2) 极大无关组的性质

① 向量组与其极大无关组等价;

② 向量组的任何两个极大无关组等价;

③ 向量组的任何两个极大无关组所包含的向量个数相同;

④ 线性无关向量组的极大无关组是向量组本身;

⑤ 由零向量构成的向量组没有极大无关组.

2. 向量组的秩

(1) 定义

向量组 $\boldsymbol{\alpha}_1,\boldsymbol{\alpha}_2,\cdots,\boldsymbol{\alpha}_m$ 的极大无关组所含的向量个数称为向量组的秩,记为 $\mathrm{r}(\boldsymbol{\alpha}_1,\boldsymbol{\alpha}_2,\cdots,\boldsymbol{\alpha}_m)$.

规定零向量组成的向量组的秩为 0.

(2) 性质

① 等价的向量组的秩相等;

② 若两个向量组的秩相等,且其中一个向量组可由另一个向量组线性表出,则这两个向量组等价.

3. 矩阵的秩

(1) 定义

① 矩阵的子式

在一个 $m\times n$ 矩阵 $\mathbf{A}$ 中,任意取定 k 行和 k 列,由位于这些行和列的交叉处的 k^2 个元素按原来的次序所组成的 k 阶行列式,称为 $\mathbf{A}$ 的一个子行列式,简称 k 阶子式,其中$k\leqslant\min\{m,n\}$.

② 矩阵的秩

矩阵 $\mathbf{A}$ 中不等于零的子式的最高阶数,称为矩阵 $\mathbf{A}$ 的秩,记为 $\mathrm{r}(\mathbf{A})$.

(2) 矩阵秩的性质

矩阵 $\mathbf{A}_{m\times n}$的行秩($\mathbf{A}_{m\times n}$的行向量组的秩)等于 $\mathbf{A}_{m\times n}$的列秩($\mathbf{A}_{m\times n}$的列向量组的秩).

2.2.4 线性方程组解的判定

1. 齐次线性方程组

$$\begin{cases}a_{11}x_1+a_{12}x_2+\cdots+a_{1n}x_n=0,\\a_{21}x_1+a_{22}x_2+\cdots+a_{2n}x_n=0,\\\quad\vdots\\a_{m1}x_1+a_{m2}x_2+\cdots+a_{mn}x_n=0\end{cases}\tag{2.1}$$

有非零解的充分必要条件是其系数矩阵的秩 $r(\mathbf{A})<n$.

齐次线性方程组(2.1)仅有零解的充分必要条件是 $r(\mathbf{A})=n$.

2. 非齐次线性方程组

$$\begin{cases} a_{11}x_1+a_{12}x_2+\cdots+a_{1n}x_n=b_1 \\ a_{21}x_1+a_{22}x_2+\cdots+a_{2n}x_n=b_2, \\ \quad\vdots \\ a_{m1}x_1+a_{m2}x_2+\cdots+a_{mn}x_n=b_m \end{cases} \tag{2.2}$$

有解的充分必要条件是其系数矩阵 $\mathbf{A}$ 的秩和增广矩阵 $\overline{\mathbf{A}}$ 的秩相等,其中,

$$\mathbf{A}=\begin{pmatrix} a_{11} & a_{12} & \cdots & a_{1n} \\ a_{21} & a_{22} & \cdots & a_{2n} \\ \vdots & \vdots & & \vdots \\ a_{m1} & a_{m2} & \cdots & a_{mn} \end{pmatrix},\quad \overline{\mathbf{A}}=\begin{pmatrix} a_{11} & a_{12} & \cdots & a_{1n} & b_1 \\ a_{21} & a_{22} & \cdots & a_{2n} & b_2 \\ \vdots & \vdots & & \vdots & \vdots \\ a_{m1} & a_{m2} & \cdots & a_{mn} & b_m \end{pmatrix}.$$

当 $r(\mathbf{A})=r(\overline{\mathbf{A}})=n$ 时,线性方程组(2.2)有唯一解.

当 $r(\mathbf{A})=r(\overline{\mathbf{A}})<n$ 时,线性方程组(2.2)有无穷多解.

当 $r(\mathbf{A})\neq r(\overline{\mathbf{A}})$时,线性方程组(2.2)无解.

2.2.5 线性方程组解的结构

1. 齐次线性方程组解的性质与结构

(1) 解的性质

① 如果$\boldsymbol{\alpha}$,$\boldsymbol{\beta}$是齐次线性方程组(2.1)的两个解,则$\boldsymbol{\alpha}+\boldsymbol{\beta}$也是线性方程组(2.1)的解;

② 如果$\boldsymbol{\alpha}$是齐次线性方程组(2.1)的解,则 $k\boldsymbol{\alpha}$ 也是线性方程组(2.1)的解;

③ 如果有$\boldsymbol{\alpha}_1,\boldsymbol{\alpha}_2,\cdots,\boldsymbol{\alpha}_s$ 是齐次线性方程组(2.1)的解,则 $k_1\boldsymbol{\alpha}_1+k_2\boldsymbol{\alpha}_2+\cdots+k_s\boldsymbol{\alpha}_s$ 也是线性方程组(2.1)的解,其中 $k_i(i=1,2,\cdots,s)$为任意常数.

(2) 基础解系

设$\boldsymbol{\eta}_1,\boldsymbol{\eta}_2,\cdots,\boldsymbol{\eta}_s$ 是齐次线性方程组(2.1)的一组解,若①$\boldsymbol{\eta}_1,\boldsymbol{\eta}_2,\cdots,\boldsymbol{\eta}_s$ 线性无关,②齐次线性方程组(2.1)任何一个解都可由$\boldsymbol{\eta}_1,\boldsymbol{\eta}_2,\cdots,\boldsymbol{\eta}_s$ 线性表出,则称$\boldsymbol{\eta}_1,\boldsymbol{\eta}_2,\cdots,\boldsymbol{\eta}_s$ 是齐次线性方程组(2.1)一个基础解系.

(3) 基础解系的存在性

如果齐次线性方程组(2.1)有非零解($r(\mathbf{A})<n$),则齐次线性方程组(2.1)一定有基础解系,并且基础解系含有 $n-r$ 个解向量.

(4) 齐次线性方程组解的结构

如果$\boldsymbol{\eta}_1,\boldsymbol{\eta}_2,\cdots,\boldsymbol{\eta}_{n-r}$是齐次线性方程组(2.1)的一个基础解系,则齐次线性方程组(2.1)

的全部解为

$$\boldsymbol{\eta}=k_1\boldsymbol{\eta}_1+k_2\boldsymbol{\eta}_2+\cdots+k_{n-r}\boldsymbol{\eta}_{n-r},$$

其中 $k_i(i=1,2,\cdots,n-r)$ 为任意常数.

2. 非齐次线性方程组解的性质和结构

(1) 解的性质

① 如果 $\boldsymbol{\alpha},\boldsymbol{\beta}$ 是非齐次线性方程组(2.2)的两个解,则 $\boldsymbol{\alpha}-\boldsymbol{\beta}$ 是其导出组(2.1)的解;

② 如果 $\boldsymbol{\alpha}$ 是齐次线性方程组(2.1)的解,$\boldsymbol{\beta}$ 是线性方程组(2.2)的解,则 $\boldsymbol{\alpha}+\boldsymbol{\beta}$ 是线性方程组(2.2)的解.

(2) 非齐次线性方程组解的结构

如果 $\boldsymbol{\gamma}_0$ 是非齐次线性方程组(2.2)的一个解,$\boldsymbol{\eta}$ 是其导出组(2.1)的全部解,则 $\boldsymbol{\gamma}=\boldsymbol{\gamma}_0+\boldsymbol{\eta}$ 是线性方程组(2.2)的全部解,称 $\boldsymbol{\gamma}_0$ 是线性方程组(2.2)的一个特解.

2.3 典型例题分析

2.3.1 用消元法解线性方程组

例 2.1 用消元法解线性方程组:

(1) $\begin{cases}x_1-x_2+3x_3-x_4=1,\\ 2x_1-x_2-x_3+4x_4=2,\\ 3x_1-2x_2+2x_3+3x_4=3,\\ x_1-4x_3+5x_4=-1;\end{cases}$ (2) $\begin{cases}x_1+x_2+x_3=1,\\ x_2+2x_3=-1,\\ 3x_1+x_2+2x_3=5;\end{cases}$

(3) $\begin{cases}3x_1+2x_2+x_3=4,\\ x_1+x_2+x_3=1,\\ x_2+2x_3=-1.\end{cases}$

解 (1) 对线性方程组的增广矩阵 $\overline{\boldsymbol{A}}$ 施行初等行变换:

$$\overline{\boldsymbol{A}}=\begin{pmatrix}1&-1&3&-1&1\\2&-1&-1&4&2\\3&-2&2&3&3\\1&0&-4&5&-1\end{pmatrix}\rightarrow\begin{pmatrix}1&-1&3&-1&1\\0&1&-7&6&0\\0&1&-7&6&0\\0&0&-7&6&-2\end{pmatrix}$$

$$\rightarrow\begin{pmatrix}1&-1&3&-1&1\\0&1&-7&6&0\\0&0&0&0&-2\\0&0&0&0&0\end{pmatrix},$$

由于阶梯形矩阵第 3 行最后一个元素非零，而其他元素均为零，所以此线性方程组无解.

(2) 对增广矩阵施行初等行变换：

$$\begin{pmatrix}1&1&1&1\\0&1&2&-1\\3&1&2&5\end{pmatrix}\to\begin{pmatrix}1&1&1&1\\0&1&2&-1\\0&-2&-1&2\end{pmatrix}\to\begin{pmatrix}1&1&1&1\\0&1&2&-1\\0&0&3&0\end{pmatrix},$$

得同解线性方程组

$$\begin{cases}x_1+x_2+\ \ x_3=1,\\ \qquad x_2+2x_3=-1,\\ \qquad\qquad 3x_3=0.\end{cases}$$

由最后一个方程开始，逐一回代，容易得到解为

$$\begin{cases}x_1=2,\\x_2=-1,\\x_3=0.\end{cases}$$

(3) 对增广矩阵施行初等行变换：

$$\begin{pmatrix}3&2&1&4\\1&1&1&1\\0&1&2&-1\end{pmatrix}\to\begin{pmatrix}1&1&1&1\\3&2&1&4\\0&1&2&-1\end{pmatrix}\to\begin{pmatrix}1&1&1&1\\0&-1&-2&1\\0&1&2&-1\end{pmatrix}\to\begin{pmatrix}1&1&1&1\\0&1&2&-1\\0&0&0&0\end{pmatrix},$$

得同解线性方程组

$$\begin{cases}x_1+x_2+x_3=1,\\ \qquad x_2+2x_3=-1,\end{cases}$$

于是得到无穷多组解

$$\begin{cases}x_1=2+x_3,\\x_2=-1-2x_3,\end{cases}$$

其中 x_3 是自由未知量.

例 2.2 当 c,d 取何值时，线性方程组

$$\begin{cases}x_1+x_2+x_3+x_4+x_5=1,\\3x_1+2x_2+x_3+x_4-3x_5=c,\\x_2+2x_3+2x_4+6x_5=3,\\5x_1+4x_2+3x_3+3x_4-x_5=d\end{cases}$$

有解？在有解时，试求它的一般解.

解 对线性方程组的增广矩阵施行初等行变换：

$$\overline{\boldsymbol{A}}=\begin{pmatrix}1&1&1&1&1&1\\3&2&1&1&-3&c\\0&1&2&2&6&3\\5&4&3&3&-1&d\end{pmatrix}\to\begin{pmatrix}1&1&1&1&1&1\\0&-1&-2&-2&-6&c-3\\0&1&2&2&6&3\\0&-1&-2&-2&-6&d-5\end{pmatrix}$$

$$\to\begin{pmatrix}1&1&1&1&1&1\\0&0&0&0&0&c\\0&1&2&2&6&3\\0&0&0&0&0&d-2\end{pmatrix}\to\begin{pmatrix}1&0&-1&-1&-5&-2\\0&1&2&2&6&3\\0&0&0&0&0&c\\0&0&0&0&0&d-2\end{pmatrix},$$

由此可得：当$c=0,d=2$时，线性方程组有无穷多组解，其一般解为

$$\begin{cases}x_1=-2+x_3+x_4+5x_5,\\x_2=3-2x_3-2x_4-6x_5,\end{cases}$$

其中x_3,x_4,x_5是自由未知量.

例 2.3 当a取何值时，线性方程组

$$\begin{cases}x_1+x_2-x_3=1,\\2x_1+3x_2+ax_3=3,\\x_1+ax_2+3x_3=2\end{cases}$$

有解？在线性方程组有解时，试求出它的解.

解 线性方程组中未知量的个数与方程的个数相同，所以当系数行列式$D\neq0$时，线性方程组有唯一解.这时

$$D=\begin{vmatrix}1&1&-1\\2&3&a\\1&a&3\end{vmatrix}=-(a+3)(a-2),$$

所以，当$a\neq-3$且$a\neq2$时，线性方程组有唯一解.利用克莱姆法则可得

$$x_1=1,\quad x_2=\frac{1}{a+3},\quad x_3=\frac{1}{a+3}.$$

当$a=-3$时，对线性方程组的增广矩阵施行初等行变换：

$$\overline{\boldsymbol{A}}=\begin{pmatrix}1&1&-1&1\\2&3&-3&3\\1&-3&3&2\end{pmatrix}\to\begin{pmatrix}1&1&-1&1\\0&1&-1&1\\0&-4&4&1\end{pmatrix}\to\begin{pmatrix}1&1&-1&1\\0&1&-1&1\\0&0&0&5\end{pmatrix},$$

由最后一个矩阵知，线性方程组无解.

当$a=2$时，对线性方程组的增广矩阵施行初等行变换：

$$\overline{\boldsymbol{A}}=\begin{pmatrix}1&1&-1&1\\2&3&2&3\\1&2&3&2\end{pmatrix}\to\begin{pmatrix}1&1&-1&1\\0&1&4&1\\0&1&4&1\end{pmatrix}\to\begin{pmatrix}1&0&-5&0\\0&1&4&1\\0&0&0&0\end{pmatrix},$$

由此可知,当 $a=2$ 时,线性方程组有无穷多解.其一般解为

$$\begin{cases} x_1 = 5x_3, \\ x_2 = 1-4x_3, \end{cases}$$

其中 x_3 是自由未知量.

例 2.4 求 a 和 b,使齐次线性方程组

$$\begin{cases} ax_1 + x_2 + x_3 = 0, \\ x_1 + bx_2 + x_3 = 0, \\ x_1 + 2bx_2 + x_3 = 0 \end{cases}$$

有非零解,并求全部非零解.

解 对齐次线性方程组的系数矩阵做初等行变换:

$$\begin{pmatrix} a & 1 & 1 \\ 1 & b & 1 \\ 1 & 2b & 1 \end{pmatrix} \to \begin{pmatrix} 1 & b & 1 \\ a & 1 & 1 \\ 1 & 2b & 1 \end{pmatrix} \to \begin{pmatrix} 1 & b & 1 \\ 0 & 1-ab & 1-a \\ 0 & b & 0 \end{pmatrix} = \boldsymbol{A}_1.$$

如果 $b=0$,则线性方程组有无穷多组解(此时出现非零解)

$$\begin{cases} x_1 = -x_3, \\ x_2 = (a-1)x_3, \end{cases}$$

其中 x_3 是自由未知量.

如果 $b\neq 0$,继续做初等行变换

$$\boldsymbol{A}_1 \to \begin{pmatrix} 1 & b & 1 \\ 0 & b & 0 \\ 0 & 1-ab & 1-a \end{pmatrix} \to \begin{pmatrix} 1 & b & 1 \\ 0 & 1 & 0 \\ 0 & 0 & 1-a \end{pmatrix},$$

由阶梯形矩阵可知,当 $a=1$ 时线性方程组有无穷多解(此时出现非零解)

$$\begin{cases} x_1 = -x_3, \\ x_2 = 0, \end{cases}$$

其中 x_3 为自由未知量.

综上所述,当 $a=1$ 或 $b=0$ 时,线性方程组有非零解

$$\begin{cases} x_1 = -x_3, \\ x_2 = (a-1)x_3, \end{cases}$$

其中 x_3 是自由未知量.

注 当线性方程组(齐次或非齐次)未知量的系数中含有参数时,为了确定参数的值,一般要对其增广矩阵施行初等行变换,将增广矩阵化为阶梯矩阵后,再分情况讨论.

当线性方程组中未知量的个数与方程的个数相等时,也可先计算系数行列式 D,由 $D=0$ 或 $D\neq 0$ 的情况来讨论参数的取值.

2.3.2 向量间的线性关系和向量组的秩

1. 判定向量组的线性相关性

例 2.5 设$\boldsymbol{\alpha}_1=(1,1,1),\boldsymbol{\alpha}_2=(1,2,3),\boldsymbol{\alpha}_3=(1,3,t)$.

(1) 问 t 为何值时,向量组线性相关?

(2) 问 t 为何值时,向量组线性无关?

(3) 当向量组线性相关时,将$\boldsymbol{\alpha}_3$ 表示为$\boldsymbol{\alpha}_1$ 和$\boldsymbol{\alpha}_2$ 的线性组合.

解法一 用定义判别.

设有数 k_1,k_2,k_3 使得 $k_1\boldsymbol{\alpha}_1+k_2\boldsymbol{\alpha}_2+k_3\boldsymbol{\alpha}_3=\mathbf{0}$,即有齐次线性方程组

$$\begin{cases}k_1+k_2+k_3=0,\\ k_1+2k_2+3k_3=0,\\ k_1+3k_2+tk_3=0.\end{cases}$$

此线性方程组的系数行列式为

$$\begin{vmatrix}1&1&1\\1&2&3\\1&3&t\end{vmatrix}=t-5.$$

(1) 当 $t-5=0$,即 $t=5$ 时,线性方程组有非零解,所以$\boldsymbol{\alpha}_1,\boldsymbol{\alpha}_2,\boldsymbol{\alpha}_3$ 线性相关;

(2) 当 $t-5\neq0$,即 $t\neq5$ 时,线性方程组仅有零解,$k_1=k_2=k_3=0$,故$\boldsymbol{\alpha}_1,\boldsymbol{\alpha}_2,\boldsymbol{\alpha}_3$ 线性无关;

(3) 当 $t=5$ 时,设$\boldsymbol{\alpha}_3=x_1\boldsymbol{\alpha}_1+x_2\boldsymbol{\alpha}_2$,即

$$\begin{cases}x_1+x_2=1,\\ x_1+2x_2=3,\\ x_1+3x_2=5,\end{cases}$$

解得 $x_1=-1,x_2=2$,于是$\boldsymbol{\alpha}_3=-\boldsymbol{\alpha}_1+2\boldsymbol{\alpha}_2$.

解法二 利用矩阵的秩判别.

以$\boldsymbol{\alpha}_1,\boldsymbol{\alpha}_2,\boldsymbol{\alpha}_3$ 为列构成矩阵 $\mathbf{A}$. 对 $\mathbf{A}$ 做初等行变换,得

$$\mathbf{A}=(\boldsymbol{\alpha}_1,\boldsymbol{\alpha}_2,\boldsymbol{\alpha}_3)=\begin{pmatrix}1&1&1\\1&2&3\\1&3&t\end{pmatrix}\to\begin{pmatrix}1&1&1\\0&1&2\\0&2&t-1\end{pmatrix}\to\begin{pmatrix}1&1&1\\0&1&2\\0&0&t-5\end{pmatrix}.$$

(1) 当 $t=5$ 时,秩$(\mathbf{A})=2$,$\boldsymbol{\alpha}_1,\boldsymbol{\alpha}_2,\boldsymbol{\alpha}_3$ 线性相关;

(2) 当 $t\neq5$ 时,秩$(\mathbf{A})=3$,$\boldsymbol{\alpha}_1,\boldsymbol{\alpha}_2,\boldsymbol{\alpha}_3$ 线性无关;

(3) 当 $t=5$ 时,$\boldsymbol{\alpha}_1,\boldsymbol{\alpha}_2,\boldsymbol{\alpha}_3$ 线性相关,

$$\mathbf{A}=\begin{pmatrix}1&1&1\\0&1&2\\0&0&0\end{pmatrix}\to\begin{pmatrix}1&0&-1\\0&1&2\\0&0&0\end{pmatrix},$$

所以$\boldsymbol{\alpha}_3=-\boldsymbol{\alpha}_1+2\boldsymbol{\alpha}_2$.

例 2.6 判别下列各向量组的线性相关性：

(1) $\boldsymbol{\alpha}_1=(3,1,0,2)$，$\boldsymbol{\alpha}_2=(1,-1,2,-1)$，$\boldsymbol{\alpha}_3=(1,3,-4,4)$；

(2) $\boldsymbol{\alpha}_1=(1,0,1)$，$\boldsymbol{\alpha}_2=(2,2,0)$，$\boldsymbol{\alpha}_3=(0,3,3)$；

(3) $\boldsymbol{\alpha}_1=(2,4,1,1,0)$，$\boldsymbol{\alpha}_2=(1,-2,0,1,1)$，$\boldsymbol{\alpha}_3=(1,3,1,0,1)$.

解 (1) 利用矩阵的秩判别.

以$\boldsymbol{\alpha}_i(i=1,2,3)$为列构成矩阵$\boldsymbol{A}$，对$\boldsymbol{A}$做初等行变换，得

$$\boldsymbol{A}=\begin{pmatrix}3&1&1\\1&-1&3\\0&2&-4\\2&-1&4\end{pmatrix}\to\begin{pmatrix}1&-1&3\\3&1&1\\0&2&-4\\2&-1&4\end{pmatrix}\to\begin{pmatrix}1&-1&3\\0&4&-8\\0&2&-4\\0&1&-2\end{pmatrix}\to\begin{pmatrix}1&-1&3\\0&1&-2\\0&0&0\\0&0&0\end{pmatrix},$$

显然，秩$(\boldsymbol{A})=2<3$，故$\boldsymbol{\alpha}_1,\boldsymbol{\alpha}_2,\boldsymbol{\alpha}_3$线性相关.

(2) 利用行列式判别. 因为

$$|\boldsymbol{\alpha}_1,\boldsymbol{\alpha}_2,\boldsymbol{\alpha}_3|=\begin{vmatrix}1&2&0\\0&2&3\\1&0&3\end{vmatrix}=12\neq 0,$$

所以，$\boldsymbol{\alpha}_1,\boldsymbol{\alpha}_2,\boldsymbol{\alpha}_3$线性无关.

(3) 本题可以用定义法及矩阵的秩判别，但考虑到取$\boldsymbol{\alpha}_1,\boldsymbol{\alpha}_2,\boldsymbol{\alpha}_3$的后三个分量得$\tilde{\boldsymbol{\alpha}}_1=(1,1,0)$，$\tilde{\boldsymbol{\alpha}}_2=(0,1,1)$，$\tilde{\boldsymbol{\alpha}}_3=(1,0,1)$，其行列式为

$$|\tilde{\boldsymbol{\alpha}}_1,\tilde{\boldsymbol{\alpha}}_2,\tilde{\boldsymbol{\alpha}}_3|=\begin{vmatrix}1&0&1\\1&1&0\\0&1&1\end{vmatrix}=2\neq 0,$$

所以$\tilde{\boldsymbol{\alpha}}_1,\tilde{\boldsymbol{\alpha}}_2,\tilde{\boldsymbol{\alpha}}_3$线性无关，添加分量后得$\boldsymbol{\alpha}_1,\boldsymbol{\alpha}_2,\boldsymbol{\alpha}_3$仍线性无关.

例 2.7 已知向量组$\boldsymbol{\alpha}_1=(1,1,2,1)$，$\boldsymbol{\alpha}_2=(1,0,0,2)$，$\boldsymbol{\alpha}_3=(-1,-4,-8,k)$线性相关，求$k$.

解法一 用矩阵的秩讨论.

$$\boldsymbol{A}=\begin{pmatrix}1&1&-1\\1&0&-4\\2&0&-8\\1&2&k\end{pmatrix}\to\begin{pmatrix}1&1&-1\\0&-1&-3\\0&-2&-6\\0&1&k+1\end{pmatrix}\to\begin{pmatrix}1&-1&-1\\0&-1&-3\\0&0&k-2\\0&0&0\end{pmatrix},$$

可见，当$k=2$时，秩$(\boldsymbol{A})=2<3$，这时向量组$\boldsymbol{\alpha}_1,\boldsymbol{\alpha}_2,\boldsymbol{\alpha}_3$才是线性相关的.

解法二 用行列式讨论.

取$\boldsymbol{\alpha}_1,\boldsymbol{\alpha}_2,\boldsymbol{\alpha}_3$的第1,2,4个分量构成向量组$\tilde{\boldsymbol{\alpha}}_1=(1,1,1)$，$\tilde{\boldsymbol{\alpha}}_2=(1,0,2)$，$\tilde{\boldsymbol{\alpha}}_3=(-1,-4,k)$，则必有

$$|\tilde{\boldsymbol{\alpha}}_1,\tilde{\boldsymbol{\alpha}}_2,\tilde{\boldsymbol{\alpha}}_3| = \begin{vmatrix} 1 & 1 & -1 \\ 1 & 0 & -4 \\ 1 & 2 & k \end{vmatrix} = -k+2=0.$$

否则,添加分量后得$\boldsymbol{\alpha}_1,\boldsymbol{\alpha}_2,\boldsymbol{\alpha}_3$ 线性无关,所以 $k=2$.

例 2.8 讨论下列向量组是否线性相关:

(1) $\boldsymbol{\alpha}_1-\boldsymbol{\alpha}_2,\boldsymbol{\alpha}_2-\boldsymbol{\alpha}_3,\boldsymbol{\alpha}_3-\boldsymbol{\alpha}_1$;

(2) $\boldsymbol{\alpha}_1+\boldsymbol{\alpha}_2,\boldsymbol{\alpha}_2+\boldsymbol{\alpha}_3,\boldsymbol{\alpha}_3+\boldsymbol{\alpha}_4,\boldsymbol{\alpha}_4+\boldsymbol{\alpha}_1$;

(3) $\boldsymbol{\alpha}_1+\boldsymbol{\alpha}_2,\boldsymbol{\alpha}_2+\boldsymbol{\alpha}_3,\boldsymbol{\alpha}_3+\boldsymbol{\alpha}_1$;

(4) $\boldsymbol{\alpha}_1-\boldsymbol{\alpha}_2-\boldsymbol{\alpha}_3,\boldsymbol{\alpha}_1-2\boldsymbol{\alpha}_2-3\boldsymbol{\alpha}_3,\boldsymbol{\alpha}_1+2\boldsymbol{\alpha}_2+3\boldsymbol{\alpha}_3,\boldsymbol{\alpha}_1-4\boldsymbol{\alpha}_2-9\boldsymbol{\alpha}_3$.

解 (1) 由于

$$(\boldsymbol{\alpha}_1-\boldsymbol{\alpha}_2)+(\boldsymbol{\alpha}_2-\boldsymbol{\alpha}_3)+(\boldsymbol{\alpha}_3-\boldsymbol{\alpha}_1)=\mathbf{0},$$

所以,$\boldsymbol{\alpha}_1-\boldsymbol{\alpha}_2,\boldsymbol{\alpha}_2-\boldsymbol{\alpha}_3,\boldsymbol{\alpha}_3-\boldsymbol{\alpha}_1$ 线性相关.

(2) 由于

$$(\boldsymbol{\alpha}_1+\boldsymbol{\alpha}_2)-(\boldsymbol{\alpha}_2+\boldsymbol{\alpha}_3)+(\boldsymbol{\alpha}_3+\boldsymbol{\alpha}_4)-(\boldsymbol{\alpha}_4+\boldsymbol{\alpha}_1)=\mathbf{0},$$

所以,$\boldsymbol{\alpha}_1+\boldsymbol{\alpha}_2,\boldsymbol{\alpha}_2+\boldsymbol{\alpha}_3,\boldsymbol{\alpha}_3+\boldsymbol{\alpha}_4,\boldsymbol{\alpha}_4+\boldsymbol{\alpha}_1$ 线性相关.

(3) 设 $k_1(\boldsymbol{\alpha}_1+\boldsymbol{\alpha}_2)+k_2(\boldsymbol{\alpha}_2+\boldsymbol{\alpha}_3)+k_3(\boldsymbol{\alpha}_3+\boldsymbol{\alpha}_1)=\mathbf{0}$,则

$$(k_1+k_3)\boldsymbol{\alpha}_1+(k_1+k_2)\boldsymbol{\alpha}_2+(k_2+k_3)\boldsymbol{\alpha}_3=\mathbf{0}.$$

① 如果$\boldsymbol{\alpha}_1,\boldsymbol{\alpha}_2,\boldsymbol{\alpha}_3$ 线性无关,则上式等价于

$$\begin{cases} k_1 \quad\quad + k_3 = 0, \\ k_1 + k_2 \quad\quad = 0, \\ \quad\quad k_2 + k_3 = 0, \end{cases}$$

容易看出系数行列式不等于零,所以此齐次线性方程组只有零解 $k_1=k_2=k_3=0$,说明只有当 $k_1=k_2=k_3=0$ 时,$k_1(\boldsymbol{\alpha}_1+\boldsymbol{\alpha}_2)+k_2(\boldsymbol{\alpha}_2+\boldsymbol{\alpha}_3)+k_3(\boldsymbol{\alpha}_3+\boldsymbol{\alpha}_1)=\mathbf{0}$ 才能成立,即$\boldsymbol{\alpha}_1+\boldsymbol{\alpha}_2,\boldsymbol{\alpha}_2+\boldsymbol{\alpha}_3,\boldsymbol{\alpha}_3+\boldsymbol{\alpha}_1$ 线性无关.

② 如果$\boldsymbol{\alpha}_1,\boldsymbol{\alpha}_2,\boldsymbol{\alpha}_3$ 线性相关,则存在不全为零的 l_1,l_2,l_3,使得

$$l_1\boldsymbol{\alpha}_1+l_2\boldsymbol{\alpha}_2+l_3\boldsymbol{\alpha}_3=\mathbf{0}.$$

令

$$\begin{cases} k_1 \quad\quad + k_3 = l_1, \\ k_1 + k_2 \quad\quad = l_2, \\ \quad\quad k_2 + k_3 = l_3, \end{cases}$$

由于系数行列式不为零,此线性方程组有唯一解

$$\begin{cases} k_1 = \dfrac{1}{2}(l_1 + l_2 - l_3), \\ k_2 = \dfrac{1}{2}(-l_1 + l_2 + l_3), \\ k_3 = \dfrac{1}{2}(l_1 - l_2 + l_3). \end{cases}$$

由于 k_1,k_2,k_3 不全为零(否则 $l_1=l_2=l_3=0$,与假设矛盾),说明$\boldsymbol{\alpha}_1+\boldsymbol{\alpha}_2,\boldsymbol{\alpha}_2+\boldsymbol{\alpha}_3,\boldsymbol{\alpha}_3+\boldsymbol{\alpha}_1$ 线性相关.

(4) 设 $k_1(\boldsymbol{\alpha}_1-\boldsymbol{\alpha}_2-\boldsymbol{\alpha}_3)+k_2(\boldsymbol{\alpha}_1-2\boldsymbol{\alpha}_2-3\boldsymbol{\alpha}_3)+k_3(\boldsymbol{\alpha}_1+2\boldsymbol{\alpha}_2+3\boldsymbol{\alpha}_3)+k_4(\boldsymbol{\alpha}_1-4\boldsymbol{\alpha}_2-9\boldsymbol{\alpha}_3)=\mathbf{0}$,即

$$(k_1+k_2+k_3+k_4)\boldsymbol{\alpha}_1+(-k_1-2k_2+2k_3-4k_4)\boldsymbol{\alpha}_2+(-k_1-3k_2+3k_3-9k_4)\boldsymbol{\alpha}_3=\mathbf{0},$$

令

$$\begin{cases} k_1 + k_2 + k_3 + k_4 = 0, \\ -k_1 - 2k_2 + 2k_3 - 4k_4 = 0, \\ -k_1 - 3k_2 + 3k_3 - 9k_4 = 0, \end{cases}$$

由于方程的个数小于未知量的个数(显然,线性方程组的系数矩阵经矩阵初等行变换化成的阶梯形矩阵非零行的个数小于未知量的个数),线性方程组有非零解.由于 k_1,k_2,k_3,k_4 不全为零,所以$\boldsymbol{\alpha}_1-\boldsymbol{\alpha}_2-\boldsymbol{\alpha}_3,\boldsymbol{\alpha}_1-2\boldsymbol{\alpha}_2-3\boldsymbol{\alpha}_3,\boldsymbol{\alpha}_1+2\boldsymbol{\alpha}_2+3\boldsymbol{\alpha}_3,\boldsymbol{\alpha}_1-4\boldsymbol{\alpha}_2-9\boldsymbol{\alpha}_3$ 线性相关.

小结 判定向量组线性相关性有以下主要方法:

(1) 利用定义判别.这是判别向量组线性相关性的基本方法,既适用于具体给出的向量组,也适用于分量没有具体给出的抽象向量组.设有向量组$\boldsymbol{\alpha}_1,\boldsymbol{\alpha}_2,\cdots,\boldsymbol{\alpha}_m$,考虑

$$k_1\boldsymbol{\alpha}_1+k_2\boldsymbol{\alpha}_2+\cdots+k_m\boldsymbol{\alpha}_m=\mathbf{0}. \tag{2.3}$$

若(2.3)式当且仅当 $k_1=k_2=\cdots=k_m=0$ 时才成立,则$\boldsymbol{\alpha}_1,\boldsymbol{\alpha}_2,\cdots,\boldsymbol{\alpha}_m$ 线性无关;若存在不全为零的数 $k_1,k_2,\cdots,k_m$ 使(2.3)式成立,则$\boldsymbol{\alpha}_1,\boldsymbol{\alpha}_2,\cdots,\boldsymbol{\alpha}_m$ 线性相关.

(2) 利用行列式判别.如果向量组的个数与维数相同,即有 n 个 n 维向量$\boldsymbol{\alpha}_1,\boldsymbol{\alpha}_2,\cdots,\boldsymbol{\alpha}_n$,以$\boldsymbol{\alpha}_i(i=1,2,\cdots,n)$为列(或行)构成行列式,记为 $D=|\boldsymbol{\alpha}_1,\boldsymbol{\alpha}_2,\cdots,\boldsymbol{\alpha}_n|$,则

① 当 $D\neq0$ 时,向量组$\boldsymbol{\alpha}_1,\boldsymbol{\alpha}_2,\cdots,\boldsymbol{\alpha}_m$ 线性无关;

② 当 $D=0$ 时,向量组$\boldsymbol{\alpha}_1,\boldsymbol{\alpha}_2,\cdots,\boldsymbol{\alpha}_m$ 线性相关.

即使向量的个数 n 与维数 m 不一致,不妨设 $m<n$(若 $m>n$,$\boldsymbol{\alpha}_1,\boldsymbol{\alpha}_2,\cdots,\boldsymbol{\alpha}_m$ 一定线性相关),往往也可转化为上述情形判定:① 选取 m 个向量的某 m 个分量,构成一个 m 个向量的 m 维向量组$\tilde{\boldsymbol{\alpha}}_1,\tilde{\boldsymbol{\alpha}}_2,\cdots,\tilde{\boldsymbol{\alpha}}_m$,若此向量组线性无关,则添加分量后得到的向量组$\boldsymbol{\alpha}_1,\boldsymbol{\alpha}_2,\cdots,\boldsymbol{\alpha}_m$ 也线性无关;②若已知$\boldsymbol{\alpha}_1,\boldsymbol{\alpha}_2,\cdots,\boldsymbol{\alpha}_m$ 线性相关,则任取 m 个分量构成的向量组$\tilde{\boldsymbol{\alpha}}_1,\tilde{\boldsymbol{\alpha}}_2,\cdots,\tilde{\boldsymbol{\alpha}}_m$ 也必定线性相关.从而由行列式$|\tilde{\boldsymbol{\alpha}}_1,\tilde{\boldsymbol{\alpha}}_2,\cdots,\tilde{\boldsymbol{\alpha}}_m|=0$,也可反求已知向量组中的参变量.

(3) 利用矩阵的秩判别.设有 m 个 n 维向量$\boldsymbol{\alpha}_1,\boldsymbol{\alpha}_2,\cdots,\boldsymbol{\alpha}_m$,以$\boldsymbol{\alpha}_i(i=1,2,\cdots,m)$为列构

成 $m\times n$ 矩阵,记为 $\mathbf{A}=(\boldsymbol{\alpha}_1,\boldsymbol{\alpha}_2,\cdots,\boldsymbol{\alpha}_m)$,则

① 当秩$(\mathbf{A})=m$ 时,向量组$\boldsymbol{\alpha}_1,\boldsymbol{\alpha}_2,\cdots,\boldsymbol{\alpha}_m$ 线性无关;

② 当秩$(\mathbf{A})<m$ 时,向量组$\boldsymbol{\alpha}_1,\boldsymbol{\alpha}_2,\cdots,\boldsymbol{\alpha}_m$ 线性相关.

2. 已知一组向量线性无关,讨论另一组向量的线性关系

例 2.9 设$\boldsymbol{\alpha}_1,\boldsymbol{\alpha}_2,\boldsymbol{\alpha}_3$ 为 n 维向量,且向量组$\boldsymbol{\alpha}_1+\boldsymbol{\alpha}_2,\boldsymbol{\alpha}_2+\boldsymbol{\alpha}_3,\boldsymbol{\alpha}_3+\boldsymbol{\alpha}_1$ 线性无关,证明向量组$\boldsymbol{\alpha}_1,\boldsymbol{\alpha}_2,\boldsymbol{\alpha}_3$ 线性无关.

证法一 用定义证明.

设有常数 k_1,k_2,k_3,使

$$k_1\boldsymbol{\alpha}_1+k_2\boldsymbol{\alpha}_2+k_3\boldsymbol{\alpha}_3=\mathbf{0}. \tag{2.4}$$

为了利用已知条件,令$\boldsymbol{\beta}_1=\boldsymbol{\alpha}_1+\boldsymbol{\alpha}_2,\boldsymbol{\beta}_2=\boldsymbol{\alpha}_2+\boldsymbol{\alpha}_3,\boldsymbol{\beta}_3=\boldsymbol{\alpha}_3+\boldsymbol{\alpha}_1$,解得

$$\boldsymbol{\alpha}_1=\frac{1}{2}(\boldsymbol{\beta}_1-\boldsymbol{\beta}_2+\boldsymbol{\beta}_3),\quad \boldsymbol{\alpha}_2=\frac{1}{2}(\boldsymbol{\beta}_1+\boldsymbol{\beta}_2-\boldsymbol{\beta}_3),\quad \boldsymbol{\alpha}_3=\frac{1}{2}(-\boldsymbol{\beta}_1+\boldsymbol{\beta}_2+\boldsymbol{\beta}_3).$$

代入关系式(2.4),并整理得

$$(k_1+k_2-k_3)\boldsymbol{\beta}_1+(-k_1+k_2+k_3)\boldsymbol{\beta}_2+(k_1-k_2+k_3)\boldsymbol{\beta}_3=\mathbf{0}. \tag{2.5}$$

已知$\boldsymbol{\beta}_1,\boldsymbol{\beta}_2,\boldsymbol{\beta}_3$ 线性无关,故(2.5)式当且仅当

$$\begin{cases}k_1+k_2-k_3=0,\\-k_1+k_2+k_3=0,\\k_1-k_2+k_3=0\end{cases} \tag{2.6}$$

时成立.因为线性方程组(2.6)的系数行列式

$$\begin{vmatrix}1&1&-1\\-1&1&1\\1&-1&1\end{vmatrix}\neq 0,$$

故线性方程组(2.6)仅有零解 $k_1=k_2=k_3=0$,即(2.4)式当且仅当 $k_1=k_2=k_3=0$ 时成立,说明$\boldsymbol{\alpha}_1,\boldsymbol{\alpha}_2,\boldsymbol{\alpha}_3$ 线性无关.

证法二 利用矩阵的秩证明.

因为$\boldsymbol{\alpha}_1+\boldsymbol{\alpha}_2,\boldsymbol{\alpha}_2+\boldsymbol{\alpha}_3,\boldsymbol{\alpha}_3+\boldsymbol{\alpha}_1$ 线性无关,故秩$(\boldsymbol{\alpha}_1+\boldsymbol{\alpha}_2,\boldsymbol{\alpha}_2+\boldsymbol{\alpha}_3,\boldsymbol{\alpha}_3+\boldsymbol{\alpha}_1)=3$,根据矩阵秩的定义,可知矩阵$(\boldsymbol{\alpha}_1+\boldsymbol{\alpha}_2,\boldsymbol{\alpha}_2+\boldsymbol{\alpha}_3,\boldsymbol{\alpha}_3+\boldsymbol{\alpha}_1)$存在三阶不为零的子式$|\boldsymbol{\alpha}_1'+\boldsymbol{\alpha}_2',\boldsymbol{\alpha}_2'+\boldsymbol{\alpha}_3',\boldsymbol{\alpha}_3'+\boldsymbol{\alpha}_1'|\neq 0$,由于$|\boldsymbol{\alpha}_1'+\boldsymbol{\alpha}_2',\boldsymbol{\alpha}_2'+\boldsymbol{\alpha}_3',\boldsymbol{\alpha}_3'+\boldsymbol{\alpha}_1'|=2|\boldsymbol{\alpha}_1',\boldsymbol{\alpha}_2',\boldsymbol{\alpha}_3'|\neq 0$,即$|\boldsymbol{\alpha}_1',\boldsymbol{\alpha}_2',\boldsymbol{\alpha}_3'|\neq 0$,说明矩阵$(\boldsymbol{\alpha}_1,\boldsymbol{\alpha}_2,\boldsymbol{\alpha}_3)$也有不为零的三阶子式,故秩$(\boldsymbol{\alpha}_1,\boldsymbol{\alpha}_2,\boldsymbol{\alpha}_3)=3$,由此$\boldsymbol{\alpha}_1,\boldsymbol{\alpha}_2,\boldsymbol{\alpha}_3$ 线性无关.

证法三 利用向量组的等价关系证明.

记向量组(Ⅰ):$\boldsymbol{\alpha}_1,\boldsymbol{\alpha}_2,\boldsymbol{\alpha}_3$;(Ⅱ):$\boldsymbol{\alpha}_1+\boldsymbol{\alpha}_2,\boldsymbol{\alpha}_2+\boldsymbol{\alpha}_3,\boldsymbol{\alpha}_3+\boldsymbol{\alpha}_1$,显然(Ⅱ)可以由(Ⅰ)线性表示;又由证法一知(Ⅰ)可由(Ⅱ)线性表示,因此(Ⅰ),(Ⅱ)是等价的向量组,从而具有相

同的秩，即秩$(\boldsymbol{\alpha}_1,\boldsymbol{\alpha}_2,\boldsymbol{\alpha}_3)=$秩$(\boldsymbol{\alpha}_1+\boldsymbol{\alpha}_2,\boldsymbol{\alpha}_2+\boldsymbol{\alpha}_3,\boldsymbol{\alpha}_3+\boldsymbol{\alpha}_1)=3$，得证$\boldsymbol{\alpha}_1,\boldsymbol{\alpha}_2,\boldsymbol{\alpha}_3$线性无关.

证法四 用反证法.

假设$\boldsymbol{\alpha}_1,\boldsymbol{\alpha}_2,\boldsymbol{\alpha}_3$线性相关，则秩$(\boldsymbol{\alpha}_1,\boldsymbol{\alpha}_2,\boldsymbol{\alpha}_3)\leqslant 2$. 又因为$\boldsymbol{\alpha}_1+\boldsymbol{\alpha}_2,\boldsymbol{\alpha}_2+\boldsymbol{\alpha}_3,\boldsymbol{\alpha}_3+\boldsymbol{\alpha}_1$可由$\boldsymbol{\alpha}_1,\boldsymbol{\alpha}_2,\boldsymbol{\alpha}_3$线性表出，故秩$(\boldsymbol{\alpha}_1+\boldsymbol{\alpha}_2,\boldsymbol{\alpha}_2+\boldsymbol{\alpha}_3,\boldsymbol{\alpha}_3+\boldsymbol{\alpha}_1)\leqslant$秩$(\boldsymbol{\alpha}_1,\boldsymbol{\alpha}_2,\boldsymbol{\alpha}_3)\leqslant 2$，说明$\boldsymbol{\alpha}_1+\boldsymbol{\alpha}_2,\boldsymbol{\alpha}_2+\boldsymbol{\alpha}_3,\boldsymbol{\alpha}_3+\boldsymbol{\alpha}_1$线性相关，和已知矛盾，故$\boldsymbol{\alpha}_1,\boldsymbol{\alpha}_2,\boldsymbol{\alpha}_3$线性无关.

例 2.10 设n维向量组$\boldsymbol{\alpha}_1,\boldsymbol{\alpha}_2,\cdots,\boldsymbol{\alpha}_n$线性无关. 令

$$\begin{aligned}\boldsymbol{\beta}_1&=a_{11}\boldsymbol{\alpha}_1+a_{12}\boldsymbol{\alpha}_2+\cdots+a_{1n}\boldsymbol{\alpha}_n,\\ \boldsymbol{\beta}_2&=a_{21}\boldsymbol{\alpha}_1+a_{22}\boldsymbol{\alpha}_2+\cdots+a_{2n}\boldsymbol{\alpha}_n,\\ &\vdots\\ \boldsymbol{\beta}_n&=a_{n1}\boldsymbol{\alpha}_1+a_{n2}\boldsymbol{\alpha}_2+\cdots+a_{nn}\boldsymbol{\alpha}_n,\end{aligned}$$

试证$\boldsymbol{\beta}_1,\boldsymbol{\beta}_2,\cdots,\boldsymbol{\beta}_n$线性无关的充分必要条件为

$$\begin{vmatrix}a_{11}&a_{12}&\cdots&a_{1n}\\a_{21}&a_{22}&\cdots&a_{2n}\\\vdots&\vdots&&\vdots\\a_{n1}&a_{n2}&\cdots&a_{nn}\end{vmatrix}\neq 0.$$

证明 用定义证明.

设 $k_1\boldsymbol{\beta}_1+k_2\boldsymbol{\beta}_2+\cdots+k_n\boldsymbol{\beta}_n=\mathbf{0}$，即

$$\begin{aligned}&(k_1a_{11}+k_2a_{21}+\cdots+k_na_{n1})\boldsymbol{\alpha}_1+(k_1a_{12}+k_2a_{22}+\cdots+k_na_{n2})\boldsymbol{\alpha}_2+\cdots\\&\quad+(k_1a_{1n}+k_2a_{2n}+\cdots+k_na_{nn})\boldsymbol{\alpha}_n=\mathbf{0}.\end{aligned}$$

由于$\boldsymbol{\alpha}_1,\boldsymbol{\alpha}_2,\cdots,\boldsymbol{\alpha}_n$线性无关，上式等价于齐次线性方程组

$$\begin{cases}k_1a_{11}+k_2a_{21}+\cdots+k_na_{n1}=0,\\k_2a_{12}+k_2a_{22}+\cdots+k_na_{n2}=0,\\\qquad\vdots\\k_na_{1n}+k_2a_{2n}+\cdots+k_na_{nn}=0,\end{cases}$$

于是，线性方程组只有零解$k_1=k_2=\cdots=k_n=0$（此时$\boldsymbol{\beta}_1,\boldsymbol{\beta}_2,\cdots,\boldsymbol{\beta}_n$线性无关）的充分必要条件是线性方程组的系数行列式不等于零.

例 2.11 设向量组$\boldsymbol{\alpha}_1,\boldsymbol{\alpha}_2,\cdots,\boldsymbol{\alpha}_m$线性无关，向量$\boldsymbol{\beta}_1$可用它们线性表示，向量$\boldsymbol{\beta}_2$不能用它们线性表示，证明向量组$\boldsymbol{\alpha}_1,\boldsymbol{\alpha}_2,\cdots,\boldsymbol{\alpha}_m,\lambda\boldsymbol{\beta}_1+\boldsymbol{\beta}_2$（$\lambda$为常数）线性无关.

证明 用定义法证明.

设有实数$k_1,k_2,\cdots,k_m,k$，使得

$$k_1\boldsymbol{\alpha}_1+k_2\boldsymbol{\alpha}_2+\cdots+k_m\boldsymbol{\alpha}_m+k(\lambda\boldsymbol{\beta}_1+\boldsymbol{\beta}_2)=\mathbf{0},$$

则$k=0$，否则

$$\lambda\boldsymbol{\beta}_1+\boldsymbol{\beta}_2=-\frac{k_1}{k}\boldsymbol{\alpha}_1-\frac{k_2}{k}\boldsymbol{\alpha}_2-\cdots-\frac{k_m}{k}\boldsymbol{\alpha}_m.\tag{2.7}$$

又因为向量$\boldsymbol{\beta}_1$可用$\boldsymbol{\alpha}_1,\boldsymbol{\alpha}_2,\cdots,\boldsymbol{\alpha}_m$线性表示，故存在$l_1,l_2,\cdots,l_m$使得

$$\boldsymbol{\beta}_1 = l_1\boldsymbol{\alpha}_1 + l_2\boldsymbol{\alpha}_2 + \cdots + l_m\boldsymbol{\alpha}_m. \tag{2.8}$$

由(2.7)式和(2.8)式得

$$\boldsymbol{\beta}_2 = \left(-\lambda l_1 - \frac{k_1}{k}\right)\boldsymbol{\alpha}_1 + \left(-\lambda l_2 - \frac{k_2}{k}\right)\boldsymbol{\alpha}_2 + \cdots + \left(-\lambda l_m - \frac{k_m}{k}\right)\boldsymbol{\alpha}_m,$$

这与向量$\boldsymbol{\beta}_2$不能用$\boldsymbol{\alpha}_1,\boldsymbol{\alpha}_2,\cdots,\boldsymbol{\alpha}_m$线性表示矛盾，所以$k=0$，于是有

$$k_1\boldsymbol{\alpha}_1 + k_2\boldsymbol{\alpha}_2 + \cdots + k_m\boldsymbol{\alpha}_m = \mathbf{0}.$$

又因为$\boldsymbol{\alpha}_1,\boldsymbol{\alpha}_2,\cdots,\boldsymbol{\alpha}_m$线性无关，故$k_1=k_2=\cdots=k_m=0$，从而向量组$\boldsymbol{\alpha}_1,\boldsymbol{\alpha}_2,\cdots,\boldsymbol{\alpha}_m,\lambda\boldsymbol{\beta}_1+\boldsymbol{\beta}_2$线性无关.

小结　由一个已知线性无关的向量组，讨论另一个向量组的线性关系，解这类问题的一般思路是：

(1) 利用定义法. 设已知$\boldsymbol{\alpha}_1,\boldsymbol{\alpha}_2,\cdots,\boldsymbol{\alpha}_s$线性无关，讨论与$\boldsymbol{\alpha}_1,\boldsymbol{\alpha}_2,\cdots,\boldsymbol{\alpha}_s$有关的另一组向量$\boldsymbol{\beta}_1,\boldsymbol{\beta}_2,\cdots,\boldsymbol{\beta}_t$的线性相关性，其步骤为

① 设$k_1\boldsymbol{\beta}_1+k_2\boldsymbol{\beta}_2+\cdots+k_t\boldsymbol{\beta}_t=\mathbf{0}$；

② 把上式转化为关于$\boldsymbol{\alpha}_1,\boldsymbol{\alpha}_2,\cdots,\boldsymbol{\alpha}_s$的线性组合；

③ 由$\boldsymbol{\alpha}_1,\boldsymbol{\alpha}_2,\cdots,\boldsymbol{\alpha}_s$线性无关知其系数全为零，由此得到关于$k_1,k_2,\cdots,k_t$的线性方程组. 解此线性方程组，若$k_1,k_2,\cdots,k_t$必须全为零，则$\boldsymbol{\beta}_1,\boldsymbol{\beta}_2,\cdots,\boldsymbol{\beta}_t$线性无关；若$k_1,k_2,\cdots,k_t$不全为零，则$\boldsymbol{\beta}_1,\boldsymbol{\beta}_2,\cdots,\boldsymbol{\beta}_t$线性相关.

(2) 利用矩阵的秩判别.

(3) 利用向量组的等价性证明.

若$\boldsymbol{\alpha}_1,\boldsymbol{\alpha}_2,\cdots,\boldsymbol{\alpha}_s$线性无关且与$\boldsymbol{\beta}_1,\boldsymbol{\beta}_2,\cdots,\boldsymbol{\beta}_t$等价（相互线性表示），则秩$(\boldsymbol{\beta}_1,\boldsymbol{\beta}_2,\cdots,\boldsymbol{\beta}_t)=$秩$(\boldsymbol{\alpha}_1,\boldsymbol{\alpha}_2,\cdots,\boldsymbol{\alpha}_s)=s$. 因此，若$t=s$，则$\boldsymbol{\beta}_1,\boldsymbol{\beta}_2,\cdots,\boldsymbol{\beta}_t$线性无关；若$t>s$，则$\boldsymbol{\beta}_1,\boldsymbol{\beta}_2,\cdots,\boldsymbol{\beta}_t$线性相关.

3. 把一个向量用一组向量线性表示

例 2.12　问k取何值时，$\boldsymbol{\beta}=(1,k,5)$能用向量组$\boldsymbol{\alpha}_1=(1,-3,2)$，$\boldsymbol{\alpha}_2=(2,-1,1)$线性表示？又$k$取何值时，$\boldsymbol{\beta}$不能由$\boldsymbol{\alpha}_1,\boldsymbol{\alpha}_2$线性表示？

解　设有实数x_1,x_2，使$\boldsymbol{\beta}=x_1\boldsymbol{\alpha}_1+x_2\boldsymbol{\alpha}_2$，由此得线性方程组

$$\begin{cases} x_1 + 2x_2 = 1, \\ -3x_1 - x_2 = k, \\ 2x_1 + x_2 = 5. \end{cases}$$

由于

$$\begin{pmatrix} 1 & 2 & 1 \\ -3 & -1 & k \\ 2 & 1 & 5 \end{pmatrix} \to \begin{pmatrix} 1 & 2 & 1 \\ 0 & 5 & k+3 \\ 0 & -3 & 3 \end{pmatrix} \to \begin{pmatrix} 1 & 2 & 1 \\ 0 & 1 & -1 \\ 0 & 5 & k+3 \end{pmatrix} \to \begin{pmatrix} 1 & 2 & 1 \\ 0 & 1 & -1 \\ 0 & 0 & k+8 \end{pmatrix},$$

可见，当 $k=-8$ 时，系数矩阵的秩与增广矩阵的秩相等，所以线性方程组有解，故 $\boldsymbol{\beta}$ 能由 $\boldsymbol{\alpha}_1,\boldsymbol{\alpha}_2$ 线性表示；当 $k\neq-8$ 时，线性方程组无解，故 $\boldsymbol{\beta}$ 不能由 $\boldsymbol{\alpha}_1,\boldsymbol{\alpha}_2$ 线性表示.

例 2.13 已知 $\boldsymbol{\alpha}_1=(1,4,0,2)$，$\boldsymbol{\alpha}_2=(2,7,1,3)$，$\boldsymbol{\alpha}_3=(0,1,-1,a)$，$\boldsymbol{\beta}=(3,10,b,4)$. 问

(1) a,b 取何值时，$\boldsymbol{\beta}$ 不能由 $\boldsymbol{\alpha}_1,\boldsymbol{\alpha}_2,\boldsymbol{\alpha}_3$ 线性表示？

(2) a,b 取何值时，$\boldsymbol{\beta}$ 可由 $\boldsymbol{\alpha}_1,\boldsymbol{\alpha}_2,\boldsymbol{\alpha}_3$ 线性表示？并写出其表达式.

解 因为

$$(\boldsymbol{\alpha}_1,\boldsymbol{\alpha}_2,\boldsymbol{\alpha}_3,\boldsymbol{\beta})=\left(\begin{array}{ccc|c}1&2&0&3\\4&7&1&10\\0&1&-1&b\\2&3&a&4\end{array}\right)\rightarrow\left(\begin{array}{ccc|c}1&2&0&3\\0&-1&1&-2\\0&1&-1&b\\0&-1&a&-2\end{array}\right)$$

$$\rightarrow\left(\begin{array}{ccc|c}1&2&0&3\\0&-1&1&-2\\0&0&a-1&0\\0&0&0&b-2\end{array}\right),$$

所以有以下结论：

(1) 当 $b\neq2$ 时，线性方程组 $x_1\boldsymbol{\alpha}_1+x_2\boldsymbol{\alpha}_2+x_3\boldsymbol{\alpha}_3=\boldsymbol{\beta}$ 无解，此时 $\boldsymbol{\beta}$ 不能由 $\boldsymbol{\alpha}_1,\boldsymbol{\alpha}_2,\boldsymbol{\alpha}_3$ 线性表示.

(2) 当 $b=2,a\neq1$ 时，线性方程组 $x_1\boldsymbol{\alpha}_1+x_2\boldsymbol{\alpha}_2+x_3\boldsymbol{\alpha}_3=\boldsymbol{\beta}$ 有唯一解

$$x_1=-1,\quad x_2=2,\quad x_3=0,$$

于是，$\boldsymbol{\beta}$ 可唯一表示为 $\boldsymbol{\beta}=-\boldsymbol{\alpha}_1+2\boldsymbol{\alpha}_2$.

当 $b=2,a=1$ 时，线性方程组 $x_1\boldsymbol{\alpha}_1+x_2\boldsymbol{\alpha}_2+x_3\boldsymbol{\alpha}_3=\boldsymbol{\beta}$ 有无穷多个解

$$\begin{cases}x_1=-1-2x_3,\\x_2=2+x_3,\end{cases}\quad x_3=k\text{ 为任意常数},$$

这时 $\boldsymbol{\beta}$ 可以由 $\boldsymbol{\alpha}_1,\boldsymbol{\alpha}_2,\boldsymbol{\alpha}_3$ 线性表示为

$$\boldsymbol{\beta}=-(2k+1)\boldsymbol{\alpha}_1+(k+2)\boldsymbol{\alpha}_2+k\boldsymbol{\alpha}_3.$$

例 2.14 设 $\boldsymbol{\alpha}_1,\boldsymbol{\alpha}_2,\cdots,\boldsymbol{\alpha}_r,\boldsymbol{\beta}$ 都是 n 维向量，$\boldsymbol{\beta}$ 可由 $\boldsymbol{\alpha}_1,\boldsymbol{\alpha}_2,\cdots,\boldsymbol{\alpha}_r$ 线性表示，但 $\boldsymbol{\beta}$ 不能由 $\boldsymbol{\alpha}_1,\boldsymbol{\alpha}_2,\cdots,\boldsymbol{\alpha}_{r-1}$ 线性表示，证明 $\boldsymbol{\alpha}_r$ 可由 $\boldsymbol{\alpha}_1,\boldsymbol{\alpha}_2,\cdots,\boldsymbol{\alpha}_{r-1},\boldsymbol{\beta}$ 线性表示.

证明 因为 $\boldsymbol{\beta}$ 可由 $\boldsymbol{\alpha}_1,\boldsymbol{\alpha}_2,\cdots,\boldsymbol{\alpha}_r$ 线性表示，设

$$\boldsymbol{\beta}=k_1\boldsymbol{\alpha}_1+k_2\boldsymbol{\alpha}_2+\cdots+k_{r-1}\boldsymbol{\alpha}_{r-1}+k_r\boldsymbol{\alpha}_r.$$

因为 $\boldsymbol{\beta}$ 不能由 $\boldsymbol{\alpha}_1,\boldsymbol{\alpha}_2,\cdots,\boldsymbol{\alpha}_{r-1}$ 线性表示，所以 $k_r\neq0$. 否则，若 $k_r=0$，则上式成为

$$\boldsymbol{\beta}=k_1\boldsymbol{\alpha}_1+k_2\boldsymbol{\alpha}_2+\cdots+k_{r-1}\boldsymbol{\alpha}_{r-1},$$

与已知矛盾，因此

$$\boldsymbol{\alpha}_r=\frac{1}{k_r}(\boldsymbol{\beta}-k_1\boldsymbol{\alpha}_1-\cdots-k_{r-1}\boldsymbol{\alpha}_{r-1}),$$

即$\boldsymbol{\alpha}_r$可由$\boldsymbol{\alpha}_1,\boldsymbol{\alpha}_2,\cdots,\boldsymbol{\alpha}_{r-1},\boldsymbol{\beta}$线性表示.

例 2.15 设$\boldsymbol{\alpha}_1,\boldsymbol{\alpha}_2,\cdots,\boldsymbol{\alpha}_n$是一个$n$维向量组,证明$\boldsymbol{\alpha}_1,\boldsymbol{\alpha}_2,\cdots,\boldsymbol{\alpha}_n$线性无关的充要条件是任一$n$维向量均可由它们线性表出.

证明 必要性 设$\boldsymbol{\alpha}_1,\boldsymbol{\alpha}_2,\cdots,\boldsymbol{\alpha}_n$线性无关,$\boldsymbol{\beta}$为任一$n$维向量,则$n+1$个$n$维向量$\boldsymbol{\alpha}_1,\boldsymbol{\alpha}_2,\cdots,\boldsymbol{\alpha}_n,\boldsymbol{\beta}$线性相关,于是存在不全为零的数$k_1,k_2,\cdots,k_n,k$,使得

$$k_1\boldsymbol{\alpha}_1+k_2\boldsymbol{\alpha}_2+\cdots+k_n\boldsymbol{\alpha}_n+k\boldsymbol{\beta}=\mathbf{0}.$$

易知$k\neq 0$,否则由$\boldsymbol{\alpha}_1,\boldsymbol{\alpha}_2,\cdots,\boldsymbol{\alpha}_n$线性无关,立即可推出$k_1=k_2=\cdots=k_n=k=0$,矛盾,故

$$\boldsymbol{\beta}=-\frac{k_1}{k}\boldsymbol{\alpha}_1-\cdots-\frac{k_n}{k}\boldsymbol{\alpha}_n.$$

充分性 任一n维向量$\boldsymbol{\beta}$可由$\boldsymbol{\alpha}_1,\boldsymbol{\alpha}_2,\cdots,\boldsymbol{\alpha}_n$线性表出,不妨设$\boldsymbol{\beta}$为$n$阶单位矩阵$\boldsymbol{E}$的各列$\boldsymbol{\varepsilon}_j(j=1,2,\cdots,n)$,即$\boldsymbol{\varepsilon}_1,\boldsymbol{\varepsilon}_2,\cdots,\boldsymbol{\varepsilon}_n$可由$\boldsymbol{\alpha}_1,\boldsymbol{\alpha}_2,\cdots,\boldsymbol{\alpha}_n$线性表出,显然$\boldsymbol{\alpha}_1,\boldsymbol{\alpha}_2,\cdots,\boldsymbol{\alpha}_n$可由$\boldsymbol{\varepsilon}_1,\boldsymbol{\varepsilon}_2,\cdots,\boldsymbol{\varepsilon}_n$线性表出,于是$\boldsymbol{\alpha}_1,\boldsymbol{\alpha}_2,\cdots,\boldsymbol{\alpha}_n$与$\boldsymbol{\varepsilon}_1,\boldsymbol{\varepsilon}_2,\cdots,\boldsymbol{\varepsilon}_n$等价,从而秩$(\boldsymbol{\alpha}_1,\boldsymbol{\alpha}_2,\cdots,\boldsymbol{\alpha}_n)=$秩$(\boldsymbol{\varepsilon}_1,\boldsymbol{\varepsilon}_2,\cdots,\boldsymbol{\varepsilon}_n)=n$,因此向量组$\boldsymbol{\alpha}_1,\boldsymbol{\alpha}_2,\cdots,\boldsymbol{\alpha}_n$线性无关.

小结 给定一个向量$\boldsymbol{\beta}$及向量组$\boldsymbol{\alpha}_1,\boldsymbol{\alpha}_2,\cdots,\boldsymbol{\alpha}_s$,问$\boldsymbol{\beta}$是否可由$\boldsymbol{\alpha}_1,\boldsymbol{\alpha}_2,\cdots,\boldsymbol{\alpha}_s$线性表示,主要有以下几种方法判别:

(1) 令$\boldsymbol{\beta}=x_1\boldsymbol{\alpha}_1+x_2\boldsymbol{\alpha}_2+\cdots+x_s\boldsymbol{\alpha}_s$,则$\boldsymbol{\beta}$是否可由$\boldsymbol{\alpha}_1,\boldsymbol{\alpha}_2,\cdots,\boldsymbol{\alpha}_s$线性表示,转化为下述线性方程组

$$\begin{cases}a_{11}x_1+a_{21}x_2+\cdots+a_{s1}x_s=b_1,\\ a_{12}x_1+a_{22}x_2+\cdots+a_{s2}x_s=b_2,\\ \qquad\qquad\vdots\\ a_{1n}x_1+a_{2n}x_2+\cdots+a_{sn}x_s=b_n\end{cases}$$

是否有解,其中$\boldsymbol{\beta}=(b_1,b_2,\cdots,b_n)$,$\boldsymbol{\alpha}_i=(a_{i1},a_{i2},\cdots,a_{in})\ (i=1,2,\cdots,s)$.

① 若线性方程组无解,$\boldsymbol{\beta}$不能用$\boldsymbol{\alpha}_1,\boldsymbol{\alpha}_2,\cdots,\boldsymbol{\alpha}_s$线性表示;

② 若线性方程组有解,$\boldsymbol{\beta}$可以用$\boldsymbol{\alpha}_1,\boldsymbol{\alpha}_2,\cdots,\boldsymbol{\alpha}_s$线性表示,且当解唯一时,$\boldsymbol{\beta}$有用$\boldsymbol{\alpha}_1,\boldsymbol{\alpha}_2,\cdots,\boldsymbol{\alpha}_s$表示的唯一表示式.

(2) 若$\boldsymbol{\alpha}_1,\boldsymbol{\alpha}_2,\cdots,\boldsymbol{\alpha}_s$线性无关,而$\boldsymbol{\beta},\boldsymbol{\alpha}_1,\boldsymbol{\alpha}_2,\cdots,\boldsymbol{\alpha}_s$线性相关,则$\boldsymbol{\beta}$能由$\boldsymbol{\alpha}_1,\boldsymbol{\alpha}_2,\cdots,\boldsymbol{\alpha}_s$线性表示,且表示式唯一.

(3) 若秩$(\boldsymbol{\alpha}_1,\boldsymbol{\alpha}_2,\cdots,\boldsymbol{\alpha}_s,\boldsymbol{\beta})=$秩$(\boldsymbol{\alpha}_1,\boldsymbol{\alpha}_2,\cdots,\boldsymbol{\alpha}_s)$,则$\boldsymbol{\beta}$可由$\boldsymbol{\alpha}_1,\boldsymbol{\alpha}_2,\cdots,\boldsymbol{\alpha}_s$线性表示;若秩$(\boldsymbol{\alpha}_1,\boldsymbol{\alpha}_2,\cdots,\boldsymbol{\alpha}_s,\boldsymbol{\beta})\neq$秩$(\boldsymbol{\alpha}_1,\boldsymbol{\alpha}_2,\cdots,\boldsymbol{\alpha}_s)$,则$\boldsymbol{\beta}$不能由$\boldsymbol{\alpha}_1,\boldsymbol{\alpha}_2,\cdots,\boldsymbol{\alpha}_s$线性表示.

4. 求向量组的极大无关组

例 2.16 求向量组$\boldsymbol{\alpha}_1=(1,2,1,2)$,$\boldsymbol{\alpha}_2=(1,0,3,1)$,$\boldsymbol{\alpha}_3=(2,-1,0,1)$,$\boldsymbol{\alpha}_4=(2,1,-2,2)$,$\boldsymbol{\alpha}_5=(2,2,4,3)$的一个极大无关组,并把其余向量分别用极大无关组线性表出.

解 把$\boldsymbol{\alpha}_1,\boldsymbol{\alpha}_2,\boldsymbol{\alpha}_3,\boldsymbol{\alpha}_4,\boldsymbol{\alpha}_5$作为矩阵$\boldsymbol{A}$的列向量,对$\boldsymbol{A}$做初等行变换,即

$$A=\begin{pmatrix}1&1&2&2&2\\2&0&-1&1&2\\1&3&0&-2&4\\2&1&1&2&3\end{pmatrix}\rightarrow\begin{pmatrix}1&1&2&2&2\\0&-2&-5&-3&-2\\0&2&-2&-4&2\\0&-1&-3&-2&-1\end{pmatrix}$$

$$\rightarrow\begin{pmatrix}1&1&2&2&2\\0&-1&-3&-2&-1\\0&0&1&1&0\\0&0&-8&-8&0\end{pmatrix}\rightarrow\begin{pmatrix}1&1&2&2&2\\0&-1&-3&-2&-1\\0&0&1&1&0\\0&0&0&0&0\end{pmatrix},$$

可见，$\boldsymbol{\alpha}_1,\boldsymbol{\alpha}_2,\boldsymbol{\alpha}_3$ 为一个极大无关组.事实上，$\boldsymbol{\alpha}_1,\boldsymbol{\alpha}_2,\boldsymbol{\alpha}_4$；$\boldsymbol{\alpha}_1,\boldsymbol{\alpha}_3,\boldsymbol{\alpha}_5$；$\boldsymbol{\alpha}_1,\boldsymbol{\alpha}_4,\boldsymbol{\alpha}_5$ 均为极大无关组.进一步，有

$$A\rightarrow\begin{pmatrix}1&1&0&0&2\\0&-1&0&1&-1\\0&0&1&1&0\\0&0&0&0&0\end{pmatrix}\rightarrow\begin{pmatrix}1&0&0&1&1\\0&1&0&-1&1\\0&0&1&1&0\\0&0&0&0&0\end{pmatrix},$$

所以有

$$\boldsymbol{\alpha}_4=\boldsymbol{\alpha}_1-\boldsymbol{\alpha}_2+\boldsymbol{\alpha}_3,\quad \boldsymbol{\alpha}_5=\boldsymbol{\alpha}_1+\boldsymbol{\alpha}_2+0\boldsymbol{\alpha}_3.$$

这里用到初等行变换不改变列向量之间的线性关系的结论.

例 2.17 设向量组$\boldsymbol{\alpha}_1=\begin{pmatrix}1\\1\\1\\3\end{pmatrix},\boldsymbol{\alpha}_2=\begin{pmatrix}-1\\-3\\5\\1\end{pmatrix},\boldsymbol{\alpha}_3=\begin{pmatrix}3\\2\\-1\\p+2\end{pmatrix},\boldsymbol{\alpha}_4=\begin{pmatrix}-2\\-6\\10\\p\end{pmatrix}$.

(1) p 为何值时，该向量组线性无关？并在此时将向量$\boldsymbol{\alpha}=(4,1,6,10)^{\mathrm{T}}$ 用$\boldsymbol{\alpha}_1,\boldsymbol{\alpha}_2,\boldsymbol{\alpha}_3,\boldsymbol{\alpha}_4$ 线性表出；

(2) p 为何值时，该向量组线性相关？并在此时求出它的秩和一个极大线性无关组.

解 对矩阵$(\boldsymbol{\alpha}_1,\boldsymbol{\alpha}_2,\boldsymbol{\alpha}_3,\boldsymbol{\alpha}_4,\boldsymbol{\alpha})$做初等行变换，有

$$\left(\begin{array}{cccc:c}1&-1&3&-2&4\\1&-3&2&-6&1\\1&5&-1&10&6\\3&1&p+2&p&10\end{array}\right)\rightarrow\left(\begin{array}{cccc:c}1&-1&3&-2&4\\0&-2&-1&-4&-3\\0&6&-4&12&2\\0&4&p-7&p+6&-2\end{array}\right)$$

$$\rightarrow\left(\begin{array}{cccc:c}1&-1&3&-2&4\\0&-2&-1&-4&-3\\0&0&-7&0&-7\\0&0&p-9&p-2&-8\end{array}\right)\rightarrow\left(\begin{array}{cccc:c}1&-1&3&-2&4\\0&-2&-1&-4&-3\\0&0&1&0&1\\0&0&0&p-2&1-p\end{array}\right).$$

(1) 当 $p\neq 2$ 时,向量组$\boldsymbol{\alpha}_1,\boldsymbol{\alpha}_2,\boldsymbol{\alpha}_3,\boldsymbol{\alpha}_4$ 线性无关,此时可进一步把 $\boldsymbol{A}$ 化为

$$\boldsymbol{A}\rightarrow\left(\begin{array}{cccc:c}1&0&0&0&2\\0&1&0&0&\dfrac{3p-4}{p-2}\\0&0&1&0&1\\0&0&0&1&\dfrac{1-p}{p-2}\end{array}\right),$$

故有

$$\boldsymbol{\alpha}=2\boldsymbol{\alpha}_1+\frac{3p-4}{p-2}\boldsymbol{\alpha}_2+\boldsymbol{\alpha}_3+\frac{1-p}{p-2}\boldsymbol{\alpha}_4.$$

(2) 当 $p=2$ 时,向量组$\boldsymbol{\alpha}_1,\boldsymbol{\alpha}_2,\boldsymbol{\alpha}_3,\boldsymbol{\alpha}_4$ 线性相关,此时,向量组的秩等于3.矩阵$(\boldsymbol{\alpha}_1,\boldsymbol{\alpha}_2,\boldsymbol{\alpha}_3,\boldsymbol{\alpha}_4)$用行变换化为

$$(\boldsymbol{\alpha}_1,\boldsymbol{\alpha}_2,\boldsymbol{\alpha}_3,\boldsymbol{\alpha}_4)\rightarrow\begin{pmatrix}1&-1&3&-2\\0&-2&-1&-4\\0&0&1&0\\0&0&0&0\end{pmatrix},$$

可见$\boldsymbol{\alpha}_1,\boldsymbol{\alpha}_2,\boldsymbol{\alpha}_3$(或$\boldsymbol{\alpha}_1,\boldsymbol{\alpha}_3,\boldsymbol{\alpha}_4$)为它的一个极大无关组.

例 2.18 设有向量组$\boldsymbol{\alpha}_1=(1,2,-1)$,$\boldsymbol{\alpha}_2=(-1,-2,1)$,$\boldsymbol{\alpha}_3=(1,2,3)$,试求该向量组的一个极大无关组,并用它表示其余向量.

解法一 用初等变换法,有

$$\boldsymbol{A}=(\boldsymbol{\alpha}_1,\boldsymbol{\alpha}_2,\boldsymbol{\alpha}_3)=\begin{pmatrix}1&-1&1\\2&-2&2\\-1&1&3\end{pmatrix}\rightarrow\begin{pmatrix}1&-1&1\\0&0&0\\0&0&2\end{pmatrix}\rightarrow\begin{pmatrix}1&-1&1\\0&0&2\\0&0&0\end{pmatrix},$$

所以$\boldsymbol{\alpha}_1,\boldsymbol{\alpha}_3$;$\boldsymbol{\alpha}_2,\boldsymbol{\alpha}_3$ 均为极大无关组.又因为

$$\boldsymbol{A}\rightarrow\begin{pmatrix}1&-1&0\\0&0&1\\0&0&0\end{pmatrix},$$

所以$\boldsymbol{\alpha}_2=-\boldsymbol{\alpha}_1+0\boldsymbol{\alpha}_3$.

解法二 考虑到向量组的元素不多,用定义法求解.

该向量共有7个部分组.

① $\boldsymbol{\alpha}_1$;② $\boldsymbol{\alpha}_2$;③ $\boldsymbol{\alpha}_3$;④ $\boldsymbol{\alpha}_1,\boldsymbol{\alpha}_2$;⑤ $\boldsymbol{\alpha}_1,\boldsymbol{\alpha}_3$;⑥ $\boldsymbol{\alpha}_2,\boldsymbol{\alpha}_3$;⑦ $\boldsymbol{\alpha}_1,\boldsymbol{\alpha}_2,\boldsymbol{\alpha}_3$;

因为$\boldsymbol{\alpha}_1,\boldsymbol{\alpha}_2,\boldsymbol{\alpha}_3$ 均为非零向量,所以部分组①,②,③一定线性无关.又因为$\boldsymbol{\alpha}_1$ 与$\boldsymbol{\alpha}_2$ 对应元素成比例,而$\boldsymbol{\alpha}_1,\boldsymbol{\alpha}_3$;$\boldsymbol{\alpha}_2,\boldsymbol{\alpha}_3$ 对应元素不成比例,所以$\boldsymbol{\alpha}_1,\boldsymbol{\alpha}_3$;$\boldsymbol{\alpha}_2,\boldsymbol{\alpha}_3$ 也线性无关.由于$\boldsymbol{\alpha}_1$,$\boldsymbol{\alpha}_2$ 线性相关,所以部分组⑦也线性相关,可见④,⑤是含有向量个数最多的线性无关部分组,由定义,它们都是该向量组的极大无关组.

解法三 先选取$\boldsymbol{\alpha}_1 \neq \mathbf{0}$，再考虑$\boldsymbol{\alpha}_2$. 由于$\boldsymbol{\alpha}_1,\boldsymbol{\alpha}_2$的对应元素成比例，所以$\boldsymbol{\alpha}_1,\boldsymbol{\alpha}_2$线性相关，$\boldsymbol{\alpha}_2$不应添加到$\boldsymbol{\alpha}_1$组中去. 接着考虑$\boldsymbol{\alpha}_3$，因$\boldsymbol{\alpha}_1,\boldsymbol{\alpha}_3$的对应元素不成比例，所以$\boldsymbol{\alpha}_1,\boldsymbol{\alpha}_3$线性无关，把$\boldsymbol{\alpha}_3$添加到$\boldsymbol{\alpha}_1$组中去得向量组$\boldsymbol{\alpha}_1,\boldsymbol{\alpha}_3$，由于所有向量均已考虑过，所以$\boldsymbol{\alpha}_1,\boldsymbol{\alpha}_3$即为极大无关组.

令$\boldsymbol{\alpha}_2 = x_1\boldsymbol{\alpha}_1 + x_2\boldsymbol{\alpha}_3$，解得$x_1=-1, x_2=0$，故$\boldsymbol{\alpha}_2=-\boldsymbol{\alpha}_1+0\boldsymbol{\alpha}_3$.

小结 求向量组的极大无关组的基本思路有：

(1) 初等变换法

① 将向量组中的各向量作为矩阵$\boldsymbol{A}$的各列；

② 对$\boldsymbol{A}$施行初等行变换(注意仅限于行变换)；

③ 化$\boldsymbol{A}$为阶梯形矩阵，在每一阶梯中取一列为代表，则所得向量组即为原向量组的极大无关组.

用初等行变换求极大无关组是最基本的方法，但应注意阶梯处的元素不能为零.

(2) 定义法

① 向量组$\boldsymbol{\alpha}_1,\boldsymbol{\alpha}_2,\cdots,\boldsymbol{\alpha}_m$中含向量最多的线性无关部分组都称为向量组的极大无关组(如例 2.18 的解法二)；

② 假定$\boldsymbol{\alpha}_1,\boldsymbol{\alpha}_2,\cdots,\boldsymbol{\alpha}_r$是某个向量组中的$r$个向量，如果$\boldsymbol{\alpha}_1,\boldsymbol{\alpha}_2,\cdots,\boldsymbol{\alpha}_r$线性无关，且向量组中任一向量都可由$\boldsymbol{\alpha}_1,\boldsymbol{\alpha}_2,\cdots,\boldsymbol{\alpha}_r$线性表示，则$\boldsymbol{\alpha}_1,\boldsymbol{\alpha}_2,\cdots,\boldsymbol{\alpha}_r$称为向量组的一个极大无关组.

此方法较少使用，①要求列出所有的线性无关部分组，②可由第一个非零向量$\boldsymbol{\alpha}_i(i \geqslant 1)$开始，逐步添加不能由前面向量线性表示的向量，直到所有的向量都验算后，得到一极大无关组.

(3) 利用等价性

设$\boldsymbol{\alpha}_1,\boldsymbol{\alpha}_2,\cdots,\boldsymbol{\alpha}_r$为某向量组的一个极大无关组，则此向量组中任意$r$个线性无关的部分组均为极大无关组.

5. 求向量组与矩阵的秩

例 2.19 设有向量组

$$\boldsymbol{\alpha}_1=\begin{pmatrix}1\\3\\2\\0\end{pmatrix},\quad \boldsymbol{\alpha}_2=\begin{pmatrix}7\\0\\14\\3\end{pmatrix},\quad \boldsymbol{\alpha}_3=\begin{pmatrix}2\\-1\\0\\1\end{pmatrix},\quad \boldsymbol{\alpha}_4=\begin{pmatrix}5\\1\\6\\2\end{pmatrix},\quad \boldsymbol{\alpha}_5=\begin{pmatrix}2\\-1\\4\\1\end{pmatrix}.$$

(1) 求向量组的秩；

(2) 求此向量组的一个极大无关组，并把其余向量分别用该极大无关组线性表示.

分析 根据矩阵的初等变换不改变矩阵的秩，利用初等行变换将以$\boldsymbol{\alpha}_1,\boldsymbol{\alpha}_2,\boldsymbol{\alpha}_3,\boldsymbol{\alpha}_4,\boldsymbol{\alpha}_5$

为列向量的矩阵化为阶梯形矩阵，然后在每一个阶梯中选取一个“向量”，即构成此向量组的一个极大无关组，同时求得向量组的秩.为了同时求得向量组的秩、极大无关组及把其余向量用极大无关组线性表示，需限定只能施行初等行变换.若仅仅为了求秩，则既可做初等行变换，又可做初等列变换.当把阶梯形矩阵进一步化为“标准”形矩阵时，还可直接得到其余向量由极大无关组线性表示的表达式.

解 以$\boldsymbol{\alpha}_1,\boldsymbol{\alpha}_2,\boldsymbol{\alpha}_3,\boldsymbol{\alpha}_4,\boldsymbol{\alpha}_5$为列构成矩阵$\boldsymbol{A}$，然后对其做初等行变换（注意只做行变换），有

$$\boldsymbol{A}=\overset{\begin{matrix}\boldsymbol{\alpha}_1 & \boldsymbol{\alpha}_2 & \boldsymbol{\alpha}_3 & \boldsymbol{\alpha}_4 & \boldsymbol{\alpha}_5\end{matrix}}{\begin{pmatrix}1 & 7 & 2 & 5 & 2\\ 3 & 0 & -1 & 1 & -1\\ 2 & 14 & 0 & 6 & 4\\ 0 & 3 & 1 & 2 & 1\end{pmatrix}}\to\begin{pmatrix}1 & 7 & 2 & 5 & 2\\ 0 & -21 & -7 & -14 & -7\\ 0 & 0 & -4 & -4 & 0\\ 0 & 3 & 1 & 2 & 1\end{pmatrix}$$

$$\to\begin{pmatrix}1 & 7 & 2 & 5 & 2\\ 0 & 3 & 1 & 2 & 1\\ 0 & 0 & 1 & 1 & 0\\ 0 & 0 & 0 & 0 & 0\end{pmatrix}.$$

(1) 显然$\boldsymbol{A}$的秩为 3，即向量组$\boldsymbol{\alpha}_1,\boldsymbol{\alpha}_2,\boldsymbol{\alpha}_3,\boldsymbol{\alpha}_4,\boldsymbol{\alpha}_5$的秩为 3.

(2) 在每一阶梯中选一对应向量，比如$\boldsymbol{\alpha}_1,\boldsymbol{\alpha}_2,\boldsymbol{\alpha}_3$（不唯一，$\boldsymbol{\alpha}_1,\boldsymbol{\alpha}_3,\boldsymbol{\alpha}_5$；$\boldsymbol{\alpha}_1,\boldsymbol{\alpha}_4,\boldsymbol{\alpha}_5$等均可），即得向量组$\boldsymbol{\alpha}_1,\boldsymbol{\alpha}_2,\boldsymbol{\alpha}_3,\boldsymbol{\alpha}_4,\boldsymbol{\alpha}_5$的极大无关组.

进一步把$\boldsymbol{A}$化为标准形，有

$$\boldsymbol{A}\to\begin{pmatrix}1 & 7 & 2 & 5 & 2\\ 0 & 3 & 1 & 2 & 1\\ 0 & 0 & 1 & 1 & 0\\ 0 & 0 & 0 & 0 & 0\end{pmatrix}\to\begin{pmatrix}1 & 7 & 0 & 1 & 2\\ 0 & 3 & 0 & 1 & 1\\ 0 & 0 & 1 & 1 & 0\\ 0 & 0 & 0 & 0 & 0\end{pmatrix}\to\begin{pmatrix}1 & 0 & 0 & -\frac{4}{3} & -\frac{1}{3}\\ 0 & 1 & 0 & \frac{1}{3} & \frac{1}{3}\\ 0 & 0 & 1 & 1 & 0\\ 0 & 0 & 0 & 0 & 0\end{pmatrix},$$

可见，有

$$\boldsymbol{\alpha}_4=-\frac{3}{4}\boldsymbol{\alpha}_1+\frac{1}{3}\boldsymbol{\alpha}_2+1\boldsymbol{\alpha}_3,\quad \boldsymbol{\alpha}_5=-\frac{1}{3}\boldsymbol{\alpha}_1+\frac{1}{3}\boldsymbol{\alpha}_2+0\boldsymbol{\alpha}_3.$$

注 (1) 在把$\boldsymbol{A}$化为阶梯形矩阵的过程中，第 2,5 列是属于同一阶梯的，不能认为第 3,4,5 列属于同一阶梯，即不能由

$$\boldsymbol{A}\to\begin{pmatrix}1 & 7 & 2 & 5 & 2\\ 0 & 3 & 1 & 2 & 1\\ 0 & 0 & 1 & 1 & 0\\ 0 & 0 & 0 & 0 & 0\end{pmatrix},$$

得出$\boldsymbol{\alpha}_1,\boldsymbol{\alpha}_2,\boldsymbol{\alpha}_5$ 也为极大无关组的错误结论. 事实上,$\boldsymbol{\alpha}_1,\boldsymbol{\alpha}_2,\boldsymbol{\alpha}_5$ 线性相关. 这里关键是阶梯线上的分量不能为零,为了避免类似的错误,也可考虑交换两列(仅限于交换列),但应注意在矩阵上方标示的$\boldsymbol{\alpha}_1$ 与$\boldsymbol{\alpha}_5$ 也必须同时交换,这时,有

$$\boldsymbol{A}\rightarrow\begin{array}{c}\begin{matrix}\boldsymbol{\alpha}_1 & \boldsymbol{\alpha}_2 & \boldsymbol{\alpha}_5 & \boldsymbol{\alpha}_4 & \boldsymbol{\alpha}_3\end{matrix}\\ \begin{pmatrix}1 & 7 & 2 & 5 & 2\\ 0 & 3 & 1 & 2 & 1\\ 0 & 0 & 0 & 1 & 1\\ 0 & 0 & 0 & 0 & 0\end{pmatrix}\end{array},$$

再在每一阶梯中选一代表构成极大无关组,就不会出现错误.

(2) 本题最后得到$\boldsymbol{\alpha}_4,\boldsymbol{\alpha}_5$ 可用$\boldsymbol{\alpha}_1,\boldsymbol{\alpha}_2,\boldsymbol{\alpha}_3$ 线性表示的关系式,其依据是初等行变换不改变列向量之间的线性关系.

例 2.20 设三阶矩阵 $\boldsymbol{A}=\begin{pmatrix}x & 1 & 1\\ 1 & x & 1\\ 1 & 1 & x\end{pmatrix}$,试求矩阵 $\boldsymbol{A}$ 的秩.

分析 矩阵 $\boldsymbol{A}$ 含有参数 x,因此其秩一般随参数 x 的变化而变化,讨论其秩主要从两点着手分析:矩阵秩的定义和初等变换不改变矩阵的秩.

解法一 直接从矩阵秩的定义出发讨论. 由于

$$\begin{vmatrix}x & 1 & 1\\ 1 & x & 1\\ 1 & 1 & x\end{vmatrix}=(x+2)(x-1)^2,$$

故:(1) 当 $x\neq1$ 且 $x\neq-2$ 时,$|\boldsymbol{A}|\neq0$,秩$(\boldsymbol{A})=3$;

(2) 当 $x=1$ 时,$|\boldsymbol{A}|=0$,且 $\boldsymbol{A}=\begin{pmatrix}1 & 1 & 1\\ 1 & 1 & 1\\ 1 & 1 & 1\end{pmatrix}$,显然秩$(\boldsymbol{A})=1$;

(3) 当 $x=-2$ 时,$|\boldsymbol{A}|=0$,且

$$\boldsymbol{A}=\begin{pmatrix}-2 & 1 & 1\\ 1 & -2 & 1\\ 1 & 1 & -2\end{pmatrix},$$

这时有二阶子式$\begin{vmatrix}-2 & 1\\ 1 & -2\end{vmatrix}\neq0$,显然秩$(\boldsymbol{A})=2$.

解法二 利用初等变换求秩.

$$\boldsymbol{A}=\begin{pmatrix}x & 1 & 1\\ 1 & x & 1\\ 1 & 1 & x\end{pmatrix}\rightarrow\begin{pmatrix}1 & 1 & x\\ 1 & x & 1\\ x & 1 & 1\end{pmatrix}\rightarrow\begin{pmatrix}1 & 1 & x\\ 0 & x-1 & -(x-1)\\ 0 & -(x-1) & (x-1)^2\end{pmatrix}$$

$$\rightarrow\begin{pmatrix}1 & 1 & x \\ 0 & x-1 & -(x-1) \\ 0 & 0 & -(x+2)(x-1)\end{pmatrix},$$

于是由初等变换不改变矩阵的秩,知

(1) 当 $x\neq1$ 且 $x\neq-2$ 时,秩$(\boldsymbol{A})=3$;

(2) 当 $x=1$ 时,秩$(\boldsymbol{A})=1$;

(3) 当 $x=-2$ 时,秩$(\boldsymbol{A})=2$.

例 2.21 设 $\boldsymbol{A}=\begin{pmatrix}1 & 2 & 3 & 1 \\ 2 & -1 & k & 2 \\ 0 & 1 & 1 & 3 \\ 1 & -1 & 0 & 4 \\ 2 & 0 & 2 & 5\end{pmatrix}$,且 $\boldsymbol{A}$ 的秩为 3,求 k.

解法一 利用初等变换,有

$$\boldsymbol{A}=\begin{pmatrix}1 & 2 & 3 & 1 \\ 2 & -1 & k & 2 \\ 0 & 1 & 1 & 3 \\ 1 & -1 & 0 & 4 \\ 2 & 0 & 2 & 5\end{pmatrix}\rightarrow\begin{pmatrix}1 & 2 & 3 & 1 \\ 0 & -5 & k-6 & 0 \\ 0 & 1 & 1 & 3 \\ 0 & -3 & -3 & 3 \\ 0 & -4 & -4 & 3\end{pmatrix}\rightarrow\begin{pmatrix}1 & 2 & 3 & 1 \\ 0 & 1 & 1 & 3 \\ 0 & 0 & k-1 & 15 \\ 0 & 0 & 4 & 5 \\ 0 & 0 & 0 & 15\end{pmatrix}$$

$$\rightarrow\begin{pmatrix}1 & 2 & 3 & 1 \\ 0 & 1 & 1 & 3 \\ 0 & 0 & k-1 & 15 \\ 0 & 0 & 0 & 1 \\ 0 & 0 & 0 & 0\end{pmatrix},$$

可见若秩$(\boldsymbol{A})=3$,则必有 $k-1=0$,即 $k=1$.

解法二 因为 $\boldsymbol{A}$ 的秩为 3,故其 4 阶子式

$$\begin{vmatrix}1 & 2 & 3 & 1 \\ 2 & -1 & k & 2 \\ 0 & 1 & 1 & 3 \\ 1 & -1 & 0 & 4\end{vmatrix}=0,$$

解得 $k=1$.

例 2.22 已知向量组(Ⅰ):$\boldsymbol{\alpha}_1,\boldsymbol{\alpha}_2,\boldsymbol{\alpha}_3$;(Ⅱ):$\boldsymbol{\alpha}_1,\boldsymbol{\alpha}_2,\boldsymbol{\alpha}_3,\boldsymbol{\alpha}_4$;(Ⅲ):$\boldsymbol{\alpha}_1,\boldsymbol{\alpha}_2,\boldsymbol{\alpha}_3,\boldsymbol{\alpha}_5$.如果各向量组的秩分别为 r(Ⅰ)=r(Ⅱ)=3,r(Ⅲ)=4,证明向量组$\boldsymbol{\alpha}_1,\boldsymbol{\alpha}_2,\boldsymbol{\alpha}_3,\boldsymbol{\alpha}_5-\boldsymbol{\alpha}_4$ 的秩为 4.

分析 证明向量组$\boldsymbol{\alpha}_1,\boldsymbol{\alpha}_2,\boldsymbol{\alpha}_3,\boldsymbol{\alpha}_5-\boldsymbol{\alpha}_4$ 的秩为 4,实质就是证明向量组$\boldsymbol{\alpha}_1,\boldsymbol{\alpha}_2,\boldsymbol{\alpha}_3,\boldsymbol{\alpha}_5-\boldsymbol{\alpha}_4$ 线性无关.

证法一 设有数 k_1,k_2,k_3,k_4，使得

$$k_1\boldsymbol{\alpha}_1+k_2\boldsymbol{\alpha}_2+k_3\boldsymbol{\alpha}_3+k_4(\boldsymbol{\alpha}_5-\boldsymbol{\alpha}_4)=\mathbf{0}. \tag{2.9}$$

因为 r(Ⅰ)=r(Ⅱ)=3，所以 $\boldsymbol{\alpha}_1,\boldsymbol{\alpha}_2,\boldsymbol{\alpha}_3$ 线性无关，而 $\boldsymbol{\alpha}_1,\boldsymbol{\alpha}_2,\boldsymbol{\alpha}_3,\boldsymbol{\alpha}_4$ 线性相关，故存在数 $\lambda_1,\lambda_2,\lambda_3$，使

$$\boldsymbol{\alpha}_4=\lambda_1\boldsymbol{\alpha}_1+\lambda_2\boldsymbol{\alpha}_2+\lambda_3\boldsymbol{\alpha}_3,$$

把上式代入(2.9)式，并化简得

$$(k_1-\lambda_1k_4)\boldsymbol{\alpha}_1+(k_2-\lambda_2k_4)\boldsymbol{\alpha}_2+(k_3-\lambda_3k_4)\boldsymbol{\alpha}_3+k_4\boldsymbol{\alpha}_5=\mathbf{0},$$

由 r(Ⅲ)=4 知，$\boldsymbol{\alpha}_1,\boldsymbol{\alpha}_2,\boldsymbol{\alpha}_3,\boldsymbol{\alpha}_5$ 线性无关，所以

$$\begin{cases}k_1-\lambda_1k_4=0,\\ k_2-\lambda_2k_4=0,\\ k_3-\lambda_3k_4=0,\\ k_4=0,\end{cases}$$

得 $k_1=k_2=k_3=k_4=0$，故 $\boldsymbol{\alpha}_1,\boldsymbol{\alpha}_2,\boldsymbol{\alpha}_3,\boldsymbol{\alpha}_5-\boldsymbol{\alpha}_4$ 线性无关，即其秩为 4.

证法二 因 r(Ⅰ)=3，即 $\boldsymbol{\alpha}_1,\boldsymbol{\alpha}_2,\boldsymbol{\alpha}_3$ 线性无关. 又 r(Ⅱ)=3，即 $\boldsymbol{\alpha}_1,\boldsymbol{\alpha}_2,\boldsymbol{\alpha}_3,\boldsymbol{\alpha}_4$ 线性相关，故存在 l_1,l_2,l_3，使

$$\boldsymbol{\alpha}_4=l_1\boldsymbol{\alpha}_1+l_2\boldsymbol{\alpha}_2+l_3\boldsymbol{\alpha}_3.$$

若 $\boldsymbol{\alpha}_1,\boldsymbol{\alpha}_2,\boldsymbol{\alpha}_3,\boldsymbol{\alpha}_5-\boldsymbol{\alpha}_4$ 线性相关，则有

$$\boldsymbol{\alpha}_5-\boldsymbol{\alpha}_4=k_1\boldsymbol{\alpha}_1+k_2\boldsymbol{\alpha}_2+k_3\boldsymbol{\alpha}_3,$$

即

$$\boldsymbol{\alpha}_5=(l_1+k_1)\boldsymbol{\alpha}_1+(l_2+k_2)\boldsymbol{\alpha}_2+(l_3+k_3)\boldsymbol{\alpha}_3,$$

这与 r(Ⅲ)=4 矛盾，故 $\boldsymbol{\alpha}_1,\boldsymbol{\alpha}_2,\boldsymbol{\alpha}_3,\boldsymbol{\alpha}_5-\boldsymbol{\alpha}_4$ 线性无关，从而 $\boldsymbol{\alpha}_1,\boldsymbol{\alpha}_2,\boldsymbol{\alpha}_3,\boldsymbol{\alpha}_5-\boldsymbol{\alpha}_4$ 的秩为 4.

证法三 由于 $\boldsymbol{\alpha}_4=l_1\boldsymbol{\alpha}_1+l_2\boldsymbol{\alpha}_2+l_3\boldsymbol{\alpha}_3$，故

$$\boldsymbol{A}=(\boldsymbol{\alpha}_1,\boldsymbol{\alpha}_2,\boldsymbol{\alpha}_3,\boldsymbol{\alpha}_5-\boldsymbol{\alpha}_4)=(\boldsymbol{\alpha}_1,\boldsymbol{\alpha}_2,\boldsymbol{\alpha}_3,\boldsymbol{\alpha}_5-l_1\boldsymbol{\alpha}_1-l_2\boldsymbol{\alpha}_2-l_3\boldsymbol{\alpha}_3)\rightarrow(\boldsymbol{\alpha}_1,\boldsymbol{\alpha}_2,\boldsymbol{\alpha}_3,\boldsymbol{\alpha}_5).$$

因为初等变换不改变矩阵的秩，故

$$\mathrm{r}(\boldsymbol{\alpha}_1,\boldsymbol{\alpha}_2,\boldsymbol{\alpha}_3,\boldsymbol{\alpha}_5-\boldsymbol{\alpha}_4)=\mathrm{r}(\boldsymbol{\alpha}_1,\boldsymbol{\alpha}_2,\boldsymbol{\alpha}_3,\boldsymbol{\alpha}_5)=4.$$

例 2.23 设向量组 $\boldsymbol{\alpha}_1,\boldsymbol{\alpha}_2,\cdots,\boldsymbol{\alpha}_m$ 中任一向量 $\boldsymbol{\alpha}_i$ 不是它前面 $i-1$ 个向量的线性组合，且 $\boldsymbol{\alpha}_i\neq\mathbf{0}$，试证：向量组 $\boldsymbol{\alpha}_1,\boldsymbol{\alpha}_2,\cdots,\boldsymbol{\alpha}_m$ 的秩为 m.

证明 只需证 $\boldsymbol{\alpha}_1,\boldsymbol{\alpha}_2,\cdots,\boldsymbol{\alpha}_m$ 线性无关即可.

用反证法，设 $\boldsymbol{\alpha}_1,\boldsymbol{\alpha}_2,\cdots,\boldsymbol{\alpha}_m$ 线性相关，则存在不全为零的数 $k_1,k_2,\cdots,k_m$，使得

$$k_1\boldsymbol{\alpha}_1+k_2\boldsymbol{\alpha}_2+\cdots+k_m\boldsymbol{\alpha}_m=\mathbf{0}, \tag{2.10}$$

由此可知，$k_m=0$，否则，由上式可得

$$\boldsymbol{\alpha}_m=-\frac{k_1}{k_m}\boldsymbol{\alpha}_1-\frac{k_2}{k_m}\boldsymbol{\alpha}_2-\cdots-\frac{k_{m-1}}{k_m}\boldsymbol{\alpha}_{m-1},$$

即 $\boldsymbol{\alpha}_m$ 可由它前面 $m-1$ 个向量线性表示，这与题设矛盾，因此 $k_m=0$，于是(2.10)式化为

$$k_1\boldsymbol{\alpha}_1+k_2\boldsymbol{\alpha}_2+\cdots+k_{m-1}\boldsymbol{\alpha}_{m-1}=\mathbf{0}.$$

类似于上面的证法，同样可得 $k_{m-1}=0,\cdots,k_2=0$，于是(2.10)式最终化为 $k_1\boldsymbol{\alpha}_1=\mathbf{0}$. 但 $\boldsymbol{\alpha}_1\neq\mathbf{0}$，所以 $k_1=0$，这又与 $k_1,k_2,\cdots,k_m$ 不全为零的假设矛盾，因此 $\boldsymbol{\alpha}_1,\boldsymbol{\alpha}_2,\cdots,\boldsymbol{\alpha}_m$ 线性无关，其秩为 m.

例 2.24　设 $\boldsymbol{A}=\begin{pmatrix} a_1b_1 & a_1b_2 & \cdots & a_1b_n \\ a_2b_1 & a_2b_2 & \cdots & a_2b_n \\ \vdots & \vdots & & \vdots \\ a_nb_1 & a_nb_2 & \cdots & a_nb_n \end{pmatrix}$，其中 $a_i\neq 0, b_i\neq 0\ (i=1,2,\cdots,n)$，求秩($\boldsymbol{A}$).

解法一　用子式计算秩.

因为 $\boldsymbol{A}$ 的任意一个二阶子式为

$$\begin{vmatrix} a_ib_k & a_ib_l \\ a_jb_k & a_jb_l \end{vmatrix}=0,$$

于是秩($\boldsymbol{A}$)$\leqslant 1$. 又因为 $\boldsymbol{A}$ 为非零矩阵，故秩($\boldsymbol{A}$)$\geqslant 1$，从而有秩($\boldsymbol{A}$)$=1$.

解法二　记 $\boldsymbol{A}$ 的列向量组为 $\boldsymbol{\alpha}_1,\boldsymbol{\alpha}_2,\cdots,\boldsymbol{\alpha}_n$，由于

$$\boldsymbol{\alpha}_i=b_i\begin{pmatrix} a_1 \\ a_2 \\ \vdots \\ a_n \end{pmatrix}\quad (i=1,2,\cdots,n),$$

可见 $\boldsymbol{\alpha}_1,\boldsymbol{\alpha}_2,\cdots,\boldsymbol{\alpha}_n$ 中任意两个向量对应元素成比例，即任意两个向量线性相关，故秩($\boldsymbol{A}$)$\leqslant 1$，但 $\boldsymbol{\alpha}_i\neq\mathbf{0}(i=1,2,\cdots,n)$，即为非零向量，故秩($\boldsymbol{A}$)$\geqslant 1$，从而有秩($\boldsymbol{A}$)$=1$.

小结　求向量组的秩和矩阵秩的一般思路：

① 把向量组 $\boldsymbol{\alpha}_1,\boldsymbol{\alpha}_2,\cdots,\boldsymbol{\alpha}_s$ 作为矩阵 $\boldsymbol{A}$ 的(行)列向量组，然后对 $\boldsymbol{A}$ 用初等变换求其秩.

② 若证 s 个向量组成的向量组 $\boldsymbol{\alpha}_1,\boldsymbol{\alpha}_2,\cdots,\boldsymbol{\alpha}_s$ 的秩为 s，只要证这组向量线性无关即可.

③ 利用向量组的等价性求秩. 由于等价向量组具有相同的秩，若已知某组向量的秩，或已知某组向量线性无关，与之等价的另一组向量的秩即可求出.

④ 对于矩阵 $\boldsymbol{A}$ 的秩，除了按上述方法转化为行(列)向量组的秩进行计算外，还可利用矩阵秩的有关已知结论或矩阵秩的子式定义求其秩.

2.3.3　线性方程组解的结构

1. 求解含有参数的线性方程组

例 2.25　λ 取何值时，线性方程组

$$\begin{cases} 2x_1+\lambda x_2-x_3=1, \\ \lambda x_1-x_2+x_3=2, \\ 4x_1+5x_2-5x_3=-1 \end{cases}$$

无解，有唯一解或有无穷多解？并在有无穷多解时写出线性方程组的全部解.

解法一 由于线性方程组是三个方程三个未知量的情形，且其系数行列式

$$|\boldsymbol{A}|=\begin{vmatrix}2 & \lambda & -1\\ \lambda & -1 & 1\\ 4 & 5 & -5\end{vmatrix}=5\lambda^2-\lambda-4=(\lambda-1)(5\lambda+4).$$

故当 $\lambda\neq1$ 且 $\lambda\neq-\frac{4}{5}$ 时，线性方程组有唯一解.

(1) $\lambda=1$ 时，原线性方程组为

$$\begin{cases}2x_1+x_2-x_3=1,\\ x_1-x_2+x_3=2,\\ 4x_1+5x_2-5x_3=-1,\end{cases}$$

对其增广矩阵施行初等行变换，有

$$\left(\begin{array}{ccc|c}2 & 1 & -1 & 1\\ 1 & -1 & 1 & 2\\ 4 & 5 & -5 & -1\end{array}\right)\to\left(\begin{array}{ccc|c}0 & 3 & -3 & -3\\ 1 & -1 & 1 & 2\\ 0 & 9 & -9 & -9\end{array}\right)$$

$$\to\left(\begin{array}{ccc|c}1 & -1 & 1 & 2\\ 0 & 1 & -1 & -1\\ 0 & 0 & 0 & 0\end{array}\right)\to\left(\begin{array}{ccc|c}1 & 0 & 0 & 1\\ 0 & 1 & -1 & -1\\ 0 & 0 & 0 & 0\end{array}\right),$$

于是，线性方程组的一般解为$\begin{cases}x_1=1,\\ x_2=-1+x_3,\end{cases}$ x_3 是自由未知量.

令 $x_3=0$，得原线性方程组的一个特解$\boldsymbol{\gamma}_0=\begin{pmatrix}1\\-1\\0\end{pmatrix}$，基础解系为$\boldsymbol{\eta}=\begin{pmatrix}0\\1\\1\end{pmatrix}$，从而其全部解为

$$\boldsymbol{\gamma}=\begin{pmatrix}x_1\\x_2\\x_3\end{pmatrix}=\begin{pmatrix}1\\-1\\0\end{pmatrix}+k\begin{pmatrix}0\\1\\1\end{pmatrix},\quad \text{其中 } k \text{ 为任意实数.}$$

(2) 当 $\lambda=-\frac{4}{5}$ 时，原线性方程组为

$$\begin{cases}2x_1-\frac{4}{5}x_2-x_3=1,\\ -\frac{4}{5}x_1-x_2+x_3=2,\\ 4x_1+5x_2-5x_3=-1,\end{cases}$$

对其增广矩阵施行初等行变换,有

$$\left(\begin{array}{ccc:c} 2 & -\frac{4}{5} & -1 & 1 \\ -\frac{4}{5} & -1 & 1 & 2 \\ 4 & 5 & -5 & -1 \end{array}\right) \to \left(\begin{array}{ccc:c} 10 & -4 & -5 & 5 \\ 4 & 5 & -5 & -10 \\ 0 & 0 & 0 & 9 \end{array}\right).$$

显然 $r(\boldsymbol{A})=2\neq r(\bar{\boldsymbol{A}})=3$,原线性方程组无解.

解法二 对线性方程组的增广矩阵做初等行变换,有

$$\left(\begin{array}{ccc:c} 2 & \lambda & -1 & 1 \\ \lambda & -1 & 1 & 2 \\ 4 & 5 & -5 & -1 \end{array}\right) \to \left(\begin{array}{ccc:c} 2 & \lambda & -1 & 1 \\ \lambda+2 & \lambda-1 & 0 & 3 \\ -6 & -5\lambda+5 & 0 & -6 \end{array}\right)$$

$$\to \left(\begin{array}{ccc:c} 2 & \lambda & -1 & 1 \\ \lambda+2 & \lambda-1 & 0 & 3 \\ 5\lambda+4 & 0 & 0 & 9 \end{array}\right),$$

于是,当 $\lambda=-\frac{4}{5}$ 时,原线性方程组无解;

当 $\lambda\neq1$ 且 $\lambda\neq-\frac{4}{5}$ 时,原线性方程组有唯一解;

当 $\lambda=1$ 时,原线性方程组有无穷多解,其全部解为

$$\boldsymbol{\lambda}=\begin{pmatrix} x_1 \\ x_2 \\ x_3 \end{pmatrix}=\begin{pmatrix} 1 \\ -1 \\ 0 \end{pmatrix}+k\begin{pmatrix} 0 \\ 1 \\ 1 \end{pmatrix}, \quad k \text{ 为任意实数}.$$

注 若直接将增广矩阵化为对角阶梯形矩阵,需交换系数矩阵的第 1,3 列,此时对应的变量 x_1 与 x_3 也应交换:

$$\begin{array}{c} \quad\quad\; x_3 \quad\quad x_2 \quad\quad\quad x_1 \quad\quad \\ \bar{\boldsymbol{A}} \to \begin{pmatrix} -1 & \lambda & 2 & 1 \\ 0 & \lambda-1 & \lambda+2 & 3 \\ 0 & 0 & 5\lambda+4 & 9 \end{pmatrix}. \end{array}$$

例 2.26 λ 取何值时,线性方程组

$$\begin{cases} x_1+x_3=\lambda, \\ 4x_1+x_2+2x_3=\lambda+2, \\ 6x_1+x_2+4x_3=2\lambda+3 \end{cases}$$

有解,并求出全部解.

解 对线性方程组的增广矩阵进行初等行变换,有

$$\begin{pmatrix}1&0&1&\lambda\\4&1&2&\lambda+2\\6&1&4&2\lambda+3\end{pmatrix}\to\begin{pmatrix}1&0&1&\lambda\\0&1&-2&-3\lambda+2\\0&1&-2&-4\lambda+3\end{pmatrix}\to\begin{pmatrix}1&0&1&\lambda\\0&1&-2&-3\lambda+2\\0&0&0&-\lambda+1\end{pmatrix}.$$

当$-\lambda+1=0$,即$\lambda=1$时,线性方程组有解,这时线性方程组为

$$\begin{cases}x_1+x_3=1,\\4x_1+x_2+2x_3=3,\\6x_1+x_2+4x_3=5,\end{cases}$$

而

$$\begin{cases}x_1+x_3=1,\\x_2-2x_3=-1\end{cases}$$

为其同解线性方程组,解之得全部解为

$$\boldsymbol{\gamma}=\begin{pmatrix}x_1\\x_2\\x_3\end{pmatrix}=\begin{pmatrix}1\\-1\\0\end{pmatrix}+k\begin{pmatrix}-1\\2\\1\end{pmatrix},\quad \text{其中 } k \text{ 为任意常数.}$$

例 2.27 已知线性方程组

$$\begin{cases}ax_1+x_2+x_3=4,\\x_1+bx_2+x_3=3,\\x_1+3bx_2+x_3=9.\end{cases}$$

问线性方程组什么时候有解?什么时候无解?有解时,求出相应解.

解法一 线性方程组系数矩阵的行列式为

$$|\boldsymbol{A}|=\begin{vmatrix}a&1&1\\1&b&1\\1&3b&1\end{vmatrix}=2b(1-a).$$

可见,当$a\neq1$且$b\neq0$时,线性方程组有唯一解,其唯一解可由克莱姆法则求出,为

$$x_1=\frac{3-4b}{b(1-a)},\quad x_2=\frac{3}{b},\quad x_3=\frac{4b-3}{b(1-a)}.$$

当$b=0$时,原线性方程组的增广矩阵$\overline{\boldsymbol{A}}$为

$$\overline{\boldsymbol{A}}=\left(\begin{array}{ccc:c}a&1&1&4\\1&0&1&3\\1&0&1&9\end{array}\right)\to\left(\begin{array}{ccc:c}a&1&1&4\\1&0&1&3\\0&0&0&6\end{array}\right),$$

显然线性方程组无解.

当$b\neq0,a=1$时,有

$$\overline{\boldsymbol{A}}=\left(\begin{array}{ccc:c}1&1&1&4\\1&b&1&3\\1&3b&1&9\end{array}\right)\to\left(\begin{array}{ccc:c}1&1&1&4\\0&b-1&0&-1\\0&3b-1&0&5\end{array}\right)$$

$$\rightarrow\left(\begin{array}{ccc:c}1 & 1 & 1 & 4\\0 & b-1 & 0 & -1\\0 & 2 & 0 & 8\end{array}\right)\rightarrow\left(\begin{array}{ccc:c}1 & 0 & 1 & 0\\0 & 1 & 0 & 4\\0 & 0 & 0 & -4b+3\end{array}\right),$$

可见，当 $b\neq\frac{3}{4}$ 时，秩$(\boldsymbol{A})=2<$秩$(\overline{\boldsymbol{A}})=3$，线性方程组无解；

当 $b=\frac{3}{4}$ 时，原线性方程组等价于

$$\begin{cases}x_1+x_3=0,\\x_2=4,\end{cases}$$

其全部解为

$$\boldsymbol{\gamma}=\begin{pmatrix}x_1\\x_2\\x_3\end{pmatrix}=\begin{pmatrix}0\\4\\0\end{pmatrix}+k\begin{pmatrix}-1\\0\\1\end{pmatrix},\quad \text{其中 } k \text{ 为任意常数.}$$

解法二 利用初等行变换化增广矩阵为阶梯形矩阵：

$$\overline{\boldsymbol{A}}=\left(\begin{array}{ccc:c}a & 1 & 1 & 4\\1 & b & 1 & 3\\1 & 3b & 1 & 9\end{array}\right)\rightarrow\left(\begin{array}{ccc:c}1 & b & 1 & 3\\a & 1 & 1 & 4\\1 & 3b & 1 & 9\end{array}\right)\rightarrow\left(\begin{array}{ccc:c}1 & b & 1 & 3\\0 & 1-ab & 1-a & 4-3a\\0 & 2b & 0 & 6\end{array}\right)$$

$$\rightarrow\left(\begin{array}{ccc:c}1 & b & 1 & 3\\0 & 2b & 0 & 6\\0 & 1-ab & 1-a & 4-3a\end{array}\right).$$

如果 $b\neq 0$，则

$$\overline{\boldsymbol{A}}\rightarrow\left(\begin{array}{ccc:c}1 & b & 1 & 3\\0 & 2b & 0 & 6\\0 & 0 & 1-a & \frac{4b-3}{b}\end{array}\right),$$

因此当 $b\neq 0$，$a\neq 1$ 时，秩$(\boldsymbol{A})=$秩$(\overline{\boldsymbol{A}})=3$，线性方程组有唯一解

$$x_1=\frac{3-4b}{b(1-a)},\quad x_2=\frac{3}{b},\quad x_3=\frac{4b-3}{b(1-a)}.$$

当 $b\neq 0$，$a=1$ 时，如 $b\neq\frac{3}{4}$，则秩$(\boldsymbol{A})=2<$秩$(\overline{\boldsymbol{A}})=3$，线性方程组无解.

如 $b=\frac{3}{4}$，$a=1$，则

$$\overline{\boldsymbol{A}}\rightarrow\begin{pmatrix}1 & \frac{3}{4} & 1 & 3\\0 & \frac{3}{2} & 0 & 6\\0 & 0 & 0 & 0\end{pmatrix}\rightarrow\begin{pmatrix}1 & 0 & 1 & 0\\0 & 1 & 0 & 4\\0 & 0 & 0 & 0\end{pmatrix},$$

线性方程组有无穷多组解 $x_1=-k, x_2=4, x_3=k$，其中 k 为任意常数.

例 2.28 讨论线性方程组

$$\begin{cases} x_1+x_2+2x_3+3x_4=1, \\ x_1+3x_2+6x_3+x_4=3, \\ 3x_1-x_2-k_1x_3+15x_4=3, \\ x_1-5x_2-10x_3+12x_4=k_2, \end{cases}$$

当 k_1, k_2 取何值时，线性方程组无解？有唯一解？有无穷多组解？在线性方程组有无穷多组解的情况下，求出全部解.

解 对增广矩阵 $\overline{\mathbf{A}}$ 做初等行变换，有

$$\overline{\mathbf{A}}=\left(\begin{array}{cccc:c} 1 & 1 & 2 & 3 & 1 \\ 1 & 3 & 6 & 1 & 3 \\ 3 & -1 & -k_1 & 15 & 3 \\ 1 & -5 & -10 & 12 & k_2 \end{array}\right) \to \left(\begin{array}{cccc:c} 1 & 1 & 2 & 3 & 1 \\ 0 & 2 & 4 & -2 & 2 \\ 0 & -4 & -k_1-6 & 6 & 0 \\ 0 & -6 & -12 & 9 & k_2-1 \end{array}\right)$$

$$\to \left(\begin{array}{cccc:c} 1 & 1 & 2 & 3 & 1 \\ 0 & 1 & 2 & -1 & 1 \\ 0 & 0 & -k_1+2 & 2 & 4 \\ 0 & 0 & 0 & 3 & k_2+5 \end{array}\right).$$

(1) 当 $k_1\neq 2$ 时，秩$(\mathbf{A})=$秩$(\overline{\mathbf{A}})=4$，线性方程组有唯一解.

(2) 当 $k_1=2$ 时，有

$$\overline{\mathbf{A}} \to \left(\begin{array}{cccc:c} 1 & 1 & 2 & 3 & 1 \\ 0 & 1 & 2 & -1 & 1 \\ 0 & 0 & 0 & 2 & 4 \\ 0 & 0 & 0 & 3 & k_2+5 \end{array}\right) \to \left(\begin{array}{cccc:c} 1 & 1 & 2 & 3 & 1 \\ 0 & 1 & 2 & -1 & 1 \\ 0 & 0 & 0 & 1 & 2 \\ 0 & 0 & 0 & 0 & k_2-1 \end{array}\right).$$

若 $k_2\neq 1$，则秩$(\mathbf{A})=3<$秩$(\overline{\mathbf{A}})=4$，线性方程组无解.

若 $k_2=1$，则秩$(\mathbf{A})=$秩$(\overline{\mathbf{A}})=3$，线性方程组有无穷多解，且

$$\overline{\mathbf{A}} \to \left(\begin{array}{cccc:c} 1 & 1 & 2 & 3 & 1 \\ 0 & 1 & 2 & -1 & 1 \\ 0 & 0 & 0 & 1 & 2 \\ 0 & 0 & 0 & 0 & 0 \end{array}\right) \to \left(\begin{array}{cccc:c} 1 & 0 & 0 & 0 & -8 \\ 0 & 1 & 2 & 0 & 3 \\ 0 & 0 & 0 & 1 & 2 \\ 0 & 0 & 0 & 0 & 0 \end{array}\right),$$

其同解线性方程组为

$$\begin{cases} x_1=-8, \\ x_2+2x_3=3, \\ x_4=2, \end{cases}$$

故全部解为

$$\boldsymbol{\gamma}=\begin{pmatrix}x_1\\x_2\\x_3\\x_4\end{pmatrix}=\begin{pmatrix}-8\\3\\0\\2\end{pmatrix}+k\begin{pmatrix}0\\-2\\1\\0\end{pmatrix},\quad \text{其中 } k \text{ 为任意常数.}$$

小结 求解含有参数的线性方程组,主要方法是:

(1) 初等行变换法

对线性方程组的增广矩阵 $\overline{\mathbf{A}}$ 施行初等行变换化为阶梯形矩阵,然后根据秩($\mathbf{A}$)=秩($\overline{\mathbf{A}}$)是否成立,讨论参数在什么情况下有解?什么时候无解?有解时,求出全部解.

初等行变换法是求解含参数线性方程组的最一般的方法.

(2) 利用克莱姆法则

只有当方程的个数与未知量的个数相同($m=n$),且方程的阶数 $n(n\leqslant 3)$ 不高时,才便于利用系数行列式进行讨论:当系数行列式不为零时,线性方程组有唯一解,且可用克莱姆法则求出唯一解;当系数行列式为零时,此时参数往往已确定(含两个以上参数例外,这种情况一般用初等行变换法求解较简便),转化为不含参数的线性方程组求解.

参数的位置可能在线性方程组的系数矩阵中,也可能在右端常数项,也可能两者兼而有之;可能是一个参数,也可能是多个参数.

2. 求解抽象的线性方程组

所谓抽象的线性方程组,是指线性方程组的具体系数没有给出的线性方程组,这类线性方程组需要综合运用解的判定、性质、结构定理求解,有时还涉及矩阵、行列式的某些公式与结论.

例 2.29 已知四元非齐次线性方程组的系数矩阵的秩为 3,$\boldsymbol{\alpha}_1,\boldsymbol{\alpha}_2,\boldsymbol{\alpha}_3$ 是它的 3 个解向量,其中$\boldsymbol{\alpha}_1+\boldsymbol{\alpha}_2=(1,1,0,2)^{\mathrm{T}}$,$\boldsymbol{\alpha}_2+\boldsymbol{\alpha}_3=(1,0,1,3)^{\mathrm{T}}$,试求该非齐次线性方程组的全部解.

分析 关键是找出对应的齐次方程组的一个基础解系及非齐次线性方程组的一个特解.

解 因为四元非齐次线性方程组的系数矩阵的秩为 3,故对应导出组的基础解系只包含一个线性无关的解向量,且由解的性质可知

$$\boldsymbol{\alpha}_3-\boldsymbol{\alpha}_1=(\boldsymbol{\alpha}_2+\boldsymbol{\alpha}_3)-(\boldsymbol{\alpha}_1+\boldsymbol{\alpha}_2)=(0,-1,1,1)$$

是其导出组的非零解向量,可以作为基础解系. 显然

$$\boldsymbol{\eta}_0=\frac{1}{2}(\boldsymbol{\alpha}_1+\boldsymbol{\alpha}_2)=\left(\frac{1}{2},\frac{1}{2},0,1\right)$$

是非齐次线性方程组的特解,故非齐次线性方程组的全部解为

$$x=\eta_0+k(\alpha_3-\alpha_1)=\begin{pmatrix}\frac{1}{2}\\ \frac{1}{2}\\ 0\\ 1\end{pmatrix}+k\begin{pmatrix}0\\ -1\\ 1\\ 1\end{pmatrix},\quad \text{其中 } k \text{ 为任意常数.}$$

例 2.30　设有四元非齐次线性方程组

$$\begin{cases}a_{11}x_1+a_{12}x_2+a_{13}x_3+a_{14}x_4=b_1,\\ a_{21}x_1+a_{22}x_2+a_{23}x_3+a_{24}x_4=b_2,\\ a_{31}x_1+a_{32}x_2+a_{33}x_3+a_{34}x_4=b_3,\\ a_{41}x_1+a_{42}x_2+a_{43}x_3+a_{44}x_4=b_4,\end{cases}\tag{2.11}$$

其系数矩阵 $\boldsymbol{A}$ 的秩为 3. 又已知 $\boldsymbol{\beta}_1,\boldsymbol{\beta}_2,\boldsymbol{\beta}_3$ 是线性方程组(2.11)的 3 个解，且 $\boldsymbol{\beta}_1=(2,0,0,2)^{\mathrm{T}}$，$\boldsymbol{\beta}_2+\boldsymbol{\beta}_3=(0,2,2,0)^{\mathrm{T}}$，求线性方程组(2.11)的全部解.

分析　已知线性方程组(2.11)的特解 $\boldsymbol{\beta}_1$. 又因为 $\mathrm{r}(\boldsymbol{A})=3$，因此，线性方程组(2.11)对应的导出组

$$\begin{cases}a_{11}x_1+a_{12}x_2+a_{13}x_3+a_{14}x_4=0,\\ a_{21}x_1+a_{22}x_2+a_{23}x_3+a_{24}x_4=0,\\ a_{31}x_1+a_{32}x_2+a_{33}x_3+a_{34}x_4=0,\\ a_{41}x_1+a_{42}x_2+a_{43}x_3+a_{44}x_4=0\end{cases}\tag{2.12}$$

的基础解系包含 4－秩$(\boldsymbol{A})=1$ 个解向量，即任意一个非零解均可作为线性方程组(2.12)的基础解系.

解　因为 $\boldsymbol{\beta}_2,\boldsymbol{\beta}_3$ 是线性方程组(2.11)的解，显然 $\frac{1}{2}(\boldsymbol{\beta}_2+\boldsymbol{\beta}_3)$ 也是线性方程组(2.11)的解，故 $\boldsymbol{\beta}_1-\frac{1}{2}(\boldsymbol{\beta}_2+\boldsymbol{\beta}_3)$ 为线性方程组(2.12)的解. 又因为秩$(\boldsymbol{A})=3$，且

$$\boldsymbol{\alpha}=\boldsymbol{\beta}_1-\frac{1}{2}(\boldsymbol{\beta}_2+\boldsymbol{\beta}_3)=(2,0,0,2)^{\mathrm{T}}-(0,1,1,0)^{\mathrm{T}}=(2,-1,-1,2)^{\mathrm{T}}\neq\boldsymbol{0},$$

所以 $\boldsymbol{\alpha}$ 是线性方程组(2.12)的基础解系，故线性方程组(2.11)的全部解为

$$\boldsymbol{\beta}_1+k\boldsymbol{\alpha}=\begin{pmatrix}2\\0\\0\\2\end{pmatrix}+k\begin{pmatrix}2\\-1\\-1\\2\end{pmatrix},\quad \text{其中 } k \text{ 为任意常数.}$$

3. 已知方程组的解，求系数矩阵或系数矩阵中的参数

例 2.31　要使 $\boldsymbol{\alpha}_1=(1,0,2)^{\mathrm{T}}$，$\boldsymbol{\alpha}_2=(0,1,-1)^{\mathrm{T}}$ 都是一个齐次线性方程组的解，则此

齐次线性方程组的系数矩阵 $\boldsymbol{A}=$(　　).

(A) $(-2,1,1)$　　(B) $\begin{pmatrix}2&0&-1\\0&1&1\end{pmatrix}$

(C) $\begin{pmatrix}-1&0&2\\0&1&-1\end{pmatrix}$　　(D) $\begin{pmatrix}0&1&-1\\4&-2&-2\\0&1&1\end{pmatrix}$

答案 (A).

分析 由已知条件可看出,此齐次线性方程组含有3个未知量,且$\boldsymbol{\alpha}_1,\boldsymbol{\alpha}_2$线性无关.因此,设此线性方程组的系数矩阵$\boldsymbol{A}$的秩为$r$时,其基础解系所含向量为$3-r$个,于是有$3-r\geqslant 2$,即$r\leqslant 1$.在四个选项中,矩阵的秩小于等于1的只有(A).易验证$\boldsymbol{\alpha}_1,\boldsymbol{\alpha}_2$确为此线性方程组的解.

例 2.32 设$\boldsymbol{A}=\begin{pmatrix}1&2&1&2\\0&1&t&t\\1&t&0&1\end{pmatrix}$,且以$\boldsymbol{A}$为系数矩阵的齐次线性方程组含有两个线性无关的解向量,求此齐次线性方程组的全部解.

分析 由题设$\mathrm{r}(\boldsymbol{A})=2$,由此可确定$t$.

解 $\boldsymbol{A}\to\begin{pmatrix}1&2&1&2\\0&1&t&t\\0&t-2&-1&-1\end{pmatrix}\to\begin{pmatrix}1&0&1-2t&2-2t\\0&1&t&t\\0&0&-(t-1)^2&-(t-1)^2\end{pmatrix}$,

要使$\mathrm{r}(\boldsymbol{A})=2$,必有$(t-1)^2=0$,即$t=1$.此时同解线性方程组为

$$\begin{cases}x_1-x_3=0,\\x_2+x_3+x_4=0,\end{cases}$$

全部解为$k_1(1,-1,1,0)+k_2(0,-1,0,1)$,其中$k_1,k_2$为任意常数.

4. 综合计算题或证明题

例 2.33 已知三阶矩阵$\boldsymbol{B}\neq\boldsymbol{0}$,且$\boldsymbol{B}$的每一个列向量都是以下线性方程组的解

$$\begin{cases}x_1+2x_2-2x_3=0,\\2x_1-x_2+\lambda x_3=0,\\3x_1+x_2-x_3=0.\end{cases}$$

(1) 求λ的值; (2) 证明$|\boldsymbol{B}|=0$.

分析 根据题意,$\boldsymbol{B}\neq\boldsymbol{0}$,说明齐次线性方程组有非零解,因此其系数行列式必为零,由此可求出λ.要证$|\boldsymbol{B}|=0$,只需注意$\boldsymbol{B}$的列向量组是由齐次线性方程组的解向量所构成

以及线性无关解向量的个数与系数矩阵秩的关系，即可得证$|\boldsymbol{B}|=0$.

解 (1) 因$\boldsymbol{B}\neq\boldsymbol{0}$，故$\boldsymbol{B}$中至少有一个非零列向量，依题意，所给齐次线性方程组有非零解，故其系数行列式必为零，即

$$|\boldsymbol{A}|=\begin{vmatrix}1 & 2 & -2\\ 2 & -1 & \lambda\\ 3 & 1 & -1\end{vmatrix}=5\lambda-5=0,$$

从而有$\lambda=1$.

(2) 因$\boldsymbol{A}\neq\boldsymbol{0}$，故原线性方程组基础解系中所包含的线性无关向量的个数小于等于2，即任意3个解向量一定线性相关. 而$\boldsymbol{B}$的每一列都是齐次线性方程组的解向量，所以$\boldsymbol{B}$的3个列向量线性相关，于是有$|\boldsymbol{B}|=0$.

例 2.34 设任意n维实向量都是下列实系数齐次线性方程组的解向量，

$$\begin{cases}a_{11}x_1+a_{12}x_2+\cdots+a_{1n}x_n=0,\\ a_{21}x_1+a_{22}x_2+\cdots+a_{2n}x_n=0,\\ \qquad\vdots\\ a_{n1}x_1+a_{n2}x_2+\cdots+a_{nn}x_n=0.\end{cases}$$

试证线性方程组的所有实系数$a_{ij}=0(i,j=1,2,\cdots,n)$.

证明 根据题设，任意n维实向量都是线性方程组的解向量. 特别地，$(a_{11},a_{12},\cdots,a_{1n})$是解向量，将它代入第一个方程，则有

$$a_{11}^2+a_{12}^2+\cdots+a_{1n}^2=0,$$

由此可知$a_{11}=a_{12}=\cdots=a_{1n}=0$.

同理可证$a_{i1}=a_{i2}=\cdots=a_{in}=0(i=2,3,\cdots,n)$.

例 2.35 设齐次线性方程组

$$\begin{cases}a_{11}x_1+a_{12}x_2+\cdots+a_{1n}x_n=0,\\ a_{21}x_1+a_{22}x_2+\cdots+a_{2n}x_n=0,\\ \qquad\vdots\\ a_{m1}x_1+a_{m2}x_2+\cdots+a_{mn}x_n=0\end{cases}\tag{2.13}$$

的解全是方程

$$b_1x_1+b_2x_2+\cdots+b_nx_n=0$$

的解. 如记

$$\boldsymbol{\beta}=(b_1,b_2,\cdots,b_n),\quad \boldsymbol{\alpha}_i=(a_{i1},a_{i2},\cdots,a_{in})\quad(i=1,2,\cdots,m).$$

试证向量$\boldsymbol{\beta}$可以表示为向量组$\boldsymbol{\alpha}_1,\boldsymbol{\alpha}_2,\cdots,\boldsymbol{\alpha}_m$的线性组合.

证明 假设

$$\begin{cases} a_{11}x_1+a_{12}x_2+\cdots+a_{1n}x_n=0, \\ a_{21}x_1+a_{22}x_2+\cdots+a_{2n}x_n=0, \\ \qquad\vdots \\ a_{m1}x_1+a_{m2}x_2+\cdots+a_{mn}x_n=0, \\ b_1x_1+b_2x_2+\cdots+b_nx_n=0. \end{cases} \tag{2.14}$$

显然线性方程组(2.14)的解必为线性方程组(2.13)的解.由题设可知,线性方程组(2.13)的解必为线性方程组(2.14)的解,所以线性方程组(2.13)和线性方程组(2.14)为同解线性方程组.于是,两个线性方程组的系数矩阵具有相同的秩,即

$$\mathrm{r}(\boldsymbol{\alpha}_1,\boldsymbol{\alpha}_2,\cdots,\boldsymbol{\alpha}_m)=\mathrm{r}(\boldsymbol{\alpha}_1,\boldsymbol{\alpha}_2,\cdots,\boldsymbol{\alpha}_m,\boldsymbol{\beta}),$$

这说明向量$\boldsymbol{\beta}$可以表示为向量$\boldsymbol{\alpha}_1,\boldsymbol{\alpha}_2,\cdots,\boldsymbol{\alpha}_m$的线性组合.

例 2.36 已知$\boldsymbol{\xi}_1=(-9,1,2,11)^{\mathrm{T}}$,$\boldsymbol{\xi}_2=(1,-5,13,0)^{\mathrm{T}}$,$\boldsymbol{\xi}_3=(-7,-9,24,11)^{\mathrm{T}}$是非齐次线性方程组

$$\begin{cases} a_1x_1+a_2x_2+a_3x_3+a_4x_4=d_1, \\ 3x_1+b_2x_2+2x_3+b_4x_4=d_2, \\ 9x_1+4x_2+x_3+c_4x_4=d_3 \end{cases}$$

的3个解,求此线性方程组的全部解.

分析 求非齐次线性方程组的全部解关键是求它的导出组的基础解系,$\boldsymbol{\xi}_1-\boldsymbol{\xi}_2$,$\boldsymbol{\xi}_2-\boldsymbol{\xi}_3$都是导出组的解,现在就要判断秩$\mathrm{r}(\boldsymbol{A})$,以确定基础解系中向量的个数.

解 $\boldsymbol{A}$是3×4矩阵,$\mathrm{r}(\boldsymbol{A})\leqslant3$,由于$\boldsymbol{A}$中第二、三行不成比例,故$\mathrm{r}(\boldsymbol{A})\geqslant2$.又因

$$\boldsymbol{\eta}_1=\boldsymbol{\xi}_1-\boldsymbol{\xi}_2=(-10,6,-11,11)^{\mathrm{T}},\quad \boldsymbol{\eta}_2=\boldsymbol{\xi}_2-\boldsymbol{\xi}_3=(8,4,-11,-11)^{\mathrm{T}}$$

是导出组的两个线性无关的解,所以$4-\mathrm{r}(\boldsymbol{A})\geqslant2$,因此$\mathrm{r}(\boldsymbol{A})=2$,所以$\boldsymbol{\xi}_1+k_1\boldsymbol{\eta}_1+k_2\boldsymbol{\eta}_2$($k_1$,$k_2$为任意实数)是此线性方程组的全部解.

注 不要花时间去求出具体的线性方程组,那是繁琐的;由于$\boldsymbol{\xi}_1-\boldsymbol{\xi}_2$,$\boldsymbol{\xi}_1-\boldsymbol{\xi}_3$或$\boldsymbol{\xi}_3-\boldsymbol{\xi}_1$,$\boldsymbol{\xi}_3-\boldsymbol{\xi}_2$等都可构成基础解系,$\boldsymbol{\xi}_1$,$\boldsymbol{\xi}_2$,$\boldsymbol{\xi}_3$都是特解,故本题答案不唯一.

例 2.37 证明:如果线性方程组

$$\begin{cases} a_{11}x_1+a_{12}x_2+\cdots+a_{1n}x_n=b_1, \\ a_{21}x_1+a_{22}x_2+\cdots+a_{2n}x_n=b_2, \\ \qquad\vdots \\ a_{n1}x_1+a_{n2}x_2+\cdots+a_{nn}x_n=b_n, \\ a_{n+1,1}x_1+a_{n+1,2}x_2+\cdots+a_{n+1,n}x_n=b_{n+1} \end{cases}$$

有解,则行列式

$$D=\begin{vmatrix} a_{11} & a_{12} & \cdots & a_{1n} & b_1 \\ a_{21} & a_{22} & \cdots & a_{2n} & b_2 \\ \vdots & \vdots & & \vdots & \vdots \\ a_{n1} & a_{n2} & \cdots & a_{nn} & b_n \\ a_{n+1,1} & a_{n+1,2} & \cdots & a_{n+1,n} & b_{n+1} \end{vmatrix}=0.$$

证明 设此线性方程组的系数矩阵为 $\boldsymbol{A}$，增广矩阵为 $\bar{\boldsymbol{A}}$. 由于线性方程组有解，所以 $\mathrm{r}(\boldsymbol{A})=\mathrm{r}(\bar{\boldsymbol{A}})$. 因 $\boldsymbol{A}$ 是 $(n+1)\times n$ 矩阵，所以 $\mathrm{r}(\boldsymbol{A})\leqslant n$，于是必有 $\mathrm{r}(\bar{\boldsymbol{A}})\leqslant n$. 因此 $|\bar{\boldsymbol{A}}|=D=0$.

小结 在有关线性方程组的解的讨论及证明题中，最重要的定理就是：线性方程组有解的充分必要条件是其系数矩阵的秩等于其增广矩阵的秩. 其他结论，如线性方程组何时无解、有唯一解、有无穷多解等均为此定理的推论.

2.4 自测题

1. 填空题

(1) 若 $\boldsymbol{\beta}=(0,k,k^2)$ 能由 $\boldsymbol{\alpha}_1=(1+k,1,1)$，$\boldsymbol{\alpha}_2=(1,1+k,1)$，$\boldsymbol{\alpha}_3=(1,1,1+k)$ 唯一线性表示，则 $k=$________.

(2) 设 $\boldsymbol{\alpha}_1=(1,1,1)$，$\boldsymbol{\alpha}_2=(a,0,b)$，$\boldsymbol{\alpha}_3=(1,3,2)$，若 $\boldsymbol{\alpha}_1,\boldsymbol{\alpha}_2,\boldsymbol{\alpha}_3$ 线性相关，则 a,b 满足关系式________.

(3) 若向量组 $\boldsymbol{\alpha}_1,\boldsymbol{\alpha}_2,\boldsymbol{\alpha}_3$ 线性无关，则 $\boldsymbol{\alpha}_1+\boldsymbol{\alpha}_2,\boldsymbol{\alpha}_2+\boldsymbol{\alpha}_3,\boldsymbol{\alpha}_3+\boldsymbol{\alpha}_1$ ________；若向量组线性相关，则 $\boldsymbol{\alpha}_1+\boldsymbol{\alpha}_2,\boldsymbol{\alpha}_2+\boldsymbol{\alpha}_3,\boldsymbol{\alpha}_3+\boldsymbol{\alpha}_1$ ________.

(4) 向量组 $\boldsymbol{\alpha}_1=(2,1,3,-1)$，$\boldsymbol{\alpha}_2=(3,-1,2,0)$，$\boldsymbol{\alpha}_3=(4,2,6,-2)$，$\boldsymbol{\alpha}_4=(4,-3,1,1)$，则秩 $(\boldsymbol{\alpha}_1,\boldsymbol{\alpha}_2,\boldsymbol{\alpha}_3,\boldsymbol{\alpha}_4)=$________.

(5) 设向量组(Ⅰ)的秩为 r_1，向量组(Ⅱ)的秩为 r_2，且(Ⅰ)可由(Ⅱ)线性表出，则 r_1，r_2 的关系为________.

(6) 齐次线性方程组 $\begin{cases}\lambda x_1+x_2+x_3=0,\\ x_1+\lambda x_2+x_3=0,\\ x_1+x_2+x_3=0\end{cases}$ 有非零解的充要条件是________.

(7) 设齐次线性方程组为 $x_1+2x_2+\cdots+nx_n=0$，则它的基础解系中所含向量的个数为________.

(8) 若线性方程组 $\begin{cases}x_1+x_2=-a_1,\\ x_2+x_3=a_2,\\ x_3+x_4=-a_3,\\ x_4+x_1=a_4\end{cases}$ 有解，则常数 a_1,a_2,a_3,a_4 应满足条件________.

(9) 设$\boldsymbol{\alpha}_1=(1,0,1)$，$\boldsymbol{\alpha}_2=(0,1,1)$为齐次线性方程组的两个解向量，齐次线性方程组的系数矩阵为$\boldsymbol{A}=\begin{pmatrix}1&2&3\\-1&a&-3\\1&2&b\end{pmatrix}$，则$a=$________，$b=$________.

(10) 设齐次线性方程组$\boldsymbol{\alpha}_1x_1+\boldsymbol{\alpha}_2x_2+\boldsymbol{\alpha}_3x_3=\boldsymbol{0}$的系数行列式$D=|\boldsymbol{\alpha}_1,\boldsymbol{\alpha}_2,\boldsymbol{\alpha}_3|=0$，则此线性方程组有________解，而且系数列向量$\boldsymbol{\alpha}_1,\boldsymbol{\alpha}_2,\boldsymbol{\alpha}_3$是线性________.

2. 选择题

(1) n维向量组$\boldsymbol{\alpha}_1,\boldsymbol{\alpha}_2,\cdots,\boldsymbol{\alpha}_s(3\leqslant s\leqslant n)$线性无关的充分必要条件是(　　).

(A) 存在不全为零的数$k_1,k_2,\cdots,k_s$，使$k_1\boldsymbol{\alpha}_1+k_2\boldsymbol{\alpha}_2+\cdots+k_s\boldsymbol{\alpha}_s\neq\boldsymbol{0}$

(B) $\boldsymbol{\alpha}_1,\boldsymbol{\alpha}_2,\cdots,\boldsymbol{\alpha}_s$中任意两个向量都线性无关

(C) $\boldsymbol{\alpha}_1,\boldsymbol{\alpha}_2,\cdots,\boldsymbol{\alpha}_s$中存在一个向量，它不能用其余的向量线性表示

(D) $\boldsymbol{\alpha}_1,\boldsymbol{\alpha}_2,\cdots,\boldsymbol{\alpha}_s$中任意一个向量都不能用其余的向量线性表示

(2) 如果向量$\boldsymbol{\beta}$可由向量组$\boldsymbol{\alpha}_1,\boldsymbol{\alpha}_2,\cdots,\boldsymbol{\alpha}_s$线性表出，则(　　).

(A) 存在一组不全为零的数$k_1,k_2,\cdots,k_s$，使$\boldsymbol{\beta}=k_1\boldsymbol{\alpha}_1+k_2\boldsymbol{\alpha}_2+\cdots+k_s\boldsymbol{\alpha}_s$成立

(B) 存在一组全为零的数$k_1,k_2,\cdots,k_s$，使$\boldsymbol{\beta}=k_1\boldsymbol{\alpha}_1+k_2\boldsymbol{\alpha}_2+\cdots+k_s\boldsymbol{\alpha}_s$成立

(C) 对$\boldsymbol{\beta}$的线性表示式不唯一

(D) 向量组$\boldsymbol{\beta},\boldsymbol{\alpha}_1,\boldsymbol{\alpha}_2,\cdots,\boldsymbol{\alpha}_s$线性相关

(3) 若向量组$\boldsymbol{\alpha},\boldsymbol{\beta},\boldsymbol{\gamma}$线性无关，$\boldsymbol{\alpha},\boldsymbol{\beta},\boldsymbol{\delta}$线性相关，则(　　).

(A) $\boldsymbol{\alpha}$必可由$\boldsymbol{\beta},\boldsymbol{\gamma},\boldsymbol{\delta}$线性表示　　(B) $\boldsymbol{\beta}$必不可由$\boldsymbol{\alpha},\boldsymbol{\gamma},\boldsymbol{\delta}$线性表示

(C) $\boldsymbol{\delta}$必可由$\boldsymbol{\alpha},\boldsymbol{\beta},\boldsymbol{\gamma}$线性表示　　(D) $\boldsymbol{\delta}$必不可由$\boldsymbol{\alpha},\boldsymbol{\beta},\boldsymbol{\gamma}$线性表示

(4) 若向量组$\boldsymbol{\alpha}_1,\boldsymbol{\alpha}_2,\cdots,\boldsymbol{\alpha}_s$的秩为$r$，则(　　).

(A) 必定$r<s$

(B) 向量组中任意个数小于r的部分组线性无关

(C) 向量组中任意r个向量线性无关

(D) 向量组中任意$r+1$个向量必定线性相关

(5) 设向量$\boldsymbol{\alpha}=\boldsymbol{\alpha}_1+\boldsymbol{\alpha}_2+\cdots+\boldsymbol{\alpha}_s(s>1)$，而$\boldsymbol{\beta}_1=\boldsymbol{\alpha}-\boldsymbol{\alpha}_1,\boldsymbol{\beta}_2=\boldsymbol{\alpha}-\boldsymbol{\alpha}_2,\cdots,\boldsymbol{\beta}_s=\boldsymbol{\alpha}-\boldsymbol{\alpha}_s$，则(　　).

(A) 秩$(\boldsymbol{\alpha}_1,\boldsymbol{\alpha}_2,\cdots,\boldsymbol{\alpha}_s)=$秩$(\boldsymbol{\beta}_1,\boldsymbol{\beta}_2,\cdots,\boldsymbol{\beta}_s)$

(B) 秩$(\boldsymbol{\alpha}_1,\boldsymbol{\alpha}_2,\cdots,\boldsymbol{\alpha}_s)>$秩$(\boldsymbol{\beta}_1,\boldsymbol{\beta}_2,\cdots,\boldsymbol{\beta}_s)$

(C) 秩$(\boldsymbol{\alpha}_1,\boldsymbol{\alpha}_2,\cdots,\boldsymbol{\alpha}_s)<$秩$(\boldsymbol{\beta}_1,\boldsymbol{\beta}_2,\cdots,\boldsymbol{\beta}_s)$

(D) 不能确定秩$(\boldsymbol{\alpha}_1,\boldsymbol{\alpha}_2,\cdots,\boldsymbol{\alpha}_s)$与秩$(\boldsymbol{\beta}_1,\boldsymbol{\beta}_2,\cdots,\boldsymbol{\beta}_s)$的大小关系

(6) 设$\boldsymbol{A}$是n阶方阵，其秩$r<n$，则在$\boldsymbol{A}$的n个行向量中(　　).

(A) 必有r个行向量线性无关

(B) 任意r个行向量线性无关

(C) 任意r个行向量都构成极大无关向量组

(D) 任意一个行向量都可以由其余 $r-1$ 个行向量线性表示

(7) 以 $\boldsymbol{A}$ 为系数矩阵的齐次线性方程组有非零解的充要条件是(　　).

(A) 系数矩阵 $\boldsymbol{A}$ 的任意两个列向量线性相关

(B) 系数矩阵 $\boldsymbol{A}$ 的任意两个列向量线性无关

(C) 必有一列向量是其余向量的线性组合

(D) 任一列向量都是其余向量的线性组合

(8) 设 $\boldsymbol{A}$ 为 n 阶方阵,秩$(\boldsymbol{A})=n-3$ 且$\boldsymbol{\alpha}_1,\boldsymbol{\alpha}_2,\boldsymbol{\alpha}_3$ 是以 $\boldsymbol{A}$ 为系数矩阵的齐次线性方程组的 3 个线性无关的解向量,则(　　)为该线性方程组的基础解系.

(A) $\boldsymbol{\alpha}_1+\boldsymbol{\alpha}_2,\boldsymbol{\alpha}_2+\boldsymbol{\alpha}_3,\boldsymbol{\alpha}_3+\boldsymbol{\alpha}_1$　　(B) $\boldsymbol{\alpha}_2-\boldsymbol{\alpha}_1,\boldsymbol{\alpha}_3-\boldsymbol{\alpha}_2,\boldsymbol{\alpha}_1-\boldsymbol{\alpha}_3$

(C) $2\boldsymbol{\alpha}_2-\boldsymbol{\alpha}_1,\frac{1}{2}\boldsymbol{\alpha}_3-\boldsymbol{\alpha}_2,\boldsymbol{\alpha}_1-\boldsymbol{\alpha}_3$　　(D) $\boldsymbol{\alpha}_1+\boldsymbol{\alpha}_2+\boldsymbol{\alpha}_3,\boldsymbol{\alpha}_3-\boldsymbol{\alpha}_2,-\boldsymbol{\alpha}_1-2\boldsymbol{\alpha}_3$

(9) 设 $\boldsymbol{\alpha}_1,\boldsymbol{\alpha}_2,\cdots,\boldsymbol{\alpha}_s$ 和$\boldsymbol{\beta}_1,\boldsymbol{\beta}_2,\cdots,\boldsymbol{\beta}_t$ 为两个 n 维向量组,且秩$(\boldsymbol{\alpha}_1,\boldsymbol{\alpha}_2,\cdots,\boldsymbol{\alpha}_s)=$秩$(\boldsymbol{\beta}_1,\boldsymbol{\beta}_2,\cdots,\boldsymbol{\beta}_t)=r$,则(　　).

(A) 两个向量组等价,即可相互线性表示

(B) 秩$(\boldsymbol{\alpha}_1,\cdots,\boldsymbol{\alpha}_s,\boldsymbol{\beta}_1,\cdots,\boldsymbol{\beta}_s)=r$

(C) 当$\boldsymbol{\alpha}_1,\boldsymbol{\alpha}_2,\cdots,\boldsymbol{\alpha}_s$ 被向量组$\boldsymbol{\beta}_1,\boldsymbol{\beta}_2,\cdots,\boldsymbol{\beta}_t$ 线性表示时,$\boldsymbol{\beta}_1,\boldsymbol{\beta}_2,\cdots,\boldsymbol{\beta}_t$ 也可被$\boldsymbol{\alpha}_1,\boldsymbol{\alpha}_2,\cdots,\boldsymbol{\alpha}_s$ 线性表示

(D) 当 $s=t$ 时,两向量组等价

(10) n 元非齐次线性方程组的增广矩阵 $\bar{\boldsymbol{A}}$ 的秩小于 n,那么该线性方程组(　　).

(A) 有无穷多解　　(B) 有唯一解　　(C) 无解　　(D) 不确定

3. 已知$\boldsymbol{\alpha}_1=(1,0,2,1),\boldsymbol{\alpha}_2=(1,2,0,1),\boldsymbol{\alpha}_3=(2,1,3,0),\boldsymbol{\alpha}_4=(2,5,-1,4)$,判断向量组$\boldsymbol{\alpha}_1,\boldsymbol{\alpha}_2,\boldsymbol{\alpha}_3$ 及向量组$\boldsymbol{\alpha}_1,\boldsymbol{\alpha}_2,\boldsymbol{\alpha}_3,\boldsymbol{\alpha}_4$ 的线性相关性.

4. 求向量组

$$\boldsymbol{\alpha}_1=\begin{pmatrix}1\\-1\\0\\0\end{pmatrix},\quad \boldsymbol{\alpha}_2=\begin{pmatrix}-1\\2\\1\\-1\end{pmatrix},\quad \boldsymbol{\alpha}_3=\begin{pmatrix}0\\1\\1\\-1\end{pmatrix},\quad \boldsymbol{\alpha}_4=\begin{pmatrix}-1\\3\\2\\1\end{pmatrix},\quad \boldsymbol{\alpha}_5=\begin{pmatrix}-2\\6\\4\\1\end{pmatrix}$$

的秩及其极大无关组.

5. 已知向量组$\boldsymbol{\alpha}_1,\boldsymbol{\alpha}_2,\boldsymbol{\alpha}_3$ 线性无关,设$\boldsymbol{\beta}_1=(m-1)\boldsymbol{\alpha}_1+3\boldsymbol{\alpha}_2+\boldsymbol{\alpha}_3,\boldsymbol{\beta}_2=\boldsymbol{\alpha}_1+(m+1)\boldsymbol{\alpha}_2+\boldsymbol{\alpha}_3,\boldsymbol{\beta}_3=-\boldsymbol{\alpha}_1-(m+1)\boldsymbol{\alpha}_2+(m-1)\boldsymbol{\alpha}_3$,试问 m 为何值时,向量组$\boldsymbol{\beta}_1,\boldsymbol{\beta}_2,\boldsymbol{\beta}_3$ 线性无关?线性相关?

6. 用消元法解线性方程组

$$\begin{cases}x_1-x_2+2x_3-3x_4+x_5=2,\\2x_1-2x_2+7x_3-10x_4+5x_5=5,\\3x_1-3x_2+3x_3-5x_4=5.\end{cases}$$

7. 求 a 和 b 的值，使齐次线性方程组

$$\begin{cases} ax_1 + x_2 + x_3 = 0, \\ x_1 + bx_2 + x_3 = 0, \\ x_1 + 2bx_2 + x_3 = 0 \end{cases}$$

有非零解，并求它的一般解.

8. 设四元非齐次线性方程组的系数矩阵的秩为3，已知$\boldsymbol{\eta}_1,\boldsymbol{\eta}_2,\boldsymbol{\eta}_3$ 是它的3个解向量，且

$$\boldsymbol{\eta}_1 + \boldsymbol{\eta}_2 = \begin{pmatrix} 1 \\ 2 \\ 2 \\ 1 \end{pmatrix}, \quad \boldsymbol{\eta}_3 = \begin{pmatrix} 1 \\ 2 \\ 3 \\ 4 \end{pmatrix},$$

求该线性方程组的全部解.

9. 设线性方程组为

$$\begin{cases} x_1 + 2x_3 + 2x_4 = 6, \\ 2x_1 + x_2 + 3x_3 + ax_4 = 0, \\ 3x_1 + ax_3 + 6x_4 = 18, \\ 4x_1 - x_2 + 9x_3 + 13x_4 = b. \end{cases}$$

问 a 与 b 各取何值时，线性方程组无解？有唯一解？有无穷多解？有无穷多解时，求其全部解.

10. 设线性方程组

$$\begin{cases} x_1 + a_1x_2 + a_1^2x_3 = a_1^3, \\ x_1 + a_2x_2 + a_2^2x_3 = a_2^3, \\ x_1 + a_3x_2 + a_3^2x_3 = a_3^3, \\ x_1 + a_4x_2 + a_4^2x_3 = a_4^3. \end{cases}$$

(1) 证明：若 a_1,a_2,a_3,a_4 两两不相等，则此线性方程组无解；

(2) 设 $a_1=a_3=k,a_2=a_4=-k(k\neq0)$，且已知$\boldsymbol{\beta}_1,\boldsymbol{\beta}_2$ 是该线性方程组的两个解，其中

$$\boldsymbol{\beta}_1 = \begin{pmatrix} -1 \\ 1 \\ 1 \end{pmatrix}, \quad \boldsymbol{\beta}_2 = \begin{pmatrix} 1 \\ 1 \\ -1 \end{pmatrix},$$

写出此线性方程组的全部解.

11. 设向量组(Ⅰ)：$\boldsymbol{\alpha}_1,\boldsymbol{\alpha}_2,\cdots,\boldsymbol{\alpha}_m$ 的秩为 $r(r>1)$，证明向量组

$$(\text{Ⅱ}): \begin{array}{l} \boldsymbol{\beta}_1 = \boldsymbol{\alpha}_2 + \boldsymbol{\alpha}_3 + \cdots + \boldsymbol{\alpha}_m, \\ \boldsymbol{\beta}_2 = \boldsymbol{\alpha}_1 + \boldsymbol{\alpha}_3 + \cdots + \boldsymbol{\alpha}_m, \\ \vdots \\ \boldsymbol{\beta}_m = \boldsymbol{\alpha}_1 + \boldsymbol{\alpha}_2 + \cdots + \boldsymbol{\alpha}_{m-1} \end{array}$$

的秩也为 r.

12. 设$\boldsymbol{\eta}_0,\boldsymbol{\eta}_1,\boldsymbol{\eta}_2,\cdots,\boldsymbol{\eta}_{n-r}$为非齐次线性方程组的 $n-r+1$ 个解向量,系数矩阵的秩是 $\mathrm{r}(\boldsymbol{A})=r$,证明:$\boldsymbol{\eta}_1-\boldsymbol{\eta}_0,\boldsymbol{\eta}_2-\boldsymbol{\eta}_0,\cdots,\boldsymbol{\eta}_{n-r}-\boldsymbol{\eta}_0$ 是其导出组的一组基础解系.

13. 设非齐次线性方程组的系数矩阵的秩为 r,$\boldsymbol{\eta}_1,\boldsymbol{\eta}_2,\cdots,\boldsymbol{\eta}_{n-r+1}$是它的 $n-r+1$ 个线性无关的解,试证它的任一解$\boldsymbol{\eta}$可表示为

$$\boldsymbol{\eta}=k_1\boldsymbol{\eta}_1+k_2\boldsymbol{\eta}_2+\cdots+k_{n-r+1}\boldsymbol{\eta}_{n-r+1}\quad(\text{其中 }k_1+k_2+\cdots+k_{n-r+1}=1).$$

14. 已知向量组(Ⅰ):$\boldsymbol{\alpha}_1,\boldsymbol{\alpha}_2,\boldsymbol{\alpha}_3$;(Ⅱ):$\boldsymbol{\alpha}_1,\boldsymbol{\alpha}_2,\boldsymbol{\alpha}_3,\boldsymbol{\alpha}_4$;(Ⅲ):$\boldsymbol{\alpha}_1,\boldsymbol{\alpha}_2,\boldsymbol{\alpha}_3,\boldsymbol{\alpha}_5$.如果它们的秩分别为 r(Ⅰ)=r(Ⅱ)=3,r(Ⅲ)=4,求 $\mathrm{r}(\boldsymbol{\alpha}_1,\boldsymbol{\alpha}_2,\boldsymbol{\alpha}_3,\boldsymbol{\alpha}_4+\boldsymbol{\alpha}_5)$.

2.5 自测题参考答案与提示

1. (1) $k\neq0$ 且 $k\neq-3$. (2) $a=2b$. (3) 线性无关,线性相关. (4) 2. (5) $r_1\leqslant r_2$.
(6) $\lambda=1$. (7) $n-1$. (8) $a_1+a_2+a_3+a_4=0$. (9) $a=-2,b=3$.
(10) 非零,相关.

2. (1) (D). (2) (D). (3) (C). (4) (D). (5) (A). (6) (A). (7) (C).
(8) (A). (9) (C). (10) (D).

3. $\boldsymbol{\alpha}_1,\boldsymbol{\alpha}_2,\boldsymbol{\alpha}_3$ 线性无关;$\boldsymbol{\alpha}_1,\boldsymbol{\alpha}_2,\boldsymbol{\alpha}_3,\boldsymbol{\alpha}_4$ 线性相关.

4. $\mathrm{r}(\boldsymbol{\alpha}_1,\boldsymbol{\alpha}_2,\boldsymbol{\alpha}_3,\boldsymbol{\alpha}_4,\boldsymbol{\alpha}_5)=3$;$\boldsymbol{\alpha}_1,\boldsymbol{\alpha}_2,\boldsymbol{\alpha}_4$ 为其一个极大无关组.

5. 当 $m\neq0,m\neq\pm2$ 时,$\boldsymbol{\beta}_1,\boldsymbol{\beta}_2,\boldsymbol{\beta}_3$ 线性无关;当 $m=0$ 或 $m=\pm2$ 时,$\boldsymbol{\beta}_1,\boldsymbol{\beta}_2,\boldsymbol{\beta}_3$ 线性相关.

6. $\begin{cases}x_1=\dfrac{4}{3}+x_2+\dfrac{1}{3}x_4+x_5,\\ x_3=\dfrac{1}{3}+\dfrac{4}{5}x_4-x_5,\end{cases}$ x_2,x_4,x_5 为自由未知量.

7. 当 $a=1$ 或 $b=0$ 时,线性方程组有非零解;当 $a=1$ 时,一般解为$\begin{cases}x_1=-x_3,\\ x_2=0,\end{cases}$ x_3 为自由未知量;当 $b=0$ 时,一般解为$\begin{cases}x_1=-x_3,\\ x_2=(a-1)x_3,\end{cases}$ x_3 为自由未知量.

8. $\begin{pmatrix}1\\2\\3\\4\end{pmatrix}+k\begin{pmatrix}-1\\-2\\-4\\-7\end{pmatrix}$,$k$ 为任意常数.

9. (1) 当 $a=-1,a\neq36$ 时,无解.

(2) 当 $a\neq-1,a\neq6$ 时,有唯一解.

(3) 当 $a=-1, a=36$ 时,有无穷多解. 全部解为

$$\boldsymbol{\xi}+k\boldsymbol{\eta}=(6,-12,0,0)^{\mathrm{T}}+k(-2,5,0,1)^{\mathrm{T}}.$$

(4) 当 $a=6$ 时,有无穷多解. 全部解为

$$\boldsymbol{\alpha}+k\boldsymbol{\beta}=\left(\frac{1}{7}(114-26),-\frac{1}{7}(12+26),0,\frac{1}{7}(b-36)\right)^{\mathrm{T}}$$
$$+k(-2,1,1,0)^{\mathrm{T}},\quad k\text{ 为任意常数}.$$

10. (1) 提示: 利用 $\mathrm{r}(\bar{\boldsymbol{A}})\neq\mathrm{r}(\boldsymbol{A})$. 求 $\mathrm{r}(\bar{\boldsymbol{A}})$ 时,注意 $|\bar{\boldsymbol{A}}|$ 是范德蒙德行列式.

(2) 全部解为 $\boldsymbol{\beta}+c\boldsymbol{\eta}=\begin{pmatrix}-1\\1\\1\end{pmatrix}+c\begin{pmatrix}2\\0\\2\end{pmatrix}$, c 为任意常数.

11. 提示: 只需证向量组(Ⅰ)与(Ⅱ)等价.

12. 提示: 只要证明 $\boldsymbol{\eta}_1-\boldsymbol{\eta}_0,\boldsymbol{\eta}_2-\boldsymbol{\eta}_0,\cdots,\boldsymbol{\eta}_{n-r}-\boldsymbol{\eta}_0$ 线性无关即可.

13. 提示: 只需证明 $\boldsymbol{\eta}_1-\boldsymbol{\eta}_{n-r+1},\boldsymbol{\eta}_2-\boldsymbol{\eta}_{n-r+1},\cdots,\boldsymbol{\eta}_{n-r}-\boldsymbol{\eta}_{n-r+1}$ 是导出组的基础解系.

第 3 章 矩阵

3.1 说明与要求

矩阵在线性代数中是一个重要而且应用广泛的概念. 矩阵是一个表格,矩阵的运算与数的运算既有联系又有区别. 要熟练掌握矩阵的加法、乘法与数量乘法的运算规则,并熟练掌握矩阵行列式的有关性质.

正确理解逆矩阵的概念,掌握逆矩阵的性质及矩阵可逆的充要条件. 会用伴随矩阵求矩阵的逆. 熟练掌握用初等变换求逆矩阵的方法.

了解矩阵的分块原则,掌握分块矩阵的运算规则.

注意分块矩阵在矩阵乘法及求逆矩阵、齐次线性方程组的解、向量的线性表出、线性相关及矩阵秩等方面的应用.

对于几种特殊矩阵,应掌握其定义和它们的性质.

3.2 内容提要

3.2.1 矩阵的概念和运算

1. 矩阵的概念

(1) 定义

由属于数域 P 中的 $m\times n$ 个数 $a_{ij}(i=1,2,\cdots,m,j=1,2,\cdots,n)$排列成的 m 行 n 列的表

$$\begin{pmatrix} a_{11} & a_{12} & \cdots & a_{1n} \\ a_{21} & a_{22} & \cdots & a_{2n} \\ \vdots & \vdots & & \vdots \\ a_{m1} & a_{m2} & \cdots & a_{mn} \end{pmatrix}$$

称为数域 P 上的 $m\times n$ 矩阵. 记为 $\mathbf{A}=(a_{ij})_{m\times n}$ 或 $\mathbf{A}_{m\times n}$.

当 $m=n$ 时,$\mathbf{A}$ 称为 n 阶方阵.

(2) 矩阵的相等

两个矩阵 $\boldsymbol{A}=(a_{ij})_{m\times n}$,$\boldsymbol{B}=(b_{ij})_{m\times n}$ 称为相等,它们必须有相同的行数,相同的列数,且对应元素也相同. 即 $\boldsymbol{A}=\boldsymbol{B}$ 当且仅当 $a_{ij}=b_{ij}(i=1,2,\cdots,m;\ j=1,2,\cdots,n)$.

(3) 负矩阵

设矩阵 $\boldsymbol{A}=(a_{ij})_{m\times n}$,以 $-a_{ij}(i=1,2,\cdots,m;\ j=1,2,\cdots,n)$ 为元素的矩阵称为矩阵 $\boldsymbol{A}$ 的负矩阵,记为 $-\boldsymbol{A}$.

(4) 零矩阵

如果矩阵的所有元素都为 0,则称为零矩阵,记为 $\boldsymbol{0}$ 或 $\boldsymbol{0}_{m\times n}$.

(5) 单位矩阵

主对角线上的元素都是 1,其余元素全为零的方阵称为单位矩阵,记为 $\boldsymbol{E}$(或 $\boldsymbol{I}$).

2. 矩阵的运算及性质

(1) 矩阵的加法

设 $\boldsymbol{A}=(a_{ij})_{m\times n}$,$\boldsymbol{B}=(b_{ij})_{m\times n}$. 称 $\boldsymbol{A}+\boldsymbol{B}=(a_{ij}+b_{ij})_{m\times n}$ 为矩阵 $\boldsymbol{A}$ 与 $\boldsymbol{B}$ 的和. 矩阵 $\boldsymbol{A}$ 与 $-\boldsymbol{B}$ 的和 $\boldsymbol{A}+(-\boldsymbol{B})$,记为 $\boldsymbol{A}-\boldsymbol{B}$,此种运算也称为矩阵的减法.

矩阵的加法有如下运算性质:

① $\boldsymbol{A}+\boldsymbol{B}=\boldsymbol{B}+\boldsymbol{A}$;

② $(\boldsymbol{A}+\boldsymbol{B})+\boldsymbol{C}=\boldsymbol{A}+(\boldsymbol{B}+\boldsymbol{C})$;

③ $\boldsymbol{A}+\boldsymbol{0}=\boldsymbol{A}$.

其中 $\boldsymbol{A},\boldsymbol{B},\boldsymbol{C},\boldsymbol{0}$ 均为 $m\times n$ 矩阵.

(2) 矩阵的数量乘法

设 $\boldsymbol{A}=(a_{ij})_{m\times n}$,数 $k\in P$(数域),则 $k\boldsymbol{A}=(ka_{ij})_{m\times n}$ 称为 k 与矩阵 $\boldsymbol{A}$ 的数量乘积.

矩阵的数量乘法具有如下性质:

① $k(\boldsymbol{A}+\boldsymbol{B})=k\boldsymbol{B}+k\boldsymbol{A}$;

② $(k+l)\boldsymbol{A}=k\boldsymbol{A}+l\boldsymbol{A}$;

③ $k(l\boldsymbol{A})=(kl\boldsymbol{A})=l(k\boldsymbol{A})\boldsymbol{A}$;

④ $1\boldsymbol{A}=\boldsymbol{A}$.

其中 $\boldsymbol{A},\boldsymbol{B}$ 均为 $m\times n$ 矩阵,$k,l\in P$.

(3) 矩阵的乘法

设 $\boldsymbol{A}=(a_{ij})_{m\times s}$,$\boldsymbol{B}=(b_{ij})_{s\times n}$. $\boldsymbol{C}=(c_{ij})_{m\times n}$ 称为矩阵 $\boldsymbol{A}$ 与 $\boldsymbol{B}$ 的乘积,记为 $\boldsymbol{AB}$,即

$$\boldsymbol{AB}=(c_{ij})_{m\times n},$$

其中

$$c_{ij}=\sum_{k=1}^{s}a_{ik}b_{kj}=a_{i1}b_{1j}+a_{i2}b_{2j}+\cdots+a_{is}b_{sj}\quad(i=1,2,\cdots,m;\ j=1,2,\cdots,n).$$

注 矩阵乘法必须满足：左矩阵的列数＝右矩阵的行数.

矩阵的乘法满足下述运算性质：

① $\boldsymbol{A}(\boldsymbol{BC})=(\boldsymbol{AB})\boldsymbol{C}$；

② $(\boldsymbol{A}+\boldsymbol{B})\boldsymbol{C}=\boldsymbol{AC}+\boldsymbol{BC},\boldsymbol{A}(\boldsymbol{B}+\boldsymbol{C})=\boldsymbol{AB}+\boldsymbol{AC}$；

③ $\boldsymbol{A}_{m\times n}\boldsymbol{E}_n=\boldsymbol{E}_m\boldsymbol{A}_{m\times n}=\boldsymbol{A}_{m\times n}$；

④ $\boldsymbol{A}_{m\times n}\boldsymbol{0}_{n\times p}=\boldsymbol{0}_{m\times p},\boldsymbol{0}_{s\times m}\boldsymbol{A}_{m\times n}=\boldsymbol{0}_{s\times n}$；

⑤ $k(\boldsymbol{AB})=(k\boldsymbol{A})\boldsymbol{B}=\boldsymbol{A}(k\boldsymbol{B}),k\in P$.

其中有关矩阵都假设可以进行有关运算.

(4) 矩阵的转置

设矩阵 $\boldsymbol{A}=(a_{ij})_{m\times n}$，把 $\boldsymbol{A}$ 的行与列互换所得到的矩阵称为 $\boldsymbol{A}$ 的转置矩阵，记为 $\boldsymbol{A}^{\mathrm{T}}$ 或 $\boldsymbol{A}'$.

转置矩阵具有下述性质：

① $(\boldsymbol{A}^{\mathrm{T}})^{\mathrm{T}}=\boldsymbol{A}$；

② $(\boldsymbol{A}+\boldsymbol{B})^{\mathrm{T}}=\boldsymbol{A}^{\mathrm{T}}+\boldsymbol{B}^{\mathrm{T}}$；

③ $(k\boldsymbol{A})^{\mathrm{T}}=k\boldsymbol{A}^{\mathrm{T}}$；

④ $(\boldsymbol{AB})^{\mathrm{T}}=\boldsymbol{B}^{\mathrm{T}}\boldsymbol{A}^{\mathrm{T}},(\boldsymbol{A}_1\boldsymbol{A}_2\cdots\boldsymbol{A}_m)^{\mathrm{T}}=\boldsymbol{A}_m^{\mathrm{T}}\cdots\boldsymbol{A}_2^{\mathrm{T}}\boldsymbol{A}_1^{\mathrm{T}}$.

(5) 矩阵的幂

设 $\boldsymbol{A}$ 为 n 阶方阵，k 为正整数，定义 $\boldsymbol{A}^k=\boldsymbol{AA}\cdots\boldsymbol{A}$，称为 $\boldsymbol{A}$ 的 k 次幂.

规定 $\boldsymbol{A}^0=\boldsymbol{E}$（$\boldsymbol{E}$ 为 n 阶单位矩阵).

方阵的幂满足下列运算规律：

① $\boldsymbol{A}^k\boldsymbol{A}^l=\boldsymbol{A}^{k+l}$；

② $(\boldsymbol{A}^k)^l=\boldsymbol{A}^{kl}$，$k,l$ 为正整数.

(6) 方阵 $\boldsymbol{A}$ 的行列式具有下列性质：

① $|\boldsymbol{A}^{\mathrm{T}}|=|\boldsymbol{A}|$；

② $|\lambda\boldsymbol{A}|=\lambda^n|\boldsymbol{A}|$；

③ $|\boldsymbol{AB}|=|\boldsymbol{A}||\boldsymbol{B}|$，其中 $\boldsymbol{B}$ 也是 n 阶方阵.

3.2.2 分块矩阵

1. 分块矩阵的定义

根据矩阵本身的结构特点或运算的需要，用几条纵线与横线把一个矩阵分成若干小块，每一小块为原矩阵的子矩阵或子块，则原矩阵是以这些子块为元素的分块矩阵.

2. 分块矩阵的运算

进行分块矩阵的加、减、乘法与转置运算，可将子块当作矩阵的元素看待.

注 进行分块矩阵乘法运算时，要求左矩阵列的分法必须与右矩阵行的分法一致.

3. 分块矩阵的行列式

设 $\boldsymbol{A}$,$\boldsymbol{B}$ 分别为 r 阶和 s 阶方阵，则分块矩阵的$\begin{pmatrix} \boldsymbol{A} & \boldsymbol{C} \\ \boldsymbol{0} & \boldsymbol{B} \end{pmatrix}$行列式为

$$\begin{vmatrix} \boldsymbol{A} & \boldsymbol{C} \\ \boldsymbol{0} & \boldsymbol{B} \end{vmatrix} = |\boldsymbol{A}||\boldsymbol{B}|.$$

4. 分块矩阵的转置

$$\boldsymbol{A} = \begin{pmatrix} \boldsymbol{A}_{11} & \boldsymbol{A}_{12} \\ \boldsymbol{A}_{21} & \boldsymbol{A}_{22} \end{pmatrix}, \quad \text{则} \quad \boldsymbol{A}^{\mathrm{T}} = \begin{pmatrix} \boldsymbol{A}_{11}^{\mathrm{T}} & \boldsymbol{A}_{21}^{\mathrm{T}} \\ \boldsymbol{A}_{12}^{\mathrm{T}} & \boldsymbol{A}_{22}^{\mathrm{T}} \end{pmatrix},$$

其中 $\boldsymbol{A}_{ij}$ 均为 $\boldsymbol{A}$ 的子块.

3.2.3 几种特殊矩阵

1. 对角矩阵

主对角线上元素为任意常数，其余元素都是零的矩阵称为对角矩阵.

2. 数量矩阵

主对角线上元素都相等的对角矩阵，称为数量矩阵.

3. 三角矩阵

主对角线下(上)的元素全为零的方阵，称为上(下)三角矩阵.

4. 对称矩阵

如果 n 阶方阵 $\boldsymbol{A}=(a_{ij})$ 满足 $\boldsymbol{A}^{\mathrm{T}}=\boldsymbol{A}$(或 $a_{ij}=a_{ji},i,j=1,2,\cdots,n$)，则称 $\boldsymbol{A}$ 为对称矩阵. 如果 $\boldsymbol{A}^{\mathrm{T}}=-\boldsymbol{A}$(或 $a_{ij}=-a_{ji},i,j=1,2,\cdots,n$)，则称 $\boldsymbol{A}$ 为反对称矩阵.

5. 可交换矩阵

设 $\boldsymbol{A}$,$\boldsymbol{B}$ 是同阶方阵，若 $\boldsymbol{AB}=\boldsymbol{BA}$，则 $\boldsymbol{A}$,$\boldsymbol{B}$ 称为可交换矩阵.

6. 正交矩阵

设 $\boldsymbol{A}$ 为方阵，如果有 $\boldsymbol{A}^{\mathrm{T}}\boldsymbol{A}=\boldsymbol{A}\boldsymbol{A}^{\mathrm{T}}=\boldsymbol{E}$，则称 $\boldsymbol{A}$ 为正交矩阵.

3.2.4 可逆矩阵

1. 定义

对于 n 阶方阵 $\boldsymbol{A}$，如果存在 n 阶方阵 $\boldsymbol{B}$，使得 $\boldsymbol{AB}=\boldsymbol{BA}=\boldsymbol{E}$，则称矩阵 $\boldsymbol{A}$ 为可逆矩阵，称 $\boldsymbol{B}$ 为矩阵 $\boldsymbol{A}$ 的逆矩阵，并记为 $\boldsymbol{A}^{-1}$.

2. 可逆矩阵的性质

(1) 如果矩阵 $\boldsymbol{A}$ 可逆，则其逆矩阵 $\boldsymbol{A}^{-1}$ 唯一；

(2) $(\boldsymbol{A}^{-1})^{-1}=\boldsymbol{A}$；

(3) $(k\boldsymbol{A})^{-1}=\dfrac{1}{k}\boldsymbol{A}^{-1}(k\neq 0)$；

(4) $(\boldsymbol{A}^{\mathrm{T}})^{-1}=(\boldsymbol{A}^{-1})^{\mathrm{T}}$；

(5) $(\boldsymbol{AB})^{-1}=\boldsymbol{B}^{-1}\boldsymbol{A}^{-1}$；

(6) $|\boldsymbol{A}^{-1}|=|\boldsymbol{A}|^{-1}$.

3. n 阶矩阵 $\boldsymbol{A}$ 可逆的充分必要条件

(1) 存在 n 阶方阵 $\boldsymbol{B}$，使得 $\boldsymbol{AB}=\boldsymbol{E}$(或 $\boldsymbol{BA}=\boldsymbol{E}$)；

(2) $\boldsymbol{A}$ 为非奇异矩阵，即 $|\boldsymbol{A}|\neq 0$；

(3) $\boldsymbol{A}$ 可表示为一系列初等矩阵之积；

(4) $\boldsymbol{A}$ 为满秩矩阵，即 $\mathrm{r}(\boldsymbol{A})=n$；

(5) $\boldsymbol{A}$ 的行(列)向量组线性无关；

(6) $\boldsymbol{A}\rightarrow\boldsymbol{E}_n$，即 $\boldsymbol{A}$ 的等价标准形为同阶单位矩阵；

(7) 以 $\boldsymbol{A}$ 为系数矩阵的线性方程组 $\boldsymbol{Ax}=\boldsymbol{b}$ 有唯一解($\boldsymbol{x},\boldsymbol{b}$ 均为 $n\times 1$ 矩阵).

4. 求逆矩阵的方法

(1) 设 $\boldsymbol{A},\boldsymbol{B}$ 为 n 阶矩阵，则当 $\boldsymbol{AB}=\boldsymbol{E}$(或 $\boldsymbol{BA}=\boldsymbol{E}$)时，$\boldsymbol{A}$ 与 $\boldsymbol{B}$ 都可逆，且有 $\boldsymbol{A}^{-1}=\boldsymbol{B}$，$\boldsymbol{B}^{-1}=\boldsymbol{A}$. 可按此性质求逆.

(2) 伴随矩阵法：设 $\boldsymbol{A}$ 为 n 阶方阵，且 $|\boldsymbol{A}|\neq 0$，则 $\boldsymbol{A}^{-1}=\dfrac{1}{|\boldsymbol{A}|}\boldsymbol{A}^{*}$，其中伴随矩阵 $\boldsymbol{A}^{*}$ 定义为

$$A^* = \begin{bmatrix} A_{11} & A_{21} & \cdots & A_{n1} \\ A_{12} & A_{22} & \cdots & A_{n2} \\ \vdots & \vdots & & \vdots \\ A_{1n} & A_{1n} & \cdots & A_{nn} \end{bmatrix},$$

A_{ij} 为矩阵 $\boldsymbol{A}$ 中元素 a_{ij} 相应的代数余子式.

(3) 初等变换法：

$$(\boldsymbol{A} \mid \boldsymbol{E}) \xrightarrow{\text{初等行变换}} (\boldsymbol{E} \mid \boldsymbol{A}^{-1}),$$

或者

$$\begin{pmatrix} \boldsymbol{A} \\ \boldsymbol{E} \end{pmatrix} \xrightarrow{\text{初等列变换}} \begin{pmatrix} \boldsymbol{E} \\ \boldsymbol{A}^{-1} \end{pmatrix}.$$

(4) 利用分块矩阵求逆.

3.2.5 初等矩阵

1. 初等矩阵

由单位矩阵经过一次初等变换得到的矩阵,称为初等矩阵.

初等变换有三种,相应地初等矩阵也有三种形式：$\boldsymbol{E}(i,j)$,$\boldsymbol{E}(i(k))$,$\boldsymbol{E}(i,j(l))$.

2. 初等矩阵的基本性质

(1) 初等矩阵是可逆矩阵,且 $\boldsymbol{E}(i,j)^{-1}=\boldsymbol{E}(i,j)$,$\boldsymbol{E}[i(k)]^{-1}=\boldsymbol{E}[i(k^{-1})]$,$\boldsymbol{E}[i,j(l)]^{-1}=\boldsymbol{E}[i,j(-l)]$;

(2) 初等矩阵的转置仍是初等矩阵.

3. 初等矩阵与矩阵的初等变换之间的关系

用初等矩阵左(右)乘矩阵 $\boldsymbol{A}$,等价于对矩阵 $\boldsymbol{A}$ 做一次相应的初等行(列)变换.

4. 初等矩阵与可逆矩阵的关系

可逆矩阵可表示成一些初等矩阵的乘积.

3.2.6 关于矩阵秩的重要结论

(1) 设 $\boldsymbol{A}$ 是 $m\times n$ 矩阵,则 $0\leqslant \mathrm{r}(\boldsymbol{A})\leqslant \min\{m,n\}$.

(2) $\mathrm{r}(\boldsymbol{A})=0$ 当且仅当 $\boldsymbol{A}=\boldsymbol{0}$.

(3) $\mathrm{r}(\boldsymbol{A})=\mathrm{r}(\boldsymbol{A}^{\mathrm{T}})=\mathrm{r}(-\boldsymbol{A})$.

(4) $\mathrm{r}(\boldsymbol{A})=r \Leftrightarrow$ 存在可逆矩阵 $\boldsymbol{P},\boldsymbol{Q}$ 使

$$PAQ=\begin{pmatrix} E_r & 0 \\ 0 & 0 \end{pmatrix}.$$

(5) $r(A+B)\leqslant r(A)+r(B)$.

(6) $r(AB)\leqslant \min\{r(A),r(B)\}$.

(7) 若 A,B 为 n 阶矩阵,且 $AB=0$,则 $r(A)+r(B)\leqslant n$.

在矩阵理论中,矩阵的运算,可逆矩阵,矩阵的秩及后面讲的矩阵的特征值是最重要、最基本的内容,而初等变换及矩阵的分块则是两个重要的工具.

3.3 典型例题分析

3.3.1 矩阵的基本运算、特殊矩阵

例 3.1 求矩阵 Z,使得

$$\begin{pmatrix} 2 & 1 \\ -1 & 1 \end{pmatrix}+Z+\begin{pmatrix} -2 & 0 \\ -2 & -1 \end{pmatrix}=\begin{pmatrix} 1 & 3 \\ -3 & 2 \end{pmatrix}.$$

解 $Z=\begin{pmatrix} 1 & 3 \\ -3 & 2 \end{pmatrix}-\begin{pmatrix} 2 & 1 \\ -1 & 1 \end{pmatrix}-\begin{pmatrix} -2 & 0 \\ -2 & -1 \end{pmatrix}=\begin{pmatrix} 1 & 2 \\ 0 & 2 \end{pmatrix}$.

例 3.2 设矩阵 A,B,C 如下所示,试计算 AB,BA,AC.

$$A=\begin{pmatrix} 1 & 0 & 0 \\ 0 & 1 & 0 \end{pmatrix},\quad B=\begin{bmatrix} 1 & 0 \\ 0 & 1 \\ 1 & 0 \end{bmatrix},\quad C=\begin{bmatrix} 1 & 0 \\ 0 & 1 \\ 0 & 0 \end{bmatrix}.$$

解 $AB=\begin{pmatrix} 1 & 0 \\ 0 & 1 \end{pmatrix}$, $BA=\begin{bmatrix} 1 & 1 & 0 \\ 0 & 1 & 0 \\ 0 & 0 & 1 \end{bmatrix}$, $AC=\begin{pmatrix} 1 & 0 \\ 0 & 1 \end{pmatrix}$.

注 在本例中,$AB\neq BA$,可见矩阵乘法不满足交换律. 一般来说,$(AB)^k\neq A^kB^k\ (k>1)$;$(A+B)^2\neq A^2+2AB+B^2$;$(A-B)(A+B)\neq A^2-B^2$. 但是由于单位矩阵与任何同阶矩阵可交换,则有很重要的等式:

$$(E+A)^2=E+2A+A^2,$$
$$(E-A)(E+A)=E-A^2,$$
$$(E-A)(E+A+A^2+\cdots+A^{n-1})=E-A^n,$$

等等,它们可作为公式应用. 此外,由本例还可以看出,由 $AB=AC$,不能推出 $B=C$,除非 A 为可逆矩阵. 这些都是应该特别注意的.

例 3.3 设矩阵 $A=\begin{pmatrix} 1 & 0 \\ 3 & 2 \end{pmatrix}$,求与 A 可交换的矩阵.

解 设矩阵

$$Z=\begin{pmatrix}x_{11} & x_{12}\\ x_{21} & x_{22}\end{pmatrix}$$

与 A 可交换,即

$$\begin{pmatrix}1 & 0\\ 3 & 2\end{pmatrix}\begin{pmatrix}x_{11} & x_{12}\\ x_{21} & x_{22}\end{pmatrix}=\begin{pmatrix}x_{11} & x_{12}\\ x_{21} & x_{22}\end{pmatrix}\begin{pmatrix}1 & 0\\ 3 & 2\end{pmatrix},$$

可知 Z 的元素必须且只须满足下列关系:

$$\begin{cases}x_{11}=x_{11}+3x_{12},\\ x_{12}=2x_{12},\\ 3x_{11}+2x_{21}=x_{21}+3x_{22},\\ 3x_{12}+2x_{22}=2x_{22},\end{cases}$$

由此可得 $x_{12}=0, x_{21}=3(x_{22}-x_{11})$,其中 x_{11} 和 x_{22} 可取任意实数(或复数). 于是与 A 可交换的矩阵为

$$Z=\begin{pmatrix}a & 0\\ 3(b-a) & b\end{pmatrix},$$

其中 a,b 为任意实数(或复数).

例 3.4 设矩阵 A 和 B 都与 C 可交换. 试证矩阵 $A+B$ 和 AB 都与 C 可交换.

证明 由题设可知

$$AC=CA,\quad BC=CB.$$

于是由矩阵线性运算和矩阵乘法的性质可知

$$(A+B)C=AC+BC=CA+CB=C(A+B),$$
$$(AB)C=A(BC)=A(CB)=(AC)B=(CA)B=C(AB),$$

即矩阵 $A+B$ 和 AB 都与 C 可交换得证.

注 上述两例的题解介绍了论证矩阵可交换性的最常见的两种证明方法.

例 3.5 若 n 阶对角矩阵 A 的主对角线上的元素各不相同,则与 A 可交换的矩阵为对角矩阵.

证明 设

$$A=\begin{pmatrix}a_1 & & & \\ & a_2 & & \\ & & \ddots & \\ & & & a_n\end{pmatrix},$$

其中 $a_i\neq a_j$(当 $i\neq j$ 时). 又设 $B=(b_{ij})_{m\times n}$,且 B 与 A 可以交换,计算 AB 与 BA,可得

$$
\boldsymbol{AB}=\begin{pmatrix} a_1b_{11} & a_1b_{12} & \cdots & a_1b_{1n} \\ a_2b_{21} & a_2b_{22} & \cdots & a_2b_{2n} \\ \vdots & \vdots & & \vdots \\ a_nb_{n1} & a_nb_{n2} & \cdots & a_nb_{nn} \end{pmatrix},
$$

$$
\boldsymbol{BA}=\begin{pmatrix} a_1b_{11} & a_2b_{12} & \cdots & a_nb_{1n} \\ a_1b_{21} & a_2b_{22} & \cdots & a_nb_{2n} \\ \vdots & \vdots & & \vdots \\ a_1b_{n1} & a_2b_{n2} & \cdots & a_nb_{nn} \end{pmatrix}.
$$

要证明 $\boldsymbol{B}$ 是对角矩阵，只要证明，当 $i\neq j$ 时，$b_{ij}=0$ 即可. 为此令 $\boldsymbol{AB}=\boldsymbol{BA}$，比较等式两边位于第 i 行第 j 列的元素，得 $a_ib_{ij}=a_jb_{ij}$，即 $(a_i-a_j)b_{ij}=0$. 由于 $i\neq j$ 时，$a_i\neq a_j$，所以 $b_{ij}=0(i\neq j)$，即 $\boldsymbol{B}$ 是对角矩阵.

例 3.6 设 $\boldsymbol{A}=\begin{pmatrix} 1 & 2 \\ 0 & 1 \end{pmatrix}$，$n$ 是正整数，试求 $\boldsymbol{A}^n$.

解法一 设

$$
\boldsymbol{A}=\begin{pmatrix} 1 & 0 \\ 0 & 1 \end{pmatrix}+\begin{pmatrix} 0 & 2 \\ 0 & 0 \end{pmatrix}=\boldsymbol{E}+\boldsymbol{B},
$$

容易算得 $\boldsymbol{B}^2=\boldsymbol{0}$，所以 $\boldsymbol{B}^k=\boldsymbol{0}(k\geqslant 2)$. 显然 $\boldsymbol{B}$ 与 $\boldsymbol{E}$ 可交换，由二项式定理可得

$$
\begin{aligned}
\boldsymbol{A}^n &= (\boldsymbol{E}+\boldsymbol{B})^n = \boldsymbol{E}+\mathrm{C}_n^1\boldsymbol{E}^{n-1}\boldsymbol{B}+\mathrm{C}_n^2\boldsymbol{E}^{n-2}\boldsymbol{B}^2+\cdots+\mathrm{C}_n^n\boldsymbol{B}^n = \boldsymbol{E}+n\boldsymbol{B} \\
&= \begin{pmatrix} 1 & 0 \\ 0 & 1 \end{pmatrix}+\begin{pmatrix} 0 & 2n \\ 0 & 0 \end{pmatrix}=\begin{pmatrix} 1 & 2n \\ 0 & 1 \end{pmatrix}.
\end{aligned}
$$

解法二 用数学归纳法.

当 $n=2,3$ 时，

$$
\boldsymbol{A}^2=\begin{pmatrix} 1 & 4 \\ 0 & 1 \end{pmatrix},\quad \boldsymbol{A}^3=\begin{pmatrix} 1 & 6 \\ 0 & 1 \end{pmatrix}.
$$

假设 $n=k$ 时，

$$
\boldsymbol{A}^k=\begin{pmatrix} 1 & 2k \\ 0 & 1 \end{pmatrix},
$$

则当 $n=k+1$ 时，有

$$
\boldsymbol{A}^{k+1}=\boldsymbol{A}^k\boldsymbol{A}=\begin{pmatrix} 1 & 2k \\ 0 & 1 \end{pmatrix}\begin{pmatrix} 1 & 2 \\ 0 & 1 \end{pmatrix}=\begin{pmatrix} 1 & 2(k+1) \\ 0 & 1 \end{pmatrix},
$$

所以对任意的正整数 n，有

$$
\boldsymbol{A}^n=\begin{pmatrix} 1 & 2n \\ 0 & 1 \end{pmatrix}.
$$

注 使用二项式定理及乘法公式时,“可交换”的条件不可少.

例 3.7 设4阶矩阵

$$\boldsymbol{A}=\begin{pmatrix}1&1&0&0\\0&1&1&0\\0&0&1&1\\0&0&0&1\end{pmatrix},$$

试求 $\boldsymbol{A}^2,\boldsymbol{A}^3$ 和 $\boldsymbol{A}^n$.

解 令

$$\boldsymbol{B}=\begin{pmatrix}0&1&0&0\\0&0&1&0\\0&0&0&1\\0&0&0&0\end{pmatrix}.$$

容易算出

$$\boldsymbol{B}^2=\begin{pmatrix}0&0&1&0\\0&0&0&1\\0&0&0&0\\0&0&0&0\end{pmatrix},\quad \boldsymbol{B}^3=\begin{pmatrix}0&0&0&1\\0&0&0&0\\0&0&0&0\\0&0&0&0\end{pmatrix},\quad \boldsymbol{B}^n=\boldsymbol{0}\quad(n\geqslant 4),$$

于是

$$\boldsymbol{A}^2=(\boldsymbol{E}+\boldsymbol{B})^2=\boldsymbol{E}+2\boldsymbol{B}+\boldsymbol{B}^2=\begin{pmatrix}1&2&1&0\\0&1&2&1\\0&0&1&2\\0&0&0&1\end{pmatrix},$$

$$\boldsymbol{A}^3=(\boldsymbol{E}+\boldsymbol{B})^3=\boldsymbol{E}+3\boldsymbol{B}+3\boldsymbol{B}^2+\boldsymbol{B}^3=\begin{pmatrix}1&3&3&1\\0&1&3&3\\0&0&1&3\\0&0&0&1\end{pmatrix},$$

$$\boldsymbol{A}^n=(\boldsymbol{E}+\boldsymbol{B})^n=\boldsymbol{E}+\mathrm{C}_n^1\boldsymbol{B}+\mathrm{C}_n^2\boldsymbol{B}^2+\mathrm{C}_n^3\boldsymbol{B}^3=\begin{pmatrix}1&\mathrm{C}_n^1&\mathrm{C}_n^2&\mathrm{C}_n^3\\0&1&\mathrm{C}_n^1&\mathrm{C}_n^2\\0&0&1&\mathrm{C}_n^1\\0&0&0&1\end{pmatrix}\quad(n\geqslant 4).$$

例 3.8 设 $f(x)=x^3-3x^2+3x+2$. 以 $f(\boldsymbol{A})$表示矩阵多项式 $\boldsymbol{A}^3-3\boldsymbol{A}^2+3\boldsymbol{A}+2\boldsymbol{E}$,即 $f(\boldsymbol{A})=\boldsymbol{A}^3-3\boldsymbol{A}^2+3\boldsymbol{A}+2\boldsymbol{E}$. 如果

$$A=\begin{pmatrix}1 & -1 & 0\\ 0 & 1 & -1\\ 0 & 0 & 1\end{pmatrix},$$

求 $f(A)$.

解 令

$$B=\begin{pmatrix}0 & 1 & 0\\ 0 & 0 & 1\\ 0 & 0 & 0\end{pmatrix}.$$

容易计算 $B^3=0$. 由于 $A=E-B$,所以

$$f(A)=(E-B)^3-3(E-B)^2+3(E-B)+2E=3E.$$

另解,由于

$$E-A=\begin{pmatrix}0 & 1 & 0\\ 0 & 0 & 1\\ 0 & 0 & 0\end{pmatrix},$$

容易计算 $(E-A)^3=0$. 于是

$$f(A)=(A^3-3A^2+3A-E)+3E=(A-E)^3+3E=3E.$$

3.3.2 分块矩阵的运算

例 3.9 利用分块矩阵乘法求下列矩阵 A 和 B 的乘积 AB.

(1) $A=\left(\begin{array}{cc:ccc}1 & 2 & 0 & 0 & 0\\ 3 & 4 & 0 & 0 & 0\\ \hdashline 0 & 0 & 1 & 3 & 2\\ 0 & 0 & 2 & 1 & 3\\ 0 & 0 & 3 & 2 & 1\end{array}\right)$, $B=\left(\begin{array}{c:cc}1 & -1 & 0\\ 0 & 0 & -1\\ \hdashline 0 & 0 & 1\\ 0 & 1 & 0\\ 0 & 1 & 1\end{array}\right)$;

(2) $A=\left(\begin{array}{cc:cc:c}0 & 0 & 2 & 0 & 0\\ 0 & 0 & 0 & 2 & 0\\ \hdashline 3 & 0 & 0 & 0 & 0\\ 0 & 3 & 0 & 0 & 0\\ \hdashline 0 & 0 & 0 & 0 & -1\end{array}\right)$, $B=\left(\begin{array}{cc}b_{11} & b_{12}\\ b_{21} & b_{22}\\ \hdashline b_{31} & b_{32}\\ b_{41} & b_{42}\\ \hdashline b_{51} & b_{52}\end{array}\right)$;

(3) $A=\left(\begin{array}{cc:cc}-1 & 0 & 0 & 0\\ 0 & -1 & 0 & 0\\ \hdashline 2 & 0 & 3 & 0\\ 0 & 2 & 0 & 3\end{array}\right)$, $B=\left(\begin{array}{c}b_1\\ b_2\\ \hdashline b_3\\ b_4\end{array}\right)$.

解 (1) 令

$$\boldsymbol{A}=\begin{pmatrix}\boldsymbol{A}_{11} & \boldsymbol{0}\\ \boldsymbol{0} & \boldsymbol{A}_{22}\end{pmatrix},\quad \boldsymbol{B}=\begin{pmatrix}\boldsymbol{B}_{11} & -\boldsymbol{E}\\ \boldsymbol{0} & \boldsymbol{B}_{22}\end{pmatrix},$$

则有

$$\boldsymbol{AB}=\begin{pmatrix}\boldsymbol{A}_{11}\boldsymbol{B}_{11} & -\boldsymbol{A}_{11}\\ \boldsymbol{0} & \boldsymbol{A}_{22}\boldsymbol{B}_{22}\end{pmatrix}.$$

由

$$\boldsymbol{A}_{11}\boldsymbol{B}_{11}=\begin{pmatrix}1 & 2\\ 3 & 4\end{pmatrix}\begin{pmatrix}1\\ 0\end{pmatrix}=\begin{pmatrix}1\\ 3\end{pmatrix},$$

$$\boldsymbol{A}_{22}\boldsymbol{B}_{22}=\begin{pmatrix}1 & 3 & 2\\ 2 & 1 & 3\\ 3 & 2 & 1\end{pmatrix}\begin{pmatrix}0 & 1\\ 1 & 0\\ 1 & 1\end{pmatrix}=\begin{pmatrix}5 & 3\\ 4 & 5\\ 3 & 4\end{pmatrix},$$

可得

$$\boldsymbol{AB}=\left(\begin{array}{c:cc}1 & -1 & -2\\ 3 & -3 & -4\\ \hdashline 0 & 5 & 3\\ 0 & 4 & 5\\ 0 & 3 & 4\end{array}\right).$$

(2) 令

$$\boldsymbol{A}=\begin{pmatrix}\boldsymbol{0} & 2\boldsymbol{E} & \boldsymbol{0}\\ 3\boldsymbol{E} & \boldsymbol{0} & \boldsymbol{0}\\ \boldsymbol{0} & \boldsymbol{0} & -\boldsymbol{E}\end{pmatrix},\quad \boldsymbol{B}=\begin{pmatrix}\boldsymbol{B}_1\\ \boldsymbol{B}_2\\ \boldsymbol{B}_3\end{pmatrix},$$

则

$$\boldsymbol{AB}=\begin{pmatrix}2\boldsymbol{B}_2\\ 3\boldsymbol{B}_1\\ -\boldsymbol{B}_3\end{pmatrix}=\left(\begin{array}{cc}2b_{31} & 2b_{32}\\ 2b_{41} & 2b_{42}\\ \hdashline 3b_{11} & 3b_{12}\\ 3b_{21} & 3b_{22}\\ \hdashline -b_{51} & -b_{52}\end{array}\right).$$

(3) 令

$$\boldsymbol{A}=\begin{pmatrix}-\boldsymbol{E} & \boldsymbol{0}\\ 2\boldsymbol{E} & 3\boldsymbol{E}\end{pmatrix},\quad \boldsymbol{B}=\begin{pmatrix}\boldsymbol{B}_1\\ \boldsymbol{B}_2\end{pmatrix},$$

则

$$\boldsymbol{AB}=\begin{pmatrix}-\boldsymbol{B}_1\\2\boldsymbol{B}_1+3\boldsymbol{B}_2\end{pmatrix}=\begin{pmatrix}-b_1\\-b_2\\\hdashline 2b_1+3b_3\\2b_2+3b_4\end{pmatrix}.$$

例 3.10 设向量组$\boldsymbol{\alpha}_1,\boldsymbol{\alpha}_2,\cdots,\boldsymbol{\alpha}_m$为向量组$\boldsymbol{\beta}_1,\boldsymbol{\beta}_2,\cdots,\boldsymbol{\beta}_t$的线性组合,

$$\begin{aligned}\boldsymbol{\alpha}_1&=b_{11}\boldsymbol{\beta}_1+b_{12}\boldsymbol{\beta}_2+\cdots+b_{1t}\boldsymbol{\beta}_t,\\\boldsymbol{\alpha}_2&=b_{21}\boldsymbol{\beta}_1+b_{22}\boldsymbol{\beta}_2+\cdots+b_{2t}\boldsymbol{\beta}_t,\\&\vdots\\\boldsymbol{\alpha}_m&=b_{m1}\boldsymbol{\beta}_1+b_{m2}\boldsymbol{\beta}_2+\cdots+b_{mt}\boldsymbol{\beta}_t.\end{aligned}$$

向量组$\boldsymbol{\beta}_1,\boldsymbol{\beta}_2,\cdots,\boldsymbol{\beta}_t$为向量组$\boldsymbol{\gamma}_1,\boldsymbol{\gamma}_2,\cdots,\boldsymbol{\gamma}_n$的线性组合,

$$\begin{aligned}\boldsymbol{\beta}_1&=c_{11}\boldsymbol{\gamma}_1+c_{12}\boldsymbol{\gamma}_2+\cdots+c_{1n}\boldsymbol{\gamma}_n,\\\boldsymbol{\beta}_2&=c_{21}\boldsymbol{\gamma}_1+c_{22}\boldsymbol{\gamma}_2+\cdots+c_{2n}\boldsymbol{\gamma}_n,\\&\vdots\\\boldsymbol{\beta}_t&=c_{t1}\boldsymbol{\gamma}_1+c_{t2}\boldsymbol{\gamma}_2+\cdots+c_{tn}\boldsymbol{\gamma}_n.\end{aligned}$$

试用矩阵表示向量组$\boldsymbol{\alpha}_1,\boldsymbol{\alpha}_2,\cdots,\boldsymbol{\alpha}_m$与$\boldsymbol{\gamma}_1,\boldsymbol{\gamma}_2,\cdots,\boldsymbol{\gamma}_n$之间的关系.

解 不妨设$\boldsymbol{\alpha}_1,\boldsymbol{\alpha}_2,\cdots,\boldsymbol{\alpha}_m$;$\boldsymbol{\beta}_1,\boldsymbol{\beta}_2,\cdots,\boldsymbol{\beta}_t$;$\boldsymbol{\gamma}_1,\boldsymbol{\gamma}_2,\cdots,\boldsymbol{\gamma}_n$均为列向量,则题设条件可按分块矩阵表示为

$$(\boldsymbol{\alpha}_1,\boldsymbol{\alpha}_2,\cdots,\boldsymbol{\alpha}_m)=(\boldsymbol{\beta}_1,\boldsymbol{\beta}_2,\cdots,\boldsymbol{\beta}_t)\boldsymbol{B},$$
$$(\boldsymbol{\beta}_1,\boldsymbol{\beta}_2,\cdots,\boldsymbol{\beta}_t)=(\boldsymbol{\gamma}_1,\boldsymbol{\gamma}_2,\cdots,\boldsymbol{\gamma}_n)\boldsymbol{C},$$

其中

$$\boldsymbol{B}=\begin{pmatrix}b_{11}&b_{21}&\cdots&b_{m1}\\b_{12}&b_{22}&\cdots&b_{m2}\\\vdots&\vdots&&\vdots\\b_{1t}&b_{2t}&\cdots&b_{mt}\end{pmatrix}\quad\boldsymbol{C}=\begin{bmatrix}c_{11}&c_{21}&\cdots&c_{t1}\\c_{12}&c_{22}&\cdots&c_{t2}\\\vdots&\vdots&&\vdots\\c_{1n}&c_{2n}&\cdots&c_{tn}\end{bmatrix},$$

于是向量组$\boldsymbol{\alpha}_1,\boldsymbol{\alpha}_2,\cdots,\boldsymbol{\alpha}_m$与$\boldsymbol{\gamma}_1,\boldsymbol{\gamma}_2,\cdots,\boldsymbol{\gamma}_n$之间的关系可表示为

$$(\boldsymbol{\alpha}_1,\boldsymbol{\alpha}_2,\cdots,\boldsymbol{\alpha}_m)=(\boldsymbol{\gamma}_1,\boldsymbol{\gamma}_2,\cdots,\boldsymbol{\gamma}_n)\boldsymbol{CB}.$$

3.3.3 可逆矩阵

1. 矩阵可逆的计算与证明

例 3.11 已知$\boldsymbol{A}=\begin{pmatrix}1&0&1\\2&1&0\\-3&2&-5\end{pmatrix}$,求$(\boldsymbol{E}-\boldsymbol{A})^{-1}$.

分析 本题属于求逆矩阵的问题.

解法一 用伴随矩阵.

令

$$B = E - A = \begin{pmatrix} 0 & 0 & -1 \\ -2 & 0 & 0 \\ 3 & -2 & 6 \end{pmatrix}.$$

矩阵 B 的代数余子式为

$$B_{11} = (-1)^{1+1}\begin{vmatrix} 0 & 0 \\ -2 & 6 \end{vmatrix} = 0,\quad B_{12} = (-1)^{1+2}\begin{vmatrix} -2 & 0 \\ 3 & 6 \end{vmatrix} = 12,$$

$$B_{13} = (-1)^{1+3}\begin{vmatrix} -2 & 0 \\ 3 & -2 \end{vmatrix} = 4,\quad B_{21} = (-1)^{2+1}\begin{vmatrix} 0 & -1 \\ -2 & 6 \end{vmatrix} = 2,$$

$$B_{22} = (-1)^{2+2}\begin{vmatrix} 0 & -1 \\ 3 & 6 \end{vmatrix} = 3,\quad B_{23} = (-1)^{2+3}\begin{vmatrix} 0 & 0 \\ 3 & -2 \end{vmatrix} = 0,$$

$$B_{31} = (-1)^{3+1}\begin{vmatrix} 0 & -1 \\ 0 & 0 \end{vmatrix} = 0,\quad B_{32} = (-1)^{3+2}\begin{vmatrix} 0 & -1 \\ -2 & 0 \end{vmatrix} = 2$$

$$B_{33} = (-1)^{3+3}\begin{vmatrix} 0 & 0 \\ -2 & 0 \end{vmatrix} = 0,\quad |B| = |E - A| = \begin{vmatrix} 0 & 0 & -1 \\ -2 & 0 & 0 \\ 3 & -2 & 6 \end{vmatrix} = -4.$$

所以

$$(E-A)^{-1} = \frac{1}{|E-A|}(E-A)^* = \frac{1}{|B|}B^* = \begin{pmatrix} 0 & -\frac{1}{2} & 0 \\ -3 & -\frac{3}{4} & -\frac{1}{2} \\ -1 & 0 & 0 \end{pmatrix}.$$

解法二 用初等变换.

因为

$$E - A = \begin{pmatrix} 0 & 0 & -1 \\ -2 & 0 & 0 \\ 3 & -2 & 6 \end{pmatrix},$$

构造矩阵$(E-A \mid B)$并对它做初等行变换：

$$(E - A \mid B) = \left(\begin{array}{ccc:ccc} 0 & 0 & -1 & 1 & 0 & 0 \\ -2 & 0 & 0 & 0 & 1 & 0 \\ 3 & -2 & 6 & 0 & 0 & 1 \end{array}\right) \to \left(\begin{array}{ccc:ccc} -2 & 0 & 0 & 0 & 1 & 0 \\ 3 & -2 & 6 & 0 & 0 & 1 \\ 0 & 0 & -1 & 1 & 0 & 0 \end{array}\right)\begin{matrix} \times(-\frac{1}{2}) \\ \\ \times(-1) \end{matrix}$$

$$\rightarrow\left(\begin{array}{ccc:ccc}1&0&0&0&-\frac{1}{2}&0\\3&-2&6&0&0&1\\0&0&1&-1&0&0\end{array}\right)\rightarrow\left(\begin{array}{ccc:ccc}1&0&0&0&-\frac{1}{2}&0\\0&-2&6&0&\frac{3}{2}&1\\0&0&1&-1&0&0\end{array}\right)$$

$$\rightarrow\left(\begin{array}{ccc:ccc}1&0&0&0&-\frac{1}{2}&0\\0&1&-3&0&-\frac{3}{4}&-\frac{1}{2}\\0&0&1&-1&0&0\end{array}\right)\rightarrow\left(\begin{array}{ccc:ccc}1&0&0&0&-\frac{1}{2}&0\\0&1&0&-3&-\frac{3}{4}&-\frac{1}{2}\\0&0&1&-1&0&0\end{array}\right),$$

于是有

$$(\boldsymbol{E}-\boldsymbol{A})^{-1}=\begin{pmatrix}0&-\frac{1}{2}&0\\-3&-\frac{3}{4}&-\frac{1}{2}\\-1&0&0\end{pmatrix}.$$

注 利用初等变换求逆矩阵,往往比用伴随矩阵求逆矩阵要简单、准确,特别当阶数较高时,这种方法的优越性就更明显.

例 3.12 设 $\boldsymbol{A},\boldsymbol{B},\boldsymbol{A}+\boldsymbol{B}$ 都是可逆矩阵,试求$(\boldsymbol{A}^{-1}+\boldsymbol{B}^{-1})^{-1}$.

解 用定义法.

设 $(\boldsymbol{A}^{-1}+\boldsymbol{B}^{-1})^{-1}=\boldsymbol{X}$,则$(\boldsymbol{A}^{-1}+\boldsymbol{B}^{-1})\boldsymbol{X}=\boldsymbol{E}$. 上式两边左乘 $\boldsymbol{A}$,得

$$\boldsymbol{A}(\boldsymbol{A}^{-1}+\boldsymbol{B}^{-1})\boldsymbol{X}=(\boldsymbol{A}\boldsymbol{A}^{-1}+\boldsymbol{A}\boldsymbol{B}^{-1})\boldsymbol{X}=(\boldsymbol{E}+\boldsymbol{A}\boldsymbol{B}^{-1})\boldsymbol{X}=\boldsymbol{A},$$

于是

$$(\boldsymbol{E}+\boldsymbol{A}\boldsymbol{B}^{-1})\boldsymbol{X}=(\boldsymbol{B}\boldsymbol{B}^{-1}+\boldsymbol{A}\boldsymbol{B}^{-1})\boldsymbol{X}=(\boldsymbol{A}+\boldsymbol{B})\boldsymbol{B}^{-1}\boldsymbol{X}=\boldsymbol{A}.$$

由$(\boldsymbol{A}+\boldsymbol{B})\boldsymbol{B}^{-1}\boldsymbol{X}=\boldsymbol{A}$ 两边左乘以$(\boldsymbol{A}+\boldsymbol{B})^{-1}$,再左乘以 $\boldsymbol{B}$,得

$$\boldsymbol{X}=\boldsymbol{A}(\boldsymbol{A}+\boldsymbol{B})^{-1}\boldsymbol{B},$$

故$(\boldsymbol{A}^{-1}+\boldsymbol{B}^{-1})^{-1}=\boldsymbol{X}=\boldsymbol{A}(\boldsymbol{A}+\boldsymbol{B})^{-1}\boldsymbol{B}$.

例 3.13 设 $\boldsymbol{A}=\begin{pmatrix}0&0&0&2&1\\0&0&0&5&3\\1&2&3&0&0\\4&5&8&0&0\\3&4&6&0&0\end{pmatrix}$,求 $\boldsymbol{A}^{-1}$.

解 先分块:

$$A=\left(\begin{array}{ccc:cc}0&0&0&2&1\\0&0&0&5&3\\\hdashline 1&2&3&0&0\\4&5&8&0&0\\3&4&6&0&0\end{array}\right)=\begin{pmatrix}\mathbf{0}&A_1\\A_2&\mathbf{0}\end{pmatrix},$$

其中

$$A_1=\begin{pmatrix}2&1\\5&3\end{pmatrix},\quad A_2=\begin{pmatrix}1&2&3\\4&5&8\\3&4&6\end{pmatrix},$$

则

$$A^{-1}=\begin{pmatrix}\mathbf{0}&A_2^{-1}\\A_1^{-1}&\mathbf{0}\end{pmatrix}.$$

对于 A_1,用伴随矩阵法求逆:

$$A_1^{-1}=\frac{1}{|A_1|}A_1^*=\frac{1}{1}\begin{pmatrix}3&-1\\-5&2\end{pmatrix}=\begin{pmatrix}3&-1\\-5&2\end{pmatrix};$$

对于 A_2,用初等变换求逆:

$$(A_2\ \vdots\ E)=\left(\begin{array}{ccc:ccc}1&2&3&1&0&0\\4&5&8&0&1&0\\3&4&6&0&0&1\end{array}\right)\to\left(\begin{array}{ccc:ccc}1&2&3&1&0&0\\0&-3&-4&-4&1&0\\0&-2&-3&-3&0&1\end{array}\right)$$

$$\to\left(\begin{array}{ccc:ccc}1&0&0&-2&0&1\\0&-1&-1&-1&1&-1\\0&-2&-3&-3&0&1\end{array}\right)\to\left(\begin{array}{ccc:ccc}1&0&0&-2&0&1\\0&1&1&1&-1&1\\0&0&-1&-1&-2&3\end{array}\right)$$

$$\to\left(\begin{array}{ccc:ccc}1&0&0&-2&0&1\\0&1&0&0&-3&4\\0&0&1&1&2&-3\end{array}\right),$$

故

$$A_2^{-1}=\begin{pmatrix}-2&0&1\\0&-3&4\\1&2&-3\end{pmatrix}.$$

从而

$$A^{-1}=\begin{pmatrix}\mathbf{0}&A_2^{-1}\\A_1^{-1}&\mathbf{0}\end{pmatrix}=\begin{pmatrix}0&0&-2&0&1\\0&0&0&-3&4\\0&0&1&2&-3\\3&-1&0&0&0\\-5&2&0&0&0\end{pmatrix}.$$

例 3.14 设

$$A=\begin{pmatrix}0 & a_1 & 0 & \cdots & 0\\ 0 & 0 & a_2 & \cdots & 0\\ \vdots & \vdots & \vdots & & \vdots\\ 0 & 0 & 0 & \cdots & a_{n-1}\\ a_n & 0 & 0 & \cdots & 0\end{pmatrix},$$

其中 $a_1,a_2,\cdots,a_n$ 均不为 0,试求 A^{-1}.

解法一 初等变换法.

$$(A \mid E)=\left(\begin{array}{ccccc|ccccc}0 & a_1 & 0 & \cdots & 0 & 1 & 0 & \cdots & 0 & 0\\ 0 & 0 & a_2 & \cdots & 0 & 0 & 1 & \cdots & 0 & 0\\ \vdots & \vdots & \vdots & & \vdots & \vdots & \vdots & & \vdots & \vdots\\ 0 & 0 & 0 & \cdots & a_{n-1} & 0 & 0 & \cdots & 1 & 0\\ a_n & 0 & 0 & \cdots & 0 & 0 & 0 & \cdots & 0 & 1\end{array}\right)$$

$$\to\left(\begin{array}{ccccc|ccccc}1 & 0 & \cdots & 0 & 0 & 0 & \cdots & 0 & 0 & a_n^{-1}\\ 0 & 1 & \cdots & 0 & 0 & a_1^{-1} & \cdots & 0 & 0 & 0\\ \vdots & \vdots & & \vdots & \vdots & \vdots & & \vdots & \vdots & \vdots\\ 0 & 0 & \cdots & 1 & 0 & 0 & \cdots & a_{n-2}^{-1} & 0 & 0\\ 0 & 0 & \cdots & 0 & 1 & 0 & \cdots & 0 & a_{n-1}^{-1} & 0\end{array}\right),$$

所以

$$A^{-1}=\begin{pmatrix}0 & \cdots & 0 & 0 & a_n^{-1}\\ a_1^{-1} & \cdots & 0 & 0 & 0\\ \vdots & & \vdots & \vdots & \vdots\\ 0 & \cdots & a_{n-2}^{-1} & 0 & 0\\ 0 & \cdots & 0 & a_{n-1}^{-1} & 0\end{pmatrix}.$$

上面在对 $(A \mid E)$ 做初等变换时,先将第 n 行逐次地与第 $n-1$ 行,第 $n-2$ 行,……,第 1 行交换,然后各行分别乘以非零元的倒数,即得 $(E \mid A^{-1})$.

解法二 利用分块矩阵求逆.

$$A^{-1}=\left(\begin{array}{c|cccc}0 & a_1 & 0 & \cdots & 0\\ 0 & 0 & a_2 & \cdots & 0\\ \vdots & \vdots & \vdots & & \vdots\\ 0 & 0 & 0 & \cdots & a_{n-1}\\ \hline a_n & 0 & 0 & \cdots & 0\end{array}\right)^{-1}=\begin{pmatrix}\mathbf{0} & A_1\\ a_n & \mathbf{0}\end{pmatrix}^{-1}=\begin{pmatrix}\mathbf{0} & a_n^{-1}\\ A_1^{-1} & \mathbf{0}\end{pmatrix}.$$

又因为

$$A_1 = \begin{pmatrix} a_1 & & & \\ & a_2 & & \\ & & \ddots & \\ & & & a_{n-1} \end{pmatrix}^{-1} = \begin{pmatrix} a_1^{-1} & & & \\ & a_2^{-1} & & \\ & & \ddots & \\ & & & a_{n-1}^{-1} \end{pmatrix},$$

所以

$$A^{-1} = \begin{pmatrix} \mathbf{0} & a_n^{-1} \\ A_1^{-1} & \mathbf{0} \end{pmatrix} = \begin{pmatrix} 0 & \cdots & 0 & 0 & a_n^{-1} \\ a_1^{-1} & \cdots & 0 & 0 & 0 \\ \vdots & & \vdots & \vdots & \vdots \\ 0 & \cdots & a_{n-2}^{-1} & 0 & 0 \\ 0 & \cdots & 0 & a_{n-1}^{-1} & 0 \end{pmatrix}.$$

例 3.15 若 A,C 分别为 r 阶和 s 阶可逆矩阵,求分块矩阵 $\begin{pmatrix} \mathbf{0} & A \\ C & B \end{pmatrix}$ 的逆矩阵.

解法一 设分块矩阵 $\begin{pmatrix} X_1 & X_2 \\ X_3 & X_4 \end{pmatrix}$,其中 X_2,X_3 分别为 s 阶和 r 阶矩阵. 令

$$\begin{pmatrix} \mathbf{0} & A \\ C & B \end{pmatrix}\begin{pmatrix} X_1 & X_2 \\ X_3 & X_4 \end{pmatrix} = \begin{pmatrix} E_r & \mathbf{0} \\ \mathbf{0} & E_s \end{pmatrix}.$$

比较等式两边对应的子块,可得矩阵方程组

$$\begin{cases} AX_3 = E_r, \\ AX_4 = \mathbf{0}, \\ CX_1 + BX_3 = \mathbf{0}, \\ CX_2 + BX_4 = E_s. \end{cases}$$

注意到 A,C 可逆,可解得

$$X_3 = A^{-1}, \quad X_4 = \mathbf{0}, \quad X_1 = -C^{-1}BA^{-1}, \quad X_2 = C^{-1}.$$

所以

$$\begin{pmatrix} \mathbf{0} & A \\ C & B \end{pmatrix}^{-1} = \begin{pmatrix} X_1 & X_2 \\ X_3 & X_4 \end{pmatrix} = \begin{pmatrix} -C^{-1}BA^{-1} & C^{-1} \\ A^{-1} & \mathbf{0} \end{pmatrix}.$$

解法二 初等变换法.

$$\left(\begin{array}{cc:cc} \mathbf{0} & A & E_r & \mathbf{0} \\ C & B & \mathbf{0} & E_s \end{array}\right) \xrightarrow{\text{换行}} \left(\begin{array}{cc:cc} C & B & \mathbf{0} & E_s \\ \mathbf{0} & A & E_r & \mathbf{0} \end{array}\right)$$

$$\xrightarrow[\text{加到第 1 行上去}]{\text{第 2 行左乘}(-BA^{-1})} \left(\begin{array}{cc:cc} C & \mathbf{0} & -BA^{-1} & E_s \\ \mathbf{0} & A & E_r & \mathbf{0} \end{array}\right)$$

$$\xrightarrow[\text{第 2 行左乘 } A^{-1}]{\text{第 1 行左乘 } C^{-1}} \left(\begin{array}{cc:cc} E_s & \mathbf{0} & -C^{-1}BA^{-1} & C^{-1} \\ \mathbf{0} & E_r & A^{-1} & \mathbf{0} \end{array}\right),$$

所以

$$\begin{pmatrix} \mathbf{0} & \mathbf{A} \\ \mathbf{C} & \mathbf{B} \end{pmatrix}^{-1} = \begin{pmatrix} -\mathbf{C}^{-1}\mathbf{B}\mathbf{A}^{-1} & \mathbf{C}^{-1} \\ \mathbf{A}^{-1} & \mathbf{0} \end{pmatrix}.$$

注 上面对分块矩阵采用了初等行变换,这种变换也有三种:换行;某行左乘一个非奇异矩阵;第 i 行左乘一个矩阵加到第 j 行上去(要保证子块的加法,乘法有意义).

例 3.16 设 $\mathbf{A}=(a_{ij})_{n\times n}$,试证下列等式成立:

(1) $(\mathbf{A}^{\mathrm{T}})^{*}=(\mathbf{A}^{*})^{\mathrm{T}}$;

(2) 若 $|\mathbf{A}|\neq 0$,则 $(\mathbf{A}^{*})^{-1}=(\mathbf{A}^{-1})^{*}$;

(3) 若 $|\mathbf{A}|\neq 0$,则 $[(\mathbf{A}^{-1})^{\mathrm{T}}]^{*}=[(\mathbf{A}^{*})^{\mathrm{T}}]^{-1}$;

(4) 若 $|\mathbf{A}|\neq 0$,则 $(k\mathbf{A})^{*}=k^{n-1}\mathbf{A}^{*}$,这里 $k\neq 0$;

(5) 若 $\mathbf{A},\mathbf{B}$ 是同阶可逆矩阵,则 $(\mathbf{A}\mathbf{B})^{*}=\mathbf{B}^{*}\mathbf{A}^{*}$.

证明 (1) 设

$$\mathbf{A}=\begin{pmatrix} a_{11} & a_{12} & \cdots & a_{1n} \\ a_{21} & a_{22} & \cdots & a_{2n} \\ \vdots & \vdots & & \vdots \\ a_{n1} & a_{n2} & \cdots & a_{nn} \end{pmatrix},$$

则

$$\mathbf{A}^{*}=\begin{pmatrix} A_{11} & A_{21} & \cdots & A_{n1} \\ A_{12} & A_{22} & \cdots & A_{n2} \\ \vdots & \vdots & & \vdots \\ A_{1n} & A_{2n} & \cdots & A_{nn} \end{pmatrix}.$$

因为

$$\mathbf{A}^{\mathrm{T}}=\begin{pmatrix} a_{11} & a_{21} & \cdots & a_{n1} \\ a_{12} & a_{22} & \cdots & a_{n2} \\ \vdots & \vdots & & \vdots \\ a_{1n} & a_{2n} & \cdots & a_{nn} \end{pmatrix},$$

所以

$$(\mathbf{A}^{\mathrm{T}})^{*}=\begin{pmatrix} A_{11} & A_{12} & \cdots & A_{1n} \\ A_{21} & A_{22} & \cdots & A_{2n} \\ \vdots & \vdots & & \vdots \\ A_{n1} & A_{n2} & \cdots & A_{nn} \end{pmatrix},$$

显然 $(\mathbf{A}^{*})^{\mathrm{T}}=(\mathbf{A}^{\mathrm{T}})^{*}$.

(2) 因为 $|\mathbf{A}|\neq 0$,所以 $\mathbf{A}^{-1}$ 存在,由公式 $\mathbf{A}\mathbf{A}^{*}=\mathbf{A}^{*}\mathbf{A}=|\mathbf{A}|\mathbf{E}$ 知,$\mathbf{A}^{*}=|\mathbf{A}|\mathbf{A}^{-1}$,于是

$$(\mathbf{A}^{-1})^{*}=|\mathbf{A}^{-1}|(\mathbf{A}^{-1})^{-1}=\frac{1}{|\mathbf{A}|}\mathbf{A}.$$

而

$$(\mathbf{A}^{*})^{-1}=(|\mathbf{A}|\mathbf{A}^{-1})^{-1}=\frac{1}{|\mathbf{A}|}\mathbf{A}=(\mathbf{A}^{-1})^{*},$$

即$(\boldsymbol{A}^*)^{-1}=(\boldsymbol{A}^{-1})^*$.

(3) 由(1),(2)及已知结论$(\boldsymbol{A}^{-1})^{\mathrm{T}}=(\boldsymbol{A}^{\mathrm{T}})^{-1}$,立即有

$$[(\boldsymbol{A}^{-1})^{\mathrm{T}}]^*=[(\boldsymbol{A}^{-1})^*]^{\mathrm{T}}=[(\boldsymbol{A}^*)^{-1}]^{\mathrm{T}}=[(\boldsymbol{A}^*)^{\mathrm{T}}]^{-1}.$$

(4) 利用公式$\boldsymbol{A}\boldsymbol{A}^*=\boldsymbol{A}^*\boldsymbol{A}=|\boldsymbol{A}|\boldsymbol{E}$,可知$\boldsymbol{A}^*=|\boldsymbol{A}|\boldsymbol{A}^{-1}$. 于是

$$(k\boldsymbol{A})^*=|k\boldsymbol{A}|(k\boldsymbol{A})^{-1}=k^n|\boldsymbol{A}|\frac{1}{k}\boldsymbol{A}^{-1}=k^{n-1}|\boldsymbol{A}|\boldsymbol{A}^{-1}=k^{n-1}\boldsymbol{A}^*,$$

即$(k\boldsymbol{A})^*=k^{n-1}\boldsymbol{A}^*$.

(5) 方法一：因为$\boldsymbol{A},\boldsymbol{B}$可逆,所以$\boldsymbol{AB}$也可逆,由公式$(\boldsymbol{AB})^{-1}=\dfrac{1}{|\boldsymbol{AB}|}(\boldsymbol{AB})^*$,得

$$(\boldsymbol{AB})^*=|\boldsymbol{AB}|(\boldsymbol{AB})^{-1}=|\boldsymbol{A}||\boldsymbol{B}|\boldsymbol{B}^{-1}\boldsymbol{A}^{-1}=(|\boldsymbol{B}|\boldsymbol{B}^{-1})(|\boldsymbol{A}|\boldsymbol{A}^{-1})=\boldsymbol{B}^*\boldsymbol{A}^*.$$

方法二：对于$\boldsymbol{AB}$,有$(\boldsymbol{AB})^*(\boldsymbol{AB})=|\boldsymbol{AB}|\boldsymbol{E}$. 又因为

$$(\boldsymbol{B}^*\boldsymbol{A}^*)(\boldsymbol{AB})=\boldsymbol{B}^*(\boldsymbol{A}^*\boldsymbol{A})\boldsymbol{B}=\boldsymbol{B}^*|\boldsymbol{A}|\boldsymbol{E}\boldsymbol{B}=|\boldsymbol{A}|\boldsymbol{B}^*\boldsymbol{B}=|\boldsymbol{A}||\boldsymbol{B}|\boldsymbol{E}=|\boldsymbol{AB}|\boldsymbol{E},$$

故

$$(\boldsymbol{AB})^*(\boldsymbol{AB})=\boldsymbol{B}^*\boldsymbol{A}^*(\boldsymbol{AB}).$$

因为$\boldsymbol{A},\boldsymbol{B}$可逆,所以$\boldsymbol{AB}$可逆,上式两边同时右乘$(\boldsymbol{AB})^{-1}$,得$(\boldsymbol{AB})^*=\boldsymbol{B}^*\boldsymbol{A}^*$.

例 3.17 设$\boldsymbol{A}$为n阶非零矩阵,$\boldsymbol{A}^*$是$\boldsymbol{A}$的伴随矩阵,$\boldsymbol{A}^{\mathrm{T}}$是$\boldsymbol{A}$的转置矩阵,当$\boldsymbol{A}^{\mathrm{T}}=\boldsymbol{A}^*$时,证明$|\boldsymbol{A}|\neq 0$.

证法一 由公式$\boldsymbol{A}\boldsymbol{A}^*=\boldsymbol{A}^*\boldsymbol{A}=|\boldsymbol{A}|\boldsymbol{E}$及已知$\boldsymbol{A}^{\mathrm{T}}=\boldsymbol{A}^*$,有

$$\boldsymbol{A}\boldsymbol{A}^*=\boldsymbol{A}\boldsymbol{A}^{\mathrm{T}}=|\boldsymbol{A}|\boldsymbol{E}.$$

若$|\boldsymbol{A}|=0$,则$\boldsymbol{A}\boldsymbol{A}^{\mathrm{T}}=\boldsymbol{0}$,设$\boldsymbol{A}$的行向量为$\boldsymbol{\alpha}_i(i=1,2,\cdots,n)$,则$\boldsymbol{\alpha}_i\boldsymbol{\alpha}_i^{\mathrm{T}}=0(i=1,2,\cdots,n)$,即$\boldsymbol{\alpha}_i=\boldsymbol{0}$,于是$\boldsymbol{A}=\boldsymbol{0}$,这与$\boldsymbol{A}$是非零矩阵矛盾,故$|\boldsymbol{A}|\neq\boldsymbol{0}$.

证法二 由$\boldsymbol{A}^{\mathrm{T}}=\boldsymbol{A}^*$,即$A_{ij}=a_{ij}$,于是

$$|\boldsymbol{A}|=\sum_{j=1}^{n}a_{ij}A_{ij}=\sum_{j=1}^{n}a_{ij}^2\quad(i=1,2,\cdots,n).$$

因为$\boldsymbol{A}\neq\boldsymbol{0}$,故存在$a_{ij}\neq 0$,从而$|\boldsymbol{A}|=\sum\limits_{j=1}^{n}a_{ij}^2\neq 0$.

例 3.18 已知$\boldsymbol{AP}=\boldsymbol{PB}$,其中$\boldsymbol{B}=\begin{pmatrix}1&0&0\\0&0&0\\0&0&-1\end{pmatrix}$,$\boldsymbol{P}=\begin{pmatrix}1&0&0\\2&-1&0\\2&1&1\end{pmatrix}$,求$\boldsymbol{A}$及$\boldsymbol{A}^5$.

解 因为$|\boldsymbol{P}|\neq 0$,所以$\boldsymbol{P}$可逆,且$\boldsymbol{P}^{-1}=\begin{pmatrix}1&0&0\\2&-1&0\\-4&1&1\end{pmatrix}$. 由于$\boldsymbol{AP}=\boldsymbol{PB}$,所以

$$\boldsymbol{A}=\boldsymbol{PBP}^{-1}=\begin{pmatrix}1&0&0\\2&-1&0\\2&1&1\end{pmatrix}\begin{pmatrix}1&0&0\\0&0&0\\0&0&-1\end{pmatrix}\begin{pmatrix}1&0&0\\2&-1&0\\-4&1&1\end{pmatrix}=\begin{pmatrix}1&0&0\\2&0&0\\6&-1&1\end{pmatrix}.$$

由于$\boldsymbol{A}^2=\boldsymbol{PBP}^{-1}\boldsymbol{PBP}^{-1}=\boldsymbol{PB}^2\boldsymbol{P}^{-1}$,可见

$$A^5 = PB^5P^{-1} = PBP^{-1} = A.$$

注 本题实质上是已知 $A \simeq B = \Lambda$，由 A 的特征值是 $1,0,-1$，相应的特征向量是 $(1,2,2)^T$，$(1,2,2)^T$，$(1,2,2)^T$，反求 A 及 A^5.

小结 计算逆矩阵的基本方法有：(1)定义法. 设 A 的逆矩阵为 B，由 $AB=E$（或 $BA=E$），求出 B 即可. (2)伴随矩阵法. $A^{-1}=\frac{1}{|A|}A^*$，但当 $n\geqslant 3$ 时，计算 A^* 十分复杂. (3)初等变换法. 即 $(A \vdots E) \xrightarrow{\text{初等行变换}} (E \vdots A^{-1})$. (4)分块矩阵法. 若 A 能分块为以下类型

$$\begin{pmatrix} A_{11} & 0 \\ 0 & A_{22} \end{pmatrix}, \begin{pmatrix} A_{11} & A_{12} \\ 0 & A_{22} \end{pmatrix}, \begin{pmatrix} A_{11} & 0 \\ A_{21} & A_{22} \end{pmatrix}, \begin{pmatrix} 0 & A_{11} \\ A_{22} & 0 \end{pmatrix}$$

之一时，其中 A_{11}，A_{22} 为可逆矩阵，则可用相应分块矩阵求逆公式进行计算.

2. 已知矩阵 A 满足某个等式，讨论 A 的可逆性

例 3.19 设 n 阶矩阵 A 满足关系式 $A^3+A^2-A-E=0$，且 $|A+E|\neq 0$，证明 A 可逆，并求 A^{-1}.

证明 这是已知矩阵等式求逆矩阵的情形.

设法分解出 A，由 $A^3+A^2-A-E=0$，得

$$A^3+A^2=A+E,$$

即有 $A^2(A+E)=A+E$，因为 $|A+E|\neq 0$，所以两边同时右乘以 $(A+E)^{-1}$ 得

$$A^2=E,$$

从而 $A^{-1}=A$.

例 3.20 已知 n 阶矩阵 A 满足 $2A(A-E)=A^3$，求 $(E-A)^{-1}$.

解 设法分解出因子 $E-A$，由 $2A(A-E)=A^3$，得 $A^3-2A^2+2A=0$. 把上式改写为

$$A^3-2A^2+2A+E=E,$$

即有

$$(E-A)(A^2-A+E)=E,$$

故

$$(E-A)^{-1}=A^2-A+E.$$

例 3.21 设 $A^3=2E$，试证明 $A+2E$ 可逆，并求 $(A+2E)^{-1}$.

证明 由 $A^3=2E$，可得 $A^3+8E=10E$，即

$$A^3+(2E)^3=10E.$$

注意到 A 与 $2E$ 可交换，所以有

$$(A+2E)(A^2-2A+4E)=10E.$$

由此可知 $A+2E$ 可逆，且 $(A+2E)^{-1}=\frac{1}{10}(A^2-2A+4E)$.

例 3.22 已知 A 为 n 阶方阵，且对某个正整数 m 有 $A^m=0$，证明 $E-A$ 可逆，并求其逆.

证明 因为

$$(\boldsymbol{E}-\boldsymbol{A})(\boldsymbol{E}+\boldsymbol{A}+\boldsymbol{A}^2+\cdots+\boldsymbol{A}^{m-1})=\boldsymbol{E}-\boldsymbol{A}^m=\boldsymbol{E},$$

故 $\boldsymbol{E}-\boldsymbol{A}$ 可逆，且

$$(\boldsymbol{E}-\boldsymbol{A})^{-1}=\boldsymbol{E}+\boldsymbol{A}+\boldsymbol{A}^2+\cdots+\boldsymbol{A}^{m-1}.$$

例 3.23 若 $\boldsymbol{A}^2=\boldsymbol{B}^2=\boldsymbol{E}$，且 $|\boldsymbol{A}|+|\boldsymbol{B}|=0$，试证明 $\boldsymbol{A}+\boldsymbol{B}$ 是不可逆矩阵.

证明 只要证明 $|\boldsymbol{A}+\boldsymbol{B}|=0$，因为

$$|\boldsymbol{A}(\boldsymbol{A}+\boldsymbol{B})|=|\boldsymbol{A}^2+\boldsymbol{AB}|=|\boldsymbol{E}+\boldsymbol{AB}|=|\boldsymbol{BB}+\boldsymbol{AB}|=|\boldsymbol{A}+\boldsymbol{B}||\boldsymbol{B}|,$$

即 $(|\boldsymbol{A}|-|\boldsymbol{B}|)|\boldsymbol{A}+\boldsymbol{B}|=0$. 又 $|\boldsymbol{A}|^2+|\boldsymbol{B}|^2=2$，$|\boldsymbol{A}|+|\boldsymbol{B}|=0$，易知 $|\boldsymbol{A}|-|\boldsymbol{B}|\neq 0$，所以 $|\boldsymbol{A}+\boldsymbol{B}|=0$，即 $\boldsymbol{A}+\boldsymbol{B}$ 为不可逆矩阵.

小结 涉及矩阵等式的计算或证明是线性代数的重要内容之一. 若是计算问题，往往先简化，再计算；若是证明题（一般证明矩阵可逆或不可逆），比如由矩阵等式证明矩阵 $\boldsymbol{A}$ 可逆，这时一般考虑由矩阵等式分解出因子 $\boldsymbol{A}$ 来，把等式改写成 $\boldsymbol{AB}=\boldsymbol{C}$，然后利用 $|\boldsymbol{AB}|=|\boldsymbol{A}||\boldsymbol{B}|=|\boldsymbol{C}|$ 推导出 $|\boldsymbol{A}|\neq 0$. 这里 $\boldsymbol{C}$ 往往取为单位矩阵 $\boldsymbol{E}$.

如证明 $\boldsymbol{A}$ 不可逆，可用反证法. 假设 $\boldsymbol{A}$ 可逆，在已知的矩阵关系式两边同乘以（左乘或右乘）$\boldsymbol{A}^{-1}$，导出矛盾. 有时也可直接计算 $|\boldsymbol{A}|=0$.

3. 求解矩阵方程

矩阵方程最基本的形式有三种：$\boldsymbol{AX}=\boldsymbol{B}$；$\boldsymbol{XA}=\boldsymbol{B}$；$\boldsymbol{AXB}=\boldsymbol{C}$. 当 $\boldsymbol{A}$ 可逆时，它们的解分别为 $\boldsymbol{X}=\boldsymbol{A}^{-1}\boldsymbol{B}$，$\boldsymbol{X}=\boldsymbol{BA}^{-1}$，$\boldsymbol{X}=\boldsymbol{A}^{-1}\boldsymbol{CB}^{-1}$（$\boldsymbol{B}$ 也可逆）.

求解的方法是：

$$(\boldsymbol{A}\,\vdots\,\boldsymbol{B})\xrightarrow{\text{初等行变换}}(\boldsymbol{E}\,\vdots\,\boldsymbol{A}^{-1}\boldsymbol{B}),$$

$$\begin{pmatrix}\boldsymbol{A}\\ \cdots\\ \boldsymbol{B}\end{pmatrix}\xrightarrow{\text{初等列变换}}\begin{pmatrix}\boldsymbol{E}\\ \cdots\\ \boldsymbol{BA}^{-1}\end{pmatrix}.$$

一般情况下，矩阵方程中往往含有 $\boldsymbol{A}^{\mathrm{T}}$，$\boldsymbol{A}^{-1}$，$\boldsymbol{A}^*$，这时首先利用它们的性质将已知矩阵方程化简为上述三种基本形式，再求其解.

例 3.24 已知 $\boldsymbol{A}\begin{pmatrix}1&1&1\\0&1&1\\1&0&1\end{pmatrix}=\begin{pmatrix}1&2&3\\4&5&6\end{pmatrix}$，求 $\boldsymbol{A}$.

解法一 由于

$$\begin{vmatrix}1&1&1\\0&1&1\\1&0&1\end{vmatrix}=1\neq 0,$$

矩阵可逆，且

$$\begin{pmatrix}1&1&1\\0&1&1\\1&0&1\end{pmatrix}^{-1}=\begin{pmatrix}1&-1&0\\1&0&-1\\-1&1&1\end{pmatrix},$$

所以

$$A=\begin{pmatrix}1&2&3\\4&5&6\end{pmatrix}\begin{pmatrix}1&1&1\\0&1&1\\1&0&1\end{pmatrix}^{-1}=\begin{pmatrix}1&2&3\\4&5&6\end{pmatrix}\begin{pmatrix}1&-1&0\\1&0&-1\\-1&1&1\end{pmatrix}=\begin{pmatrix}0&2&1\\3&2&1\end{pmatrix}.$$

解法二 用初等列变换,得

$$\begin{pmatrix}1&1&1\\0&1&1\\1&0&1\\\hdashline 1&2&3\\4&5&6\end{pmatrix}\xrightarrow[②-①]{③-②}\begin{pmatrix}1&0&0\\0&1&0\\1&-1&1\\\hdashline 1&1&1\\4&1&1\end{pmatrix}\xrightarrow[②+③]{①-③}\begin{pmatrix}1&0&0\\0&1&0\\0&0&1\\\hdashline 0&2&1\\3&2&1\end{pmatrix},$$

故 $A=\begin{pmatrix}0&2&1\\3&2&1\end{pmatrix}$.

例 3.25 设三阶方阵 A,B 满足关系式 $A^{-1}BA=6A+BA$,且

$$A=\begin{pmatrix}\frac{1}{3}&0&0\\0&\frac{1}{4}&0\\0&0&\frac{1}{7}\end{pmatrix},$$

求 B.

解 等式 $A^{-1}BA=6A+BA$ 两边同时右乘 A^{-1},简化为

$$A^{-1}B=6E+B,\quad (A^{-1}-E)B=6E,$$

从而

$$B=6(A^{-1}-E)^{-1}=6\begin{pmatrix}2&0&0\\0&3&0\\0&0&6\end{pmatrix}^{-1}=6\begin{pmatrix}\frac{1}{2}&0&0\\0&\frac{1}{3}&0\\0&0&\frac{1}{6}\end{pmatrix}=\begin{pmatrix}3&0&0\\0&2&0\\0&0&1\end{pmatrix}.$$

例 3.26 设矩阵 A,B 满足 $A^*BA=2BA-8E$,其中

$$A=\begin{pmatrix}1&0&0\\0&-2&0\\0&0&1\end{pmatrix},$$

E 为单位矩阵,A^* 为 A 的伴随矩阵,试求 B.

解 利用关系式 $AA^*=|A|E$,等式两边分别左乘 A,再分别右乘 A^{-1},得

$$AA^*BAA^{-1}=2ABAA^{-1}-8AA^{-1},$$

即 $|\boldsymbol{A}|\boldsymbol{B}=2\boldsymbol{A}\boldsymbol{B}-8\boldsymbol{E}$. 从而有

$$\boldsymbol{B}=8(2\boldsymbol{A}-|\boldsymbol{A}|\boldsymbol{E})^{-1}=8\begin{pmatrix}4&0&0\\0&-2&0\\0&0&4\end{pmatrix}^{-1}=\begin{pmatrix}\frac{1}{4}&0&0\\0&-\frac{1}{2}&0\\0&0&\frac{1}{4}\end{pmatrix}=\begin{pmatrix}2&0&0\\0&-4&0\\0&0&2\end{pmatrix}.$$

例 3.27　设 $(2\boldsymbol{E}-\boldsymbol{C}^{-1}\boldsymbol{B})\boldsymbol{A}^{\mathrm{T}}=\boldsymbol{C}^{-1}$，其中 $\boldsymbol{E}$ 是 4 阶单位矩阵，$\boldsymbol{A}^{\mathrm{T}}$ 是 4 阶矩阵 $\boldsymbol{A}$ 的转置矩阵，求 $\boldsymbol{A}$，其中

$$\boldsymbol{B}=\begin{pmatrix}1&2&-3&-2\\0&1&2&-3\\0&0&1&2\\0&0&0&1\end{pmatrix},\quad \boldsymbol{C}=\begin{pmatrix}1&2&0&1\\0&1&2&0\\0&0&1&2\\0&0&0&1\end{pmatrix}.$$

分析　利用矩阵的运算性质，由 $(2\boldsymbol{E}-\boldsymbol{C}^{-1}\boldsymbol{B})\boldsymbol{A}^{\mathrm{T}}=\boldsymbol{C}^{-1}$ 两边分别左乘 $\boldsymbol{C}$，推出 $\boldsymbol{A}$ 的表达式，然后将 $\boldsymbol{B},\boldsymbol{C}$ 代入计算.

解　由题设得 $\boldsymbol{C}(2\boldsymbol{E}-\boldsymbol{C}^{-1}\boldsymbol{B})\boldsymbol{A}^{\mathrm{T}}=\boldsymbol{E}\Rightarrow(2\boldsymbol{C}-\boldsymbol{B})\boldsymbol{A}^{\mathrm{T}}=\boldsymbol{E}$.

由于

$$2\boldsymbol{C}-\boldsymbol{B}=\begin{pmatrix}1&2&3&4\\0&1&2&3\\0&0&1&2\\0&0&0&1\end{pmatrix},\quad |2\boldsymbol{C}-\boldsymbol{B}|\neq 0,$$

故 $2\boldsymbol{C}-\boldsymbol{B}$ 可逆，于是

$$\boldsymbol{A}=[(2\boldsymbol{C}-\boldsymbol{B})^{-1}]^{\mathrm{T}}=[(2\boldsymbol{C}-\boldsymbol{B})^{\mathrm{T}}]^{-1}=\begin{pmatrix}1&0&0&0\\2&1&0&0\\3&2&1&0\\4&3&2&1\end{pmatrix}^{-1}=\begin{pmatrix}1&0&0&0\\-2&1&0&0\\1&-2&1&0\\0&1&-2&1\end{pmatrix}.$$

3.3.4　有关矩阵秩的证明

例 3.28　已知 $\boldsymbol{A}$ 是 n 阶矩阵，若对任意的 n 维向量 $\boldsymbol{x}=(x_1,x_2,\cdots,x_n)$ 均有 $\boldsymbol{A}\boldsymbol{x}=\boldsymbol{0}$，则 $\boldsymbol{A}=\boldsymbol{0}$.

证法一　设 $\boldsymbol{A}=(a_{ij})_{n\times n}$，由 $\boldsymbol{x}$ 的任意性，不妨取 $\boldsymbol{x}$ 为单位向量组

$$\boldsymbol{\varepsilon}_i=(0,\cdots,0,\underset{i}{1},0,\cdots,0)^{\mathrm{T}}\quad(i=1,2,\cdots,n).$$

由题设可知 $\boldsymbol{A}\boldsymbol{\varepsilon}_i=\boldsymbol{0}$，即

$$A\boldsymbol{\varepsilon}_i=\begin{pmatrix}a_{1i}\\a_{2i}\\\vdots\\a_{ni}\end{pmatrix}=\begin{pmatrix}0\\0\\\vdots\\0\end{pmatrix},$$

也即 $a_{1i}=a_{2i}=\cdots=a_{ni}=0(i=1,2,\cdots,n)$. 所以 $\boldsymbol{A}=\boldsymbol{0}$.

证法二 设 n 维向量 $\boldsymbol{x}_1,\boldsymbol{x}_2,\cdots,\boldsymbol{x}_n$ 是 $\mathbb{R}^n$ 中的 n 个线性无关的向量,由题设可知 $\boldsymbol{A}\boldsymbol{x}_i=\boldsymbol{0}(i=1,2,\cdots,n)$.

令 $\boldsymbol{B}=(\boldsymbol{x}_1,\boldsymbol{x}_2,\cdots,\boldsymbol{x}_n)$,显然 $\mathrm{r}(\boldsymbol{B})=n$,所以 $\boldsymbol{B}$ 为可逆矩阵,又因为

$$\boldsymbol{AB}=(\boldsymbol{Ax}_1,\boldsymbol{Ax}_2,\cdots,\boldsymbol{Ax}_n)=\boldsymbol{0},$$

在上式两边右乘 $\boldsymbol{B}^{-1}$,即 $\boldsymbol{ABB}^{-1}=\boldsymbol{0B}^{-1}$,得 $\boldsymbol{A}=\boldsymbol{0}$.

证法三 由题设可知,任意的 n 维向量都是齐次线性方程组 $\boldsymbol{Ax}=\boldsymbol{0}$ 的解,故取 $\boldsymbol{x}$ 为单位向量组 $\boldsymbol{\varepsilon}_1,\boldsymbol{\varepsilon}_2,\cdots,\boldsymbol{\varepsilon}_n$ 时,它们也是 $\boldsymbol{Ax}=\boldsymbol{0}$ 的解,且为 $\boldsymbol{Ax}=\boldsymbol{0}$ 的一个基础解系. 由线性方程组解的理论可知,若 $\mathrm{r}(\boldsymbol{A})=r$,则 $\boldsymbol{Ax}=\boldsymbol{0}$ 的基础解系中含有 $n-r$ 个解向量,现在

$$n-\mathrm{r}(\boldsymbol{A})=n,$$

所以 $\mathrm{r}(\boldsymbol{A})=0$,于是必有 $\boldsymbol{A}=\boldsymbol{0}$.

注 证明 $\boldsymbol{A}=\boldsymbol{0}$ 有两种方法,一是证明 $\boldsymbol{A}$ 中每个元素 $a_{ij}=0$,二是证明 $\mathrm{r}(\boldsymbol{A})=0$.

例 3.29 设 n 阶矩阵 $\boldsymbol{A}\neq\boldsymbol{0}$,试证:存在一个 n 阶非零矩阵 $\boldsymbol{B}$ 使 $\boldsymbol{AB}=\boldsymbol{0}$ 的充分必要条件是 $|\boldsymbol{A}|=0$.

证明 必要性 如果 $|\boldsymbol{A}|\neq0$,则 $\boldsymbol{A}$ 可逆. 由 $\boldsymbol{AB}=\boldsymbol{0}$,可得

$$\boldsymbol{A}^{-1}\boldsymbol{AB}=\boldsymbol{A}^{-1}\,\boldsymbol{0}.$$

即 $\boldsymbol{B}=\boldsymbol{0}$,与题设 $\boldsymbol{B}\neq\boldsymbol{0}$ 矛盾. 因此 $|\boldsymbol{A}|=0$.

充分性 若 $|\boldsymbol{A}|=0$,则齐次线性方程组 $\boldsymbol{Ax}=\boldsymbol{0}$ 必有非零解. 设 $\boldsymbol{b}_1,\boldsymbol{b}_2,\cdots,\boldsymbol{b}_n$ 是 $\boldsymbol{Ax}=\boldsymbol{0}$ 的 n 个非零解,令 $\boldsymbol{B}=(\boldsymbol{b}_1,\boldsymbol{b}_2,\cdots,\boldsymbol{b}_n)$,则 $\boldsymbol{B}\neq\boldsymbol{0}$,且

$$\boldsymbol{AB}=(\boldsymbol{Ab}_1,\boldsymbol{Ab}_2,\cdots,\boldsymbol{Ab}_n)=(\boldsymbol{0},\boldsymbol{0},\cdots,\boldsymbol{0})=\boldsymbol{0}.$$

注 命题"若 $\boldsymbol{AB}=\boldsymbol{0}$,则 $\boldsymbol{B}$ 的每一列都是齐次线性方程组 $\boldsymbol{Ax}=\boldsymbol{0}$ 的解",这一结论把矩阵乘法与线性方程组的解、向量组的线性相关性及秩等重要内容联系在一起,应用广泛.

例 3.30 设 $\boldsymbol{A}$ 是 $n\times s$ 矩阵,$\boldsymbol{B}$ 是 $n\times t$ 矩阵,且矩阵方程 $\boldsymbol{AX}=\boldsymbol{B}$ 有解,试证 $\mathrm{r}(\boldsymbol{A})\geqslant\mathrm{r}(\boldsymbol{B})$.

解法一 因为 $\boldsymbol{AX}=\boldsymbol{B}$ 有解,所以存在 $s\times t$ 矩阵 $\boldsymbol{X}$,使 $\boldsymbol{AX}=\boldsymbol{B}$,而两个矩阵乘积的秩小于或等于每一个矩阵的秩,所以

$$\mathrm{r}(\boldsymbol{B})=\mathrm{r}(\boldsymbol{AX})\leqslant\min\{\mathrm{r}(\boldsymbol{A}),\mathrm{r}(\boldsymbol{X})\}\leqslant\mathrm{r}(\boldsymbol{A}).$$

解法二 设 $\boldsymbol{A}$ 的列向量组为 $\boldsymbol{a}_1,\boldsymbol{a}_2,\cdots,\boldsymbol{a}_s$,$\boldsymbol{B}$ 的列向量组为 $\boldsymbol{b}_1,\boldsymbol{b}_2,\cdots,\boldsymbol{b}_t$,而 $\boldsymbol{X}=(x_{ij})_{s\times t}$.

由 $\boldsymbol{AX}=\boldsymbol{B}$ 有解,可得

$$(\boldsymbol{a}_1,\boldsymbol{a}_2,\cdots,\boldsymbol{a}_s)\begin{pmatrix} x_{11} & x_{12} & \cdots & x_{1t} \\ x_{21} & x_{22} & \cdots & x_{2t} \\ \vdots & \vdots & & \vdots \\ x_{s1} & x_{s2} & \cdots & x_{st} \end{pmatrix} = (\boldsymbol{b}_1,\boldsymbol{b}_2,\cdots,\boldsymbol{b}_t),$$

也就是

$$x_{1i}\boldsymbol{a}_1 + x_{2i}\boldsymbol{a}_2 + \cdots + x_{si}\boldsymbol{a}_s = \boldsymbol{b}_i \quad (i=1,2,\cdots,t),$$

所以 $\boldsymbol{b}_1,\boldsymbol{b}_2,\cdots,\boldsymbol{b}_t$ 可由 $\boldsymbol{a}_1,\boldsymbol{a}_2,\cdots,\boldsymbol{a}_s$ 线性表示，从而

$$\mathrm{r}(\boldsymbol{b}_1,\boldsymbol{b}_2,\cdots,\boldsymbol{b}_t) \leqslant \mathrm{r}(\boldsymbol{a}_1,\boldsymbol{a}_2,\cdots,\boldsymbol{a}_s),$$

即 $\mathrm{r}(\boldsymbol{B})\leqslant\mathrm{r}(\boldsymbol{A})$.

例 3.31 设 $\boldsymbol{A},\boldsymbol{B}$ 均为 $m\times n$ 矩阵，试证明

$$\mathrm{r}(\boldsymbol{A}+\boldsymbol{B}) \leqslant \mathrm{r}(\boldsymbol{A}) + \mathrm{r}(\boldsymbol{B}).$$

证明 易知，$\boldsymbol{A}+\boldsymbol{B}$ 的行向量组可由 $\boldsymbol{A}$ 的行向量组和 $\boldsymbol{B}$ 的行向量组线性表示. 设 $\boldsymbol{A}$ 的行向量组的一个极大无关组为 $\boldsymbol{\alpha}_1,\boldsymbol{\alpha}_2,\cdots,\boldsymbol{\alpha}_s$ ($\mathrm{r}(\boldsymbol{A})=s$)，$\boldsymbol{B}$ 的行向量组的一个极大无关组为 $\boldsymbol{\beta}_1,\boldsymbol{\beta}_2,\cdots,\boldsymbol{\beta}_t$ ($\mathrm{r}(\boldsymbol{B})=t$). 由于一个向量组与它的极大无关组等价，由传递性可知，$\boldsymbol{A}+\boldsymbol{B}$ 的行向量组可由向量组 $\boldsymbol{\alpha}_1,\boldsymbol{\alpha}_2,\cdots,\boldsymbol{\alpha}_s,\boldsymbol{\beta}_1,\boldsymbol{\beta}_2,\cdots,\boldsymbol{\beta}_t$ 线性表示，所以

$$\begin{aligned}\mathrm{r}(\boldsymbol{A}+\boldsymbol{B}) = (\boldsymbol{A}+\boldsymbol{B})\text{ 的行秩} &\leqslant \mathrm{r}(\boldsymbol{\alpha}_1,\boldsymbol{\alpha}_2,\cdots,\boldsymbol{\alpha}_s,\boldsymbol{\beta}_1,\boldsymbol{\beta}_2,\cdots,\boldsymbol{\beta}_t) \\ &\leqslant s+t = \mathrm{r}(\boldsymbol{A}) + \mathrm{r}(\boldsymbol{B}).\end{aligned}$$

例 3.32 若 $\boldsymbol{A}^2=\boldsymbol{A}$（即 $\boldsymbol{A}$ 为幂等矩阵），则

$$\mathrm{r}(\boldsymbol{A}) + \mathrm{r}(\boldsymbol{A}-\boldsymbol{E}) = n.$$

分析 注意到 $\mathrm{r}(\boldsymbol{A}-\boldsymbol{E})=\mathrm{r}(\boldsymbol{E}-\boldsymbol{A})$，要证

$$\mathrm{r}(\boldsymbol{A}) + \mathrm{r}(\boldsymbol{A}-\boldsymbol{E}) = \mathrm{r}(\boldsymbol{A}) + \mathrm{r}(\boldsymbol{E}-\boldsymbol{A}) = n,$$

只需证明不等式

$$\mathrm{r}(\boldsymbol{A}) + \mathrm{r}(\boldsymbol{E}-\boldsymbol{A}) \leqslant n, \quad \mathrm{r}(\boldsymbol{A}) + \mathrm{r}(\boldsymbol{E}-\boldsymbol{A}) \geqslant n$$

同时成立即可. 这是证明等式时常用的思路.

证明 因为 $\boldsymbol{A}^2=\boldsymbol{A}$，可得 $\boldsymbol{A}(\boldsymbol{E}-\boldsymbol{A})=\boldsymbol{0}$，所以，

$$\mathrm{r}(\boldsymbol{A}) + \mathrm{r}(\boldsymbol{E}-\boldsymbol{A}) \leqslant n.$$

另一方面，$\boldsymbol{E}=\boldsymbol{A}+(\boldsymbol{E}-\boldsymbol{A})$，所以

$$n = \mathrm{r}(\boldsymbol{E}) = \mathrm{r}[\boldsymbol{A}+(\boldsymbol{E}-\boldsymbol{A})] \leqslant \mathrm{r}(\boldsymbol{A}) + \mathrm{r}(\boldsymbol{E}-\boldsymbol{A}).$$

综上所述，即得 $\mathrm{r}(\boldsymbol{A})+\mathrm{r}(\boldsymbol{E}-\boldsymbol{A})=n$. 又注意到 $\mathrm{r}(\boldsymbol{E}-\boldsymbol{A})=\mathrm{r}(\boldsymbol{A}-\boldsymbol{E})$，所以

$$\mathrm{r}(\boldsymbol{A}) + \mathrm{r}(\boldsymbol{A}-\boldsymbol{E}) = n.$$

例 3.33 设 $\boldsymbol{A}$ 是 n 阶矩阵($n\geqslant2$)，$\boldsymbol{A}^*$ 是 $\boldsymbol{A}$ 的伴随矩阵，证明：

$$\mathrm{r}(\boldsymbol{A}^*) = \begin{cases} n, & \mathrm{r}(\boldsymbol{A}) = n, \\ 1, & \mathrm{r}(\boldsymbol{A}) = n-1, \\ 0, & \mathrm{r}(\boldsymbol{A}) < n-1. \end{cases}$$

证明 由 $AA^*=|A|E$,可知：

(1) 若 $r(A)=n$,则 A 可逆,由上式可知,$|A^*|=|A|^{n-1}\neq 0$,所以 A^* 可逆,故 $r(A^*)=n$.

(2) 若 $r(A)=n-1$,则 $|A|=0$,于是 $AA^*=0$,即 A^* 的每一个列向量都是齐次线性方程组的解向量.由 $r(A)=n-1$,故基础解系中含有 $n-r(A)=n-(n-1)=1$ 个向量,所以 $r(A^*)\leqslant 1$.

另一方面,$r(A)=n-1$,故 A 中至少有一个 $n-1$ 阶子式不等于零,即 A^* 中至少有一个元素不等于零,所以 $r(A^*)\geqslant 1$,由此得 $r(A^*)=1$.

(3) 若 $r(A)<n-1$,则 A 的所有 $n-1$ 阶子式全为零,即 $A^*=0$,所以 $r(A^*)=0$.

3.4 自测题

1. 填空题

(1) 与 $A=\begin{pmatrix}0&1&0\\0&0&1\\1&0&0\end{pmatrix}$ 可交换的矩阵为________.

(2) $f(x)=x^4-4x^3+6x^2-4x+1$,$A=\begin{pmatrix}1&1&0\\0&1&1\\0&0&1\end{pmatrix}$,则 $f(A)=$________.

(3) 设 $A=\begin{pmatrix}0&0&2&3\\0&0&1&1\\3&1&0&0\\-2&-1&0&0\end{pmatrix}$,则 $A^{-1}=$________.

(4) 设 4 阶方阵 A 的秩为 2,则其伴随矩阵 A^* 的秩为________.

(5) 设 A,B 均为 n 阶可逆矩阵,则 $(AB)^2=A^2B^2$ 的充要条件是________.

(6) 设 A 为三阶方阵,A 的列向量组为 a_1,a_2,a_3,已知 $|A|=3$,则 $|2a_1+a_2,a_3,a_2|=$________.

(7) 设 A,B 均为 n 阶矩阵,如果 $AB=0$,且 $A+B=E$,则 $r(A)+r(B)=$________.

(8) 设矩阵 $A=\begin{pmatrix}3&0&0\\1&4&0\\0&0&3\end{pmatrix}$,$E=\begin{pmatrix}1&0&0\\0&1&0\\0&0&1\end{pmatrix}$,则逆矩阵 $(A-2E)^{-1}=$________.

(9) 设 $A=\begin{pmatrix}1&0&1\\0&2&0\\1&0&1\end{pmatrix}$,而 $n\geqslant 2$ 为正整数,则 $A^n-2A^{n-1}=$________.

(10) 设 n 阶可逆矩阵 $\boldsymbol{A}$ 满足 $2|\boldsymbol{A}|=|k\boldsymbol{A}|$, $k>0$, 则 $k=$______.

2. 选择题

(1) 以下结论中正确的是( ).

(A) 若方阵 $\boldsymbol{A}$ 的行列式 $|\boldsymbol{A}|=0$, 则 $\boldsymbol{A}=\boldsymbol{0}$

(B) 若 $\boldsymbol{A}^2=\boldsymbol{0}$, 则 $\boldsymbol{A}=\boldsymbol{0}$

(C) 若 $\boldsymbol{A}$ 为对称矩阵, 则 $\boldsymbol{A}^2$ 也是对称矩阵

(D) 对任意的同阶方阵 $\boldsymbol{A},\boldsymbol{B}$ 有 $(\boldsymbol{A}+\boldsymbol{B})(\boldsymbol{A}-\boldsymbol{B})=\boldsymbol{A}^2-\boldsymbol{B}^2$

(2) 两个同阶反对称矩阵的乘积( ).

(A) 仍为反对称矩阵　　(B) 不是反对称矩阵

(C) 不一定是反对称矩阵　　(D) 是对称矩阵

(3) 若 $\boldsymbol{A}$ 为反对称矩阵, 则 $\boldsymbol{A}^n$( ).

(A) 不是反对称矩阵就是对称矩阵, 二者必具其一

(B) 必为反对称矩阵

(C) 必为对称矩阵

(D) 既不是反对称矩阵, 又不是对称矩阵

(4) 设 n 阶矩阵 $\boldsymbol{A},\boldsymbol{B},\boldsymbol{C}$ 满足 $\boldsymbol{ABC}=\boldsymbol{E}$, 则必有( ).

(A) $\boldsymbol{ACB}=\boldsymbol{E}$　　(B) $\boldsymbol{CBA}=\boldsymbol{E}$

(C) $\boldsymbol{BAC}=\boldsymbol{E}$　　(D) $\boldsymbol{BCA}=\boldsymbol{E}$

(5) 设 $\boldsymbol{A},\boldsymbol{B}$ 均为 n 阶方阵, 则必有( ).

(A) $|\boldsymbol{A}+\boldsymbol{B}|=|\boldsymbol{A}|+|\boldsymbol{B}|$　　(B) $\boldsymbol{AB}=\boldsymbol{BA}$

(C) $|\boldsymbol{AB}|=|\boldsymbol{BA}|$　　(D) $(\boldsymbol{A}+\boldsymbol{B})^{-1}=\boldsymbol{A}^{-1}+\boldsymbol{B}^{-1}$

(6) 设 $\boldsymbol{A}$ 是 n 阶可逆矩阵, $\boldsymbol{A}^*$ 是 $\boldsymbol{A}$ 的伴随矩阵, 则( ).

(A) $|\boldsymbol{A}^*|=|\boldsymbol{A}|$　　(B) $|\boldsymbol{A}^*|=|\boldsymbol{A}|^{n-1}$

(C) $|\boldsymbol{A}^*|=|\boldsymbol{A}|^n$　　(D) $|\boldsymbol{A}^*|=|\boldsymbol{A}^{-1}|$

(7) 设 $\boldsymbol{A},\boldsymbol{B},\boldsymbol{A}+\boldsymbol{B},\boldsymbol{A}^{-1}+\boldsymbol{B}^{-1}$ 均为 n 阶可逆矩阵, 则 $(\boldsymbol{A}^{-1}+\boldsymbol{B}^{-1})^{-1}=$( ).

(A) $\boldsymbol{A}^{-1}+\boldsymbol{B}^{-1}$　　(B) $\boldsymbol{A}+\boldsymbol{B}$

(C) $\boldsymbol{B}(\boldsymbol{A}+\boldsymbol{B})^{-1}\boldsymbol{A}$　　(D) $(\boldsymbol{A}+\boldsymbol{B})^{-1}$

(8) 设 n 阶矩阵 $\boldsymbol{A}$ 为

$$\boldsymbol{A}=\begin{pmatrix} & & & -1 \\ & & -1 & \\ & \iddots & & \\ -1 & & & \end{pmatrix},$$

则 $|\boldsymbol{A}|=$( ).

(A) -1　　(B) $(-1)^n$　　(C) $(-1)^{\frac{n(n-1)}{2}}$　　(D) $(-1)^{\frac{n(n+1)}{2}}$

(9) 设 $\boldsymbol{A},\boldsymbol{B}$ 为 n 阶方阵，且 $\boldsymbol{AB}=\boldsymbol{0}$，则必有(　　).

(A) 若 $\mathrm{r}(\boldsymbol{A})=n$，则 $\boldsymbol{B}=\boldsymbol{0}$　　(B) 若 $\boldsymbol{A}\neq\boldsymbol{0}$，则 $\boldsymbol{B}=\boldsymbol{0}$

(C) 或者 $\boldsymbol{A}=\boldsymbol{0}$，或者 $\boldsymbol{B}=\boldsymbol{0}$　　(D) $|\boldsymbol{A}|+|\boldsymbol{B}|=0$

(10) 若 $\boldsymbol{A}$ 为 n 阶可逆矩阵，下列各式正确的是(　　).

(A) $(2\boldsymbol{A})^{-1}=2\boldsymbol{A}^{-1}$　　(B) $\boldsymbol{AA}^*\neq\boldsymbol{0}$

(C) $(\boldsymbol{A}^*)^{-1}=\dfrac{\boldsymbol{A}^{-1}}{|\boldsymbol{A}|}$　　(D) $[(\boldsymbol{A}^{-1})^{\mathrm{T}}]^{-1}=[(\boldsymbol{A}^{\mathrm{T}})^{-1}]^{\mathrm{T}}$

3. 设

$$\boldsymbol{A}=\begin{pmatrix}1&2&1\\2&1&3\\0&3&1\end{pmatrix},$$

试利用矩阵的初等变换和伴随矩阵两种方法求 $\boldsymbol{A}^{-1}$.

4. 设实矩阵 $\boldsymbol{A}=(a_{ij})_{3\times3}$ 满足条件：

(1) $a_{ij}=A_{ij}(i,j=1,2,3)$，其中 A_{ij} 是 a_{ij} 的代数余子式.

(2) $a_{11}\neq0$.

试计算行列式 $|\boldsymbol{A}|$.

5. 设 $|\boldsymbol{A}|\neq0$，且 $\boldsymbol{A}$ 的伴随矩阵 $\boldsymbol{A}^*$ 为反对称矩阵，证明：$\boldsymbol{A}^{\mathrm{T}}$ 也是反对称矩阵.

6. 设 $\boldsymbol{A}=\begin{pmatrix}-1&1&1&-1\\1&-1&-1&1\\1&-1&-1&1\\-1&1&1&-1\end{pmatrix}$，求 $\boldsymbol{A}^6$.

7. 设三阶矩阵 $\boldsymbol{B}\neq\boldsymbol{0}$，且 $\boldsymbol{B}$ 中每个列向量都是下列线性方程组的解：

$$\begin{cases}x_1+2x_2-2x_3=0,\\2x_1-x_2+\lambda x_3=0,\\3x_1+x_2-x_3=0.\end{cases}$$

(1)求 λ 的值；(2)证明 $|\boldsymbol{B}|=0$.

8. 用求系数矩阵逆矩阵的方法解矩阵方程 $\boldsymbol{AX}=\boldsymbol{B}$，其中

$$\boldsymbol{A}=\begin{pmatrix}-4&1&1\\1&-2&1\\1&1&-1\end{pmatrix},\quad \boldsymbol{B}=\begin{pmatrix}2&-1\\-3&1\\6&-5\end{pmatrix}.$$

9. 设方阵 $\boldsymbol{A}$ 满足 $\boldsymbol{A}^2-\boldsymbol{A}-2\boldsymbol{E}=\boldsymbol{0}$，证明 $\boldsymbol{A}$ 及 $\boldsymbol{A}+2\boldsymbol{E}$ 都可逆，并求 $\boldsymbol{A}^{-1}$ 及 $(\boldsymbol{A}+2\boldsymbol{E})^{-1}$.

10. 设 $\boldsymbol{A}$ 为 n 阶非奇异矩阵，$\boldsymbol{\alpha}$ 为 n 维列向量，b 为常数，记分块矩阵

$$P=\begin{pmatrix} E & 0 \\ -\alpha^{T}A^{*} & |A| \end{pmatrix},\quad Q=\begin{pmatrix} A & \alpha \\ \alpha^{T} & b \end{pmatrix},$$

其中A^{*}是矩阵A的伴随矩阵,E为n阶单位矩阵.

(1) 计算并简化PQ;

(2) 证明:矩阵Q可逆的充要条件是$\alpha^{T}A^{-1}\alpha\neq b$.

11. 设4阶矩阵

$$B=\begin{pmatrix} 1 & -1 & 0 & 0 \\ 0 & 1 & -1 & 0 \\ 0 & 0 & 1 & -1 \\ 0 & 0 & 0 & 1 \end{pmatrix},\quad C=\begin{pmatrix} 2 & 1 & 3 & 4 \\ 0 & 2 & 1 & 3 \\ 0 & 0 & 2 & 1 \\ 0 & 0 & 0 & 2 \end{pmatrix}$$

满足关系式$A(E-C^{-1}B)^{T}C^{T}=E$,求A.

12. 设A为n阶可逆矩阵,且$A^{2}=|A|E$,证明A的伴随矩阵$A^{*}=A$.

13. 设A为n阶方阵,证明$(A^{*})^{*}=|A|^{n-2}A$.

14. 设A是三阶方阵,$|A|=\frac{1}{2}$,试求$|3(A)^{-1}-2A^{*}|$的值.

3.5 自测题参考答案与提示

1. (1) $\begin{pmatrix} a & b & c \\ c & a & b \\ b & c & a \end{pmatrix}$. (2) 0. (3) $\begin{pmatrix} 0 & 0 & 1 & 1 \\ 0 & 0 & -2 & -3 \\ -1 & 3 & 0 & 0 \\ 1 & -2 & 0 & 0 \end{pmatrix}$. (4) 0.

(5) A与B可交换. (6) -6. (7) n. (8) $\begin{pmatrix} 1 & 0 & 0 \\ -\frac{1}{2} & \frac{1}{2} & 0 \\ 0 & 0 & 1 \end{pmatrix}$.

(9) 0. (10) $\sqrt[n]{2}$.

2. (1) (C). (2) (C). (3) (A). (4) (D). (5) (C). (6) (B). (7) (C). (8) (D). (9) (A). (10) (B).

3. $A^{-1}=\begin{pmatrix} \frac{4}{3} & -\frac{1}{6} & -\frac{5}{6} \\ \frac{1}{3} & -\frac{1}{6} & \frac{1}{6} \\ -1 & \frac{1}{2} & \frac{1}{2} \end{pmatrix}$.

4. (1) 提示：由 $a_{ij}=A_{ij}$ 可知 $\boldsymbol{A}^*=\boldsymbol{A}^{\mathrm{T}}$，从而可利用 $\boldsymbol{A}\boldsymbol{A}^{\mathrm{T}}=\boldsymbol{A}\boldsymbol{A}^*=|\boldsymbol{A}|\boldsymbol{E}$，两边取行列式.

(2) 略.

5. 提示：由 $\boldsymbol{A}\boldsymbol{A}^*=|\boldsymbol{A}|\boldsymbol{E}$ 可得 $(\boldsymbol{A}\boldsymbol{A}^*)^{\mathrm{T}}=(\boldsymbol{A}^*)^{\mathrm{T}}\boldsymbol{A}^{\mathrm{T}}=-\boldsymbol{A}^*\boldsymbol{A}^{\mathrm{T}}=|\boldsymbol{A}|\boldsymbol{E}$. 在 $-\boldsymbol{A}^*\boldsymbol{A}^{\mathrm{T}}=|\boldsymbol{A}|\boldsymbol{E}$ 两边左乘 $\boldsymbol{A}$，注意到 $|\boldsymbol{A}|\neq 0$，从而可得 $\boldsymbol{A}=(\boldsymbol{A}^{\mathrm{T}})^{\mathrm{T}}=-\boldsymbol{A}^{\mathrm{T}}$.

6. 提示：容易算出 $\boldsymbol{A}^2=-4\boldsymbol{A}$，于是可以推证出 $\boldsymbol{A}^6=-1024\boldsymbol{A}$. 一般地有 $\boldsymbol{A}^k=(-4)^{k-1}\boldsymbol{A}$.

7. (1) 提示：由题设可以推知，齐次线性方程组有非零解，因而它的系数行列式等于0，计算可得 $\lambda=1$.

(2) 提示：设齐次线性方程组的系数矩阵为 $\boldsymbol{A}$，显然 $\boldsymbol{A}\boldsymbol{B}=\boldsymbol{0}$，且 $\boldsymbol{A}\neq\boldsymbol{0}$，则必有 $|\boldsymbol{B}|=0$.

8. $\boldsymbol{X}=\boldsymbol{A}^{-1}\boldsymbol{B}=\begin{pmatrix}14 & -8\\ 25 & -15\\ 33 & -18\end{pmatrix}$.

9. $\boldsymbol{A}^{-1}=\frac{1}{2}(\boldsymbol{A}-\boldsymbol{E})$；$(\boldsymbol{A}+2\boldsymbol{E})^{-1}=\frac{1}{4}(3\boldsymbol{E}-\boldsymbol{A})$.

10. (1) 提示：利用 $\boldsymbol{A}\boldsymbol{A}^*=\boldsymbol{A}^*\boldsymbol{A}=|\boldsymbol{A}|\boldsymbol{E}$，于是

$$\begin{aligned}\boldsymbol{P}\boldsymbol{Q}&=\begin{pmatrix}\boldsymbol{A} & \boldsymbol{\alpha}\\ -\boldsymbol{\alpha}^{\mathrm{T}}\boldsymbol{A}^*\boldsymbol{A}+|\boldsymbol{A}|\boldsymbol{\alpha}^{\mathrm{T}} & -\boldsymbol{\alpha}^{\mathrm{T}}\boldsymbol{A}^*\boldsymbol{\alpha}+b|\boldsymbol{A}|\end{pmatrix}\\ &=\begin{pmatrix}\boldsymbol{A} & \boldsymbol{\alpha}\\ \boldsymbol{0} & |\boldsymbol{A}|(b-\boldsymbol{\alpha}^{\mathrm{T}}\boldsymbol{A}^{-1}\boldsymbol{\alpha})\end{pmatrix}.\end{aligned}$$

(2) 由(1) 知，$|\boldsymbol{P}\boldsymbol{Q}|=|\boldsymbol{A}|^2(b-\boldsymbol{\alpha}^{\mathrm{T}}\boldsymbol{A}^{-1}\boldsymbol{\alpha})$，从而可证得结论.

11. $\boldsymbol{A}=[(\boldsymbol{C}-\boldsymbol{B})^{\mathrm{T}}]^{-1}=\begin{pmatrix}1 & 0 & 0 & 0\\ -2 & 1 & 0 & 0\\ 1 & -2 & 1 & 0\\ 0 & 1 & -2 & 1\end{pmatrix}$.

提示：先将所给矩阵方程的左端化简.

12. $-\frac{16}{27}$.

13. 略.

14. 16.

第 4 章 向量空间

4.1 说明与要求

向量空间是线性代数中的一个重要概念.

本章我们应了解向量空间$\mathbb{R}^n$的基底、坐标、过渡矩阵等基本概念；会求向量在不同基底下的坐标、一个基底到另一个基底的过渡矩阵；掌握基底变换和坐标变换的公式；还要了解向量内积的概念；掌握线性无关向量组的施密特正交化方法. 了解正交矩阵的定义及其主要性质.

4.2 内容提要

4.2.1 维数、基底与坐标

1. 向量空间$\mathbb{R}^n$的基底

在向量空间$\mathbb{R}^n$中，任意n个线性无关的向量$\boldsymbol{\varepsilon}_1,\boldsymbol{\varepsilon}_2,\cdots,\boldsymbol{\varepsilon}_n$都是$\mathbb{R}^n$的基底或基.

2. 向量的坐标

设$\boldsymbol{\varepsilon}_1,\boldsymbol{\varepsilon}_2,\cdots,\boldsymbol{\varepsilon}_n$是$n$维向量空间$\mathbb{R}^n$的一个基底，则$\mathbb{R}^n$中任意一个向量$\boldsymbol{\alpha}$都可以表示成$\boldsymbol{\varepsilon}_1,\boldsymbol{\varepsilon}_2,\cdots,\boldsymbol{\varepsilon}_n$的线性组合，且表示式是唯一的，即存在唯一的一组常数$a_1,a_2,\cdots,a_n$使得

$$\boldsymbol{\alpha}=a_1\boldsymbol{\varepsilon}_1+a_2\boldsymbol{\varepsilon}_2+\cdots+a_n\boldsymbol{\varepsilon}_n,$$

这组系数$a_1,a_2,\cdots,a_n$称为向量$\boldsymbol{\alpha}$在基底$\boldsymbol{\varepsilon}_1,\boldsymbol{\varepsilon}_2,\cdots,\boldsymbol{\varepsilon}_n$下的坐标，记为$(a_1,a_2,\cdots,a_n)$.

4.2.2 基底变换与坐标变换

1. 基底变换公式

设$\boldsymbol{\varepsilon}_1,\boldsymbol{\varepsilon}_2,\cdots,\boldsymbol{\varepsilon}_n$及$\boldsymbol{e}_1,\boldsymbol{e}_2,\cdots,\boldsymbol{e}_n$是$\mathbb{R}^n$的两个基底. 它们之间的关系是

$$\begin{cases} \boldsymbol{e}_1 = a_{11}\boldsymbol{\varepsilon}_1 + a_{12}\boldsymbol{\varepsilon}_2 + \cdots + a_{1n}\boldsymbol{\varepsilon}_n, \\ \boldsymbol{e}_2 = a_{21}\boldsymbol{\varepsilon}_1 + a_{22}\boldsymbol{\varepsilon}_2 + \cdots + a_{2n}\boldsymbol{\varepsilon}_n, \\ \qquad \vdots \\ \boldsymbol{e}_n = a_{n1}\boldsymbol{\varepsilon}_1 + a_{n2}\boldsymbol{\varepsilon}_2 + \cdots + a_{nn}\boldsymbol{\varepsilon}_n. \end{cases} \tag{4.1}$$

矩阵

$$\boldsymbol{A} = \begin{pmatrix} a_{11} & a_{12} & \cdots & a_{1n} \\ a_{21} & a_{22} & \cdots & a_{2n} \\ \vdots & \vdots & & \vdots \\ a_{n1} & a_{n2} & \cdots & a_{nn} \end{pmatrix}$$

称为由基底 $\boldsymbol{\varepsilon}_1,\boldsymbol{\varepsilon}_2,\cdots,\boldsymbol{\varepsilon}_n$ 到基底 $\boldsymbol{e}_1,\boldsymbol{e}_2,\cdots,\boldsymbol{e}_n$ 的过渡矩阵.(4.1)式可表示成

$$(\boldsymbol{e}_1,\boldsymbol{e}_2,\cdots,\boldsymbol{e}_n) = (\boldsymbol{\varepsilon}_1,\boldsymbol{\varepsilon}_2,\cdots,\boldsymbol{\varepsilon}_n)\boldsymbol{A}, \tag{4.1$'$}$$

此公式称为基底变换公式.

由于 $\boldsymbol{e}_1,\boldsymbol{e}_2,\cdots,\boldsymbol{e}_n$ 线性无关,故过渡矩阵 $\boldsymbol{A}$ 是可逆的.如果由基底 $\boldsymbol{\varepsilon}_1,\boldsymbol{\varepsilon}_2,\cdots,\boldsymbol{\varepsilon}_n$ 到 $\boldsymbol{e}_1,\boldsymbol{e}_2,\cdots,\boldsymbol{e}_n$ 的过渡矩阵是 $\boldsymbol{A}$,那么由 $\boldsymbol{e}_1,\boldsymbol{e}_2,\cdots,\boldsymbol{e}_n$ 到 $\boldsymbol{\varepsilon}_1,\boldsymbol{\varepsilon}_2,\cdots,\boldsymbol{\varepsilon}_n$ 的过渡矩阵是 $\boldsymbol{A}^{-1}$,即

$$(\boldsymbol{\varepsilon}_1,\boldsymbol{\varepsilon}_2,\cdots,\boldsymbol{\varepsilon}_n) = (\boldsymbol{e}_1,\boldsymbol{e}_2,\cdots,\boldsymbol{e}_n)\boldsymbol{A}^{-1}.$$

2. 坐标变换公式

若向量空间 $\mathbb{R}^n$ 中的任意一个向量 $\boldsymbol{\alpha}$ 在基底 $\boldsymbol{\varepsilon}_1,\boldsymbol{\varepsilon}_2,\cdots,\boldsymbol{\varepsilon}_n$ 与基底 $\boldsymbol{e}_1,\boldsymbol{e}_2,\cdots,\boldsymbol{e}_n$ 下的坐标分别为

$$\boldsymbol{x} = \begin{pmatrix} x_1 \\ x_2 \\ \vdots \\ x_n \end{pmatrix}, \quad \boldsymbol{y} = \begin{pmatrix} y_1 \\ y_2 \\ \vdots \\ y_n \end{pmatrix},$$

即 $\boldsymbol{\alpha} = x_1\boldsymbol{e}_1 + x_2\boldsymbol{e}_2 + \cdots + x_n\boldsymbol{e}_n$,$\boldsymbol{\alpha} = y_1\boldsymbol{e}_1 + y_2\boldsymbol{e}_2 + \cdots + y_n\boldsymbol{e}_n$,则两组坐标之间的变换公式为

$$\boldsymbol{x} = \boldsymbol{A}\boldsymbol{y} \quad 或 \quad \boldsymbol{y} = \boldsymbol{A}^{-1}\boldsymbol{x},$$

即

$$\begin{pmatrix} x_1 \\ x_2 \\ \vdots \\ x_n \end{pmatrix} = \boldsymbol{A}\begin{pmatrix} y_1 \\ y_2 \\ \vdots \\ y_n \end{pmatrix}, \quad 或 \quad \begin{pmatrix} y_1 \\ y_2 \\ \vdots \\ y_n \end{pmatrix} = \boldsymbol{A}^{-1}\begin{pmatrix} x_1 \\ x_2 \\ \vdots \\ x_n \end{pmatrix},$$

其中 $\boldsymbol{A}$ 是从基底 $\boldsymbol{\varepsilon}_1,\boldsymbol{\varepsilon}_2,\cdots,\boldsymbol{\varepsilon}_n$ 到 $\boldsymbol{e}_1,\boldsymbol{e}_2,\cdots,\boldsymbol{e}_n$ 的过渡矩阵.上式称为坐标变换公式.

4.2.3 标准正交基与施密特正交化

1. 向量的内积

设 $\alpha=\begin{pmatrix}a_1\\a_2\\\vdots\\a_n\end{pmatrix},\beta=\begin{pmatrix}b_1\\b_2\\\vdots\\b_n\end{pmatrix}\in\mathbb{R}^n$. 称实数 $a_1b_1+a_2b_2+\cdots+a_nb_n$ 为向量$\boldsymbol{\alpha}$ 与$\boldsymbol{\beta}$ 的内积,记作$(\boldsymbol{\alpha},\boldsymbol{\beta})$.

2. 欧氏空间

定义了内积的实数域上的向量空间$\mathbb{R}^n$ 通常称为欧氏空间.

3. 向量的长度

在欧氏空间$\mathbb{R}^n$ 中,向量$\boldsymbol{\alpha}$ 的长度定义为$|\boldsymbol{\alpha}|=\sqrt{(\boldsymbol{\alpha},\boldsymbol{\alpha})}$,长度为1的向量称为单位向量.若$(\boldsymbol{\alpha},\boldsymbol{\beta})=0$,则称两向量$\boldsymbol{\alpha},\boldsymbol{\beta}$正交.

4. 标准正交基

若向量空间的一个基底中的向量两两正交,则称这个基底为正交基.若正交基中的每个向量都是单位向量,就称之为标准正交基.

5. 施密特正交化方法

任给一个基底$\boldsymbol{\alpha}_1,\boldsymbol{\alpha}_2,\cdots,\boldsymbol{\alpha}_n$,可以通过施密特(schmidt)正交化方法构造出一个标准正交基$\boldsymbol{\eta}_1,\boldsymbol{\eta}_2,\cdots,\boldsymbol{\eta}_n$,且使$\boldsymbol{\eta}_i$ 为$\boldsymbol{\alpha}_1,\boldsymbol{\alpha}_2,\cdots,\boldsymbol{\alpha}_n(i=1,2,\cdots,n)$的线性组合.其方法如下:

(1) 先正交化.令

$$\boldsymbol{\beta}_1=\boldsymbol{\alpha}_1,$$

$$\boldsymbol{\beta}_2=-\frac{(\boldsymbol{\beta}_1,\boldsymbol{\alpha}_2)}{(\boldsymbol{\beta}_1,\boldsymbol{\beta}_1)}\boldsymbol{\beta}_1+\boldsymbol{\alpha}_2,$$

$$\vdots$$

$$\boldsymbol{\beta}_i=-\frac{(\boldsymbol{\beta}_1,\boldsymbol{\alpha}_i)}{(\boldsymbol{\beta}_1,\boldsymbol{\beta}_1)}\boldsymbol{\beta}_1-\frac{(\boldsymbol{\beta}_2,\boldsymbol{\alpha}_i)}{(\boldsymbol{\beta}_2,\boldsymbol{\beta}_2)}\boldsymbol{\beta}_2-\cdots-\frac{(\boldsymbol{\beta}_{i-1},\boldsymbol{\alpha}_i)}{(\boldsymbol{\beta}_{i-1},\boldsymbol{\beta}_{i-1})}\boldsymbol{\beta}_{i-1}+\boldsymbol{\alpha}_i\quad(i=1,2,\cdots,n),$$

显然$\boldsymbol{\beta}_1,\boldsymbol{\beta}_2,\cdots,\boldsymbol{\beta}_n$ 是一个正交向量组.

(2) 再标准化(单位化).令

$$\boldsymbol{\eta}_i=\frac{\boldsymbol{\beta}_i}{|\boldsymbol{\beta}_i|}=\frac{\boldsymbol{\beta}_i}{\sqrt{(\boldsymbol{\beta}_i,\boldsymbol{\beta}_i)}}\quad(i=1,2,\cdots,n),$$

则向量组$\boldsymbol{\eta}_1,\boldsymbol{\eta}_2,\cdots,\boldsymbol{\eta}_n$是一个标准正交基.

或者用下面方法,边正交化边单位化.令

$$\boldsymbol{\eta}_1=\frac{\boldsymbol{\alpha}_1}{|\boldsymbol{\alpha}_1|},$$

$$\boldsymbol{\eta}_2=\frac{\boldsymbol{\alpha}_2-(\boldsymbol{\alpha}_2,\boldsymbol{\eta}_1)\boldsymbol{\eta}_1}{|\boldsymbol{\alpha}_2-(\boldsymbol{\alpha}_2,\boldsymbol{\eta}_1)\boldsymbol{\eta}_1|},$$

$$\vdots$$

$$\boldsymbol{\eta}_i=\frac{\boldsymbol{\alpha}_i-\sum_{i=1}^{i-1}(\boldsymbol{\alpha}_i,\boldsymbol{\eta}_i)\boldsymbol{\eta}_i}{\left|\boldsymbol{\alpha}_i-\sum_{i=1}^{i-1}(\boldsymbol{\alpha}_i,\boldsymbol{\eta}_i)\boldsymbol{\eta}_i\right|}\quad(i=1,2,\cdots,n),$$

则$\boldsymbol{\eta}_1,\boldsymbol{\eta}_2,\cdots,\boldsymbol{\eta}_n$即是一个标准正交基.

4.2.4 正交矩阵

1. 正交矩阵的定义

满足$\boldsymbol{A}^{\mathrm{T}}\boldsymbol{A}=\boldsymbol{A}\boldsymbol{A}^{\mathrm{T}}=\boldsymbol{E}$的$n$阶矩阵$\boldsymbol{A}$称为正交矩阵.

2. 正交矩阵的性质

(1) 若$\boldsymbol{A}$为正交矩阵,则$\boldsymbol{A}$可逆;

(2) $\boldsymbol{A}$为正交矩阵当且仅当$\boldsymbol{A}^{\mathrm{T}}=\boldsymbol{A}^{-1}$;

(3) $\boldsymbol{A}$为正交矩阵当且仅当$\boldsymbol{A}$的n个行(列)向量为$\mathbb{R}^n$的一组标准正交基;

(4) 若$\boldsymbol{A}$是正交矩阵,则$\boldsymbol{A}^{\mathrm{T}},\boldsymbol{A}^{-1}$也是正交矩阵;

(5) 若$\boldsymbol{A},\boldsymbol{B}$都是$n$阶正交矩阵,则$\boldsymbol{AB}$也是正交矩阵;

(6) 若$\boldsymbol{A}$是正交矩阵,则$|\boldsymbol{A}|=\pm1$.

4.3 典型例题分析

4.3.1 求坐标、过渡矩阵与坐标变换

例 4.1 已知$\boldsymbol{\alpha}_1=(1,1,1,1),\boldsymbol{\alpha}_2=(1,1,-1,-1),\boldsymbol{\alpha}_3=(1,-1,1,-1),\boldsymbol{\alpha}_4=(1,-1,-1,1)$是$\mathbb{R}^4$的一个基底,求$\boldsymbol{\beta}=(1,2,1,1)$在这个基底下的坐标.

分析 求$\boldsymbol{\beta}$在基$\boldsymbol{\alpha}_1,\boldsymbol{\alpha}_3,\boldsymbol{\alpha}_3,\boldsymbol{\alpha}_4$下的坐标,也就是求$\boldsymbol{\beta}$用$\boldsymbol{\alpha}_1,\boldsymbol{\alpha}_3,\boldsymbol{\alpha}_3,\boldsymbol{\alpha}_4$线性表出时的组合系数.

解 设$x_1\boldsymbol{\alpha}_1+x_2\boldsymbol{\alpha}_2+x_3\boldsymbol{\alpha}_3+x_4\boldsymbol{\alpha}_4=\boldsymbol{\beta}$,按分量写出,有

$$\begin{cases} x_1 + x_2 + x_3 + x_4 = 1, \\ x_1 + x_2 - x_3 - x_4 = 2, \\ x_1 - x_2 + x_3 - x_4 = 1, \\ x_1 - x_2 - x_3 + x_4 = 1, \end{cases}$$

解得 $x_1 = \frac{5}{4}, x_2 = \frac{1}{4}, x_3 = -\frac{1}{4}, x_1 = -\frac{1}{4}$，因此 $\boldsymbol{\beta}$ 在基底 $\boldsymbol{\alpha}_1, \boldsymbol{\alpha}_2, \boldsymbol{\alpha}_3, \boldsymbol{\alpha}_4$ 下的坐标是 $\left(\frac{5}{4}, \frac{1}{4}, -\frac{1}{4}, -\frac{1}{4}\right)^{\mathrm{T}}$.

例 4.2 已知

$$\boldsymbol{\alpha}_1 = \begin{pmatrix} 1 \\ 1 \\ 1 \end{pmatrix}, \quad \boldsymbol{\alpha}_2 = \begin{pmatrix} 1 \\ 0 \\ -1 \end{pmatrix}, \quad \boldsymbol{\alpha}_3 = \begin{pmatrix} 1 \\ 0 \\ 1 \end{pmatrix}$$

是 $\mathbb{R}^3$ 的一个基底，证明

$$\boldsymbol{\beta}_1 = \begin{pmatrix} 1 \\ 2 \\ 1 \end{pmatrix}, \quad \boldsymbol{\beta}_2 = \begin{pmatrix} 2 \\ 3 \\ 4 \end{pmatrix}, \quad \boldsymbol{\beta}_3 = \begin{pmatrix} 3 \\ 4 \\ 3 \end{pmatrix}$$

也是 $\mathbb{R}^3$ 的一个基底，并求由基底 $\boldsymbol{\alpha}_1, \boldsymbol{\alpha}_2, \boldsymbol{\alpha}_3$ 到基底 $\boldsymbol{\beta}_1, \boldsymbol{\beta}_2, \boldsymbol{\beta}_3$ 的过渡矩阵.

分析 要证 $\boldsymbol{\beta}_1, \boldsymbol{\beta}_2, \boldsymbol{\beta}_3$ 是三维空间的一个基底，也就是要证 $\boldsymbol{\beta}_1, \boldsymbol{\beta}_2, \boldsymbol{\beta}_3$ 线性无关.

证明 由于

$$|\boldsymbol{\beta}_1, \boldsymbol{\beta}_2, \boldsymbol{\beta}_3| = \begin{vmatrix} 1 & 2 & 3 \\ 2 & 3 & 4 \\ 1 & 4 & 3 \end{vmatrix} = 4 \neq 0,$$

所以 $\boldsymbol{\beta}_1, \boldsymbol{\beta}_2, \boldsymbol{\beta}_3$ 线性无关，因此它是 $\mathbb{R}^3$ 的一个基底.

设由基底 $\boldsymbol{\alpha}_1, \boldsymbol{\alpha}_2, \boldsymbol{\alpha}_3$ 到基底 $\boldsymbol{\beta}_1, \boldsymbol{\beta}_2, \boldsymbol{\beta}_3$ 的过渡矩阵为 $\boldsymbol{C}$，则 $(\boldsymbol{\beta}_1, \boldsymbol{\beta}_2, \boldsymbol{\beta}_3) = (\boldsymbol{\alpha}_1, \boldsymbol{\alpha}_2, \boldsymbol{\alpha}_3)\boldsymbol{C}$，故

$$\boldsymbol{C} = (\boldsymbol{\alpha}_1, \boldsymbol{\alpha}_2, \boldsymbol{\alpha}_3)^{-1}(\boldsymbol{\beta}_1, \boldsymbol{\beta}_2, \boldsymbol{\beta}_3) = \begin{pmatrix} 1 & 1 & 1 \\ 1 & 0 & 0 \\ 1 & -1 & 1 \end{pmatrix}^{-1} \begin{pmatrix} 1 & 2 & 3 \\ 2 & 3 & 4 \\ 1 & 4 & 3 \end{pmatrix} = \begin{pmatrix} 2 & 3 & 4 \\ 0 & -1 & 0 \\ -1 & 0 & -1 \end{pmatrix}.$$

注 求过渡矩阵 $\boldsymbol{C}$ 可以先求 $(\boldsymbol{\alpha}_1, \boldsymbol{\alpha}_2, \boldsymbol{\alpha}_3)^{-1}$，再做乘法，也可以由初等行变换

$$(\boldsymbol{\alpha}_1, \boldsymbol{\alpha}_2, \boldsymbol{\alpha}_3 \mid \boldsymbol{\beta}_1, \boldsymbol{\beta}_2, \boldsymbol{\beta}_3) \to (\boldsymbol{E} \mid \boldsymbol{C})$$

直接求出 $\boldsymbol{C}$.

例 4.3 已知 $\mathbb{R}^3$ 的两个基底

$$\boldsymbol{\alpha}_1 = (1, 0, -1)^{\mathrm{T}}, \quad \boldsymbol{\alpha}_2 = (2, 1, 1)^{\mathrm{T}}, \quad \boldsymbol{\alpha}_3 = (1, 1, 1)^{\mathrm{T}};$$

$$\boldsymbol{\beta}_1 = (0, 1, 1)^{\mathrm{T}}, \quad \boldsymbol{\beta}_2 = (-1, 1, 0)^{\mathrm{T}}, \quad \boldsymbol{\beta}_3 = (1, 2, 1)^{\mathrm{T}}.$$

(1) 求由基底 $\boldsymbol{\alpha}_1, \boldsymbol{\alpha}_2, \boldsymbol{\alpha}_3$ 到基底 $\boldsymbol{\beta}_1, \boldsymbol{\beta}_2, \boldsymbol{\beta}_3$ 的过渡矩阵；

(2) 求$\boldsymbol{\gamma}=(9,6,5)^{\mathrm{T}}$在这两个基底下的坐标；

(3) 求向量$\boldsymbol{\delta}$，使它在这两个基底下有相同的坐标.

解 (1) 设从基底$\boldsymbol{\alpha}_1,\boldsymbol{\alpha}_2,\boldsymbol{\alpha}_3$到基底$\boldsymbol{\beta}_1,\boldsymbol{\beta}_2,\boldsymbol{\beta}_3$的过渡矩阵是$\boldsymbol{C}$，则$(\boldsymbol{\beta}_1,\boldsymbol{\beta}_2,\boldsymbol{\beta}_3)=(\boldsymbol{\alpha}_1,\boldsymbol{\alpha}_2,\boldsymbol{\alpha}_3)\boldsymbol{C}$，于是

$$\boldsymbol{C}=(\boldsymbol{\alpha}_1,\boldsymbol{\alpha}_2,\boldsymbol{\alpha}_3)^{-1}(\boldsymbol{\beta}_1,\boldsymbol{\beta}_2,\boldsymbol{\beta}_3)=\begin{pmatrix}1&2&1\\0&1&1\\-1&1&1\end{pmatrix}^{-1}\begin{pmatrix}0&-1&1\\1&1&2\\1&0&1\end{pmatrix}=\begin{pmatrix}0&1&1\\-1&-3&-2\\2&4&4\end{pmatrix}.$$

(2) 设$\boldsymbol{\gamma}$在基底$\boldsymbol{\beta}_1,\boldsymbol{\beta}_2,\boldsymbol{\beta}_3$下的坐标是$(y_1,y_2,y_3)^{\mathrm{T}}$，即$y_1\boldsymbol{\beta}_1+y_2\boldsymbol{\beta}_2+y_3\boldsymbol{\beta}_3=\boldsymbol{\gamma}$，则得

$$\begin{cases}-y_2+y_3=9,\\y_1+y_2+2y_3=6,\\y_1+y_3=5,\end{cases}$$

解得$y_1=0,y_2=-4,y_3=5$.

设$\boldsymbol{\gamma}$在基底$\boldsymbol{\alpha}_1,\boldsymbol{\alpha}_2,\boldsymbol{\alpha}_3$下的坐标是$(x_1,x_2,x_3)^{\mathrm{T}}$，按坐标变换公式$\boldsymbol{x}=\boldsymbol{C}\boldsymbol{y}$，有

$$\begin{pmatrix}x_1\\x_2\\x_3\end{pmatrix}=\begin{pmatrix}0&1&1\\-1&-3&-2\\2&4&4\end{pmatrix}\begin{bmatrix}0\\-4\\5\end{bmatrix}=\begin{pmatrix}1\\2\\4\end{pmatrix},$$

可见$\boldsymbol{\gamma}$在这两个基底下的坐标分别是$(1,2,4)^{\mathrm{T}}$和$(0,-4,5)^{\mathrm{T}}$.

(3) 设$\boldsymbol{\delta}=x_1\boldsymbol{\alpha}_1+x_2\boldsymbol{\alpha}_2+x_3\boldsymbol{\alpha}_3=x_1\boldsymbol{\beta}_1+x_2\boldsymbol{\beta}_2+x_3\boldsymbol{\beta}_3$，即

$$x_1(\boldsymbol{\alpha}_1-\boldsymbol{\beta}_1)+x_2(\boldsymbol{\alpha}_2-\boldsymbol{\beta}_2)+x_3(\boldsymbol{\alpha}_3-\boldsymbol{\beta}_3)=\boldsymbol{0},$$

亦即

$$\begin{cases}x_1+3x_2=0,\\-x_1-x_3=0,\\-2x_1+x_2=0,\end{cases}$$

解得$x_1=x_2=x_3=0$. 所以，仅零向量在这两个基底下有相同的坐标.

注 请读者先求$\boldsymbol{\gamma}$在$\boldsymbol{\alpha}_1,\boldsymbol{\alpha}_2,\boldsymbol{\alpha}_3$下的坐标，再用过渡矩阵$\boldsymbol{C}$求$\boldsymbol{\gamma}$在基底$\boldsymbol{\beta}_1,\boldsymbol{\beta}_2,\boldsymbol{\beta}_3$下的坐标.

4.3.2 求标准正交基

例 4.4 已知$\boldsymbol{\alpha}_1=(1,2,0,-1)^{\mathrm{T}},\boldsymbol{\alpha}_2=(0,1,-1,0)^{\mathrm{T}},\boldsymbol{\alpha}_3=(2,1,3,-2)^{\mathrm{T}}$，试把其扩充为$\mathbb{R}^4$的一个标准正交基.

分析 要先判断$\boldsymbol{\alpha}_1,\boldsymbol{\alpha}_2,\boldsymbol{\alpha}_3$的线性相关性，再扩充成$\mathbb{R}^4$的一个基底（可用阶梯形向量组是线性无关的），然后再用施密特正交化方法改造为标准正交基.

解 由$\boldsymbol{\alpha}_3=2\boldsymbol{\alpha}_1-3\boldsymbol{\alpha}_2$知$\boldsymbol{\alpha}_1,\boldsymbol{\alpha}_2,\boldsymbol{\alpha}_3$线性相关，但$\boldsymbol{\alpha}_1,\boldsymbol{\alpha}_2$线性无关，故可将其扩充为$\mathbb{R}^4$的

一个基底.例如添加$(0,0,1,0)^{\mathrm T}$,$(0,0,0,1)^{\mathrm T}$.那么,令

$$\boldsymbol\beta_1=(0,0,1,0)^{\mathrm T},\quad \boldsymbol\beta_2=(0,0,0,1)^{\mathrm T}\quad \text{(已相互正交)},$$

而

$$\begin{aligned}\boldsymbol\beta_3&=\boldsymbol\alpha_1-\frac{(\boldsymbol\alpha_1,\boldsymbol\beta_1)}{(\boldsymbol\beta_1,\boldsymbol\beta_1)}\boldsymbol\beta_1-\frac{(\boldsymbol\alpha_1,\boldsymbol\beta_2)}{(\boldsymbol\beta_2,\boldsymbol\beta_2)}\boldsymbol\beta_2\\&=(1,2,0,-1)^{\mathrm T}-\frac{-1}{1}(0,0,0,1)^{\mathrm T}=(1,2,0,0)^{\mathrm T},\\\boldsymbol\beta_4&=\boldsymbol\alpha_2-\frac{(\boldsymbol\alpha_2,\boldsymbol\beta_1)}{(\boldsymbol\beta_1,\boldsymbol\beta_1)}\boldsymbol\beta_1-\frac{(\boldsymbol\alpha_2,\boldsymbol\beta_2)}{(\boldsymbol\beta_2,\boldsymbol\beta_2)}\boldsymbol\beta_2-\frac{(\boldsymbol\alpha_2,\boldsymbol\beta_3)}{(\boldsymbol\beta_3,\boldsymbol\beta_3)}\boldsymbol\beta_3\\&=(0,1,-1,0)^{\mathrm T}-\frac{-1}{1}(0,0,1,0)^{\mathrm T}-\frac{2}{5}(1,2,0,0)^{\mathrm T}\\&=\frac{1}{5}(-2,1,0,0)^{\mathrm T},\end{aligned}$$

再单位化,得

$$\boldsymbol\gamma_1=(0,0,1,0)^{\mathrm T},\quad \boldsymbol\gamma_2=(0,0,0,1)^{\mathrm T},$$

$$\boldsymbol\gamma_3=\left(\frac{1}{\sqrt5},\frac{2}{\sqrt5},0,0\right)^{\mathrm T},\quad \boldsymbol\gamma_4=\left(-\frac{2}{\sqrt5},\frac{1}{\sqrt5},0,0\right)^{\mathrm T},$$

就是所求的一个标准正交基.

注 把$\boldsymbol\alpha_1,\boldsymbol\alpha_2$扩充成$\mathbb R^4$的一个基底不是唯一的,因而本题的答案也不唯一.在正交化时,可调动$\boldsymbol\alpha_1,\boldsymbol\alpha_2,\boldsymbol\alpha_3,\boldsymbol\alpha_4$的顺序以使运算简化(除非题目已经限定了次序).

4.3.3 正交矩阵的有关命题

例 4.5 试证:n阶矩阵$\boldsymbol Q$是正交矩阵当且仅当$\boldsymbol Q$的n个列向量是$\mathbb R^n$的一个标准正交基.

证明 设$\boldsymbol Q$的列向量分别为$\boldsymbol q_1,\boldsymbol q_2,\cdots,\boldsymbol q_n$.则

$$\boldsymbol Q^{\mathrm T}\boldsymbol Q=\begin{pmatrix}\boldsymbol q_1^{\mathrm T}\\\boldsymbol q_2^{\mathrm T}\\\vdots\\\boldsymbol q_n^{\mathrm T}\end{pmatrix}(\boldsymbol q_1,\boldsymbol q_2,\cdots,\boldsymbol q_n)=\begin{pmatrix}\boldsymbol q_1^{\mathrm T}\boldsymbol q_1&\boldsymbol q_1^{\mathrm T}\boldsymbol q_2&\cdots&\boldsymbol q_1^{\mathrm T}\boldsymbol q_n\\\boldsymbol q_2^{\mathrm T}\boldsymbol q_1&\boldsymbol q_2^{\mathrm T}\boldsymbol q_2&\cdots&\boldsymbol q_2^{\mathrm T}\boldsymbol q_n\\\vdots&\vdots&&\vdots\\\boldsymbol q_n^{\mathrm T}\boldsymbol q_1&\boldsymbol q_n^{\mathrm T}\boldsymbol q_2&\cdots&\boldsymbol q_n^{\mathrm T}\boldsymbol q_n\end{pmatrix},$$

于是$\boldsymbol Q^{\mathrm T}\boldsymbol Q=\boldsymbol E$的充分必要条件是$\boldsymbol q_i^{\mathrm T}\boldsymbol q_i=1(i=1,2,\cdots,n)$,$\boldsymbol q_i^{\mathrm T}\boldsymbol q_j=0(i\neq j,i,j=1,2,\cdots,n)$.

例 4.6 设$\boldsymbol A$为n阶正交矩阵,$\boldsymbol\alpha$和$\boldsymbol\beta$为n维列向量.试证$\boldsymbol A\boldsymbol\alpha$和$\boldsymbol A\boldsymbol\beta$的内积等于$\boldsymbol\alpha$和$\boldsymbol\beta$的内积.

证明 $(\boldsymbol A\boldsymbol\alpha)^{\mathrm T}(\boldsymbol A\boldsymbol\beta)=\boldsymbol\alpha^{\mathrm T}\boldsymbol A^{\mathrm T}\boldsymbol A\boldsymbol\beta=\boldsymbol\alpha^{\mathrm T}\boldsymbol\beta$.

例 4.7 设$\boldsymbol A$为n阶正交矩阵,$\boldsymbol\eta_1,\boldsymbol\eta_2,\cdots,\boldsymbol\eta_n$和$\boldsymbol A\boldsymbol\eta_1,\boldsymbol A\boldsymbol\eta_2,\cdots,\boldsymbol A\boldsymbol\eta_n$为$\mathbb R^n$的两组基.如果

$\boldsymbol{A\eta}_1,\boldsymbol{A\eta}_2,\cdots,\boldsymbol{A\eta}_n$ 为一个标准正交基,试证$\boldsymbol{\eta}_1,\boldsymbol{\eta}_2,\cdots,\boldsymbol{\eta}_n$ 也为一个标准正交基.

证明 设$(\boldsymbol{\eta}_1,\boldsymbol{\eta}_2,\cdots,\boldsymbol{\eta}_n)$和$(\boldsymbol{A\eta}_1,\boldsymbol{A\eta}_2,\cdots,\boldsymbol{A\eta}_n)$分别表示两个 n 阶矩阵,其列向量分别由$\boldsymbol{\eta}_1,\boldsymbol{\eta}_2,\cdots,\boldsymbol{\eta}_n$ 和 $\boldsymbol{A\eta}_1,\boldsymbol{A\eta}_2,\cdots,\boldsymbol{A\eta}_n$ 组成,于是

$$(\boldsymbol{A\eta}_1,\boldsymbol{A\eta}_2,\cdots,\boldsymbol{A\eta}_n)=\boldsymbol{A}(\boldsymbol{\eta}_1,\boldsymbol{\eta}_2,\cdots,\boldsymbol{\eta}_n).$$

记 $\boldsymbol{Q}_1=(\boldsymbol{A\eta}_1,\boldsymbol{A\eta}_2,\cdots,\boldsymbol{A\eta}_n)$和 $\boldsymbol{Q}_2=(\boldsymbol{\eta}_1,\boldsymbol{\eta}_2,\cdots,\boldsymbol{\eta}_n)$,则有

$$\boldsymbol{Q}_1=\boldsymbol{A}\boldsymbol{Q}_2,$$

从而可知,$\boldsymbol{Q}_1$ 为正交矩阵.又因为正交矩阵 $\boldsymbol{A}$ 可逆,且 $\boldsymbol{A}^{-1}$ 为正交矩阵,根据正交矩阵的乘积仍为正交矩阵的性质,可知

$$\boldsymbol{Q}_2=\boldsymbol{A}^{-1}\boldsymbol{Q}_1$$

为正交矩阵.于是$\boldsymbol{\eta}_1,\boldsymbol{\eta}_2,\cdots,\boldsymbol{\eta}_n$(即 $\boldsymbol{Q}_2$ 的列向量)为$\mathbb{R}^n$ 的一个标准正交基.

4.4 自测题

1. 填空题

(1) 已知三维向量空间的一个基底是$\boldsymbol{\alpha}_1=(1,0,1)$,$\boldsymbol{\alpha}_2=(1,-1,0)$,$\boldsymbol{\alpha}_3=(2,1,1)$,则向量$\boldsymbol{\beta}=(3,2,1)$在这个基底下的坐标是________.

(2) 与$\boldsymbol{\alpha}_1=(1,-1,0,2)$,$\boldsymbol{\alpha}_2=(2,3,1,1)$,$\boldsymbol{\alpha}_3=(0,0,1,2)$都正交的单位向量是________.

(3) 已知$\boldsymbol{\alpha}_1,\boldsymbol{\alpha}_2,\boldsymbol{\alpha}_3$ 与$\boldsymbol{\beta}_1,\boldsymbol{\beta}_2,\boldsymbol{\beta}_3$ 是三维向量空间的两个基底,且$\boldsymbol{\beta}_1=\boldsymbol{\alpha}_1+2\boldsymbol{\alpha}_2-\boldsymbol{\alpha}_3$,$\boldsymbol{\beta}_2=\boldsymbol{\alpha}_2+\boldsymbol{\alpha}_3$,$\boldsymbol{\beta}_3=\boldsymbol{\alpha}_1+3\boldsymbol{\alpha}_2+2\boldsymbol{\alpha}_3$,则由基底$\boldsymbol{\alpha}_1,\boldsymbol{\alpha}_2,\boldsymbol{\alpha}_3$ 到基底$\boldsymbol{\beta}_1,\boldsymbol{\beta}_2,\boldsymbol{\beta}_3$ 的过渡矩阵是________.

(4) 设 $\boldsymbol{A}$ 是正交矩阵,则 $\boldsymbol{A}$ 的行向量组是________向量组.

(5) 设$\boldsymbol{\xi}_1,\boldsymbol{\xi}_2,\boldsymbol{\xi}_3$ 为三维向量空间的一个基底,则由基底$\boldsymbol{\xi}_1,\boldsymbol{\xi}_2,\boldsymbol{\xi}_3$ 到$\boldsymbol{\xi}_1,\boldsymbol{\xi}_1+\boldsymbol{\xi}_2,\boldsymbol{\xi}_1+\boldsymbol{\xi}_2+\boldsymbol{\xi}_3$ 的过渡矩阵是________.

2. 在 4 维向量空间$\mathbb{R}^4$ 内,证明

$$\boldsymbol{\alpha}_1=(1,1,1,1),\quad \boldsymbol{\alpha}_2=(1,1,-1,-1),$$
$$\boldsymbol{\alpha}_3=(1,-1,1,-1),\quad \boldsymbol{\alpha}_4=(1,-1,-1,1)$$

构成一个基底,并求向量$\boldsymbol{\beta}=(1,2,1,1)$在这个基底下的坐标.

3. 在线性空间$\mathbb{R}^4$ 中,证明下列两组向量各构成一个基底.

$$\begin{cases}\boldsymbol{\alpha}_1=(1,2,-1,0),\\ \boldsymbol{\alpha}_2=(1,-1,1,1),\\ \boldsymbol{\alpha}_3=(-1,2,1,1),\\ \boldsymbol{\alpha}_4=(-1,-1,0,1);\end{cases}\qquad \begin{cases}\boldsymbol{\beta}_1=(2,1,0,1),\\ \boldsymbol{\beta}_2=(0,1,2,2),\\ \boldsymbol{\beta}_3=(-2,1,1,2),\\ \boldsymbol{\beta}_4=(1,3,1,2).\end{cases}$$

并求由基底$\boldsymbol{\alpha}_1,\boldsymbol{\alpha}_2,\boldsymbol{\alpha}_3,\boldsymbol{\alpha}_4$ 到基底$\boldsymbol{\beta}_1,\boldsymbol{\beta}_2,\boldsymbol{\beta}_3,\boldsymbol{\beta}_4$ 的过渡矩阵.如果向量$\boldsymbol{\gamma}$在基底$\boldsymbol{\alpha}_1,\boldsymbol{\alpha}_2,\boldsymbol{\alpha}_3,\boldsymbol{\alpha}_4$ 下的坐标为$(1,0,0,0)$,求$\boldsymbol{\gamma}$在基底$\boldsymbol{\beta}_1,\boldsymbol{\beta}_2,\boldsymbol{\beta}_3,\boldsymbol{\beta}_4$ 下的坐标.

4. 已知向量$\boldsymbol{\alpha}=(1,2,-1,1)$,$\boldsymbol{\beta}=(2,3,1,-1)$,$\boldsymbol{\gamma}=(-1,-1,-2,2)$,求$\boldsymbol{\alpha},\boldsymbol{\beta},\boldsymbol{\gamma}$的长度,每两个向量间的内积.

5. 已知向量$\boldsymbol{\alpha}=(1,2,-1,1)$,$\boldsymbol{\beta}=(2,3,1,-1)$,$\boldsymbol{\gamma}=(-1,-1,-2,2)$,求与$\boldsymbol{\alpha},\boldsymbol{\beta},\boldsymbol{\gamma}$都正交的向量.

6. 在$\mathbb{R}^4$中求一单位向量,使其与向量$\boldsymbol{\alpha}=(1,1,-1,1)$,$\boldsymbol{\beta}=(1,-1,-1,1)$,$\boldsymbol{\gamma}=(2,1,1,3)$都正交.

7. 利用施密特的正交化方法,试由向量组

$$\boldsymbol{\alpha}_1=\begin{pmatrix}0\\1\\1\end{pmatrix},\quad \boldsymbol{\alpha}_2=\begin{pmatrix}1\\1\\0\end{pmatrix},\quad \boldsymbol{\alpha}_3=\begin{pmatrix}1\\0\\1\end{pmatrix}$$

构造出一个标准正交基.

8. 设$\boldsymbol{A}$为正交矩阵,试证其伴随矩阵$\boldsymbol{A}^*$为正交矩阵.

9. 设$\boldsymbol{A}$为对称矩阵,试证$\boldsymbol{A}$为正交矩阵的充分必要条件是$\boldsymbol{A}^2=\boldsymbol{E}$.

10. 设$\boldsymbol{\xi}_1,\boldsymbol{\xi}_2,\boldsymbol{\xi}_3,\boldsymbol{\xi}_4$为$\mathbb{R}^4$的一个标准正交基,设

$$\boldsymbol{\xi}_1=\frac{1}{2}(\boldsymbol{\eta}_1+\boldsymbol{\eta}_2+\boldsymbol{\eta}_3+\boldsymbol{\eta}_4),$$

$$\boldsymbol{\xi}_2=\frac{1}{2}(\boldsymbol{\eta}_1+\boldsymbol{\eta}_2-\boldsymbol{\eta}_3-\boldsymbol{\eta}_4),$$

$$\boldsymbol{\xi}_3=\frac{1}{2}(\boldsymbol{\eta}_1-\boldsymbol{\eta}_2+\boldsymbol{\eta}_3-\boldsymbol{\eta}_4),$$

$$\boldsymbol{\xi}_4=\frac{1}{2}(\boldsymbol{\eta}_1-\boldsymbol{\eta}_2-\boldsymbol{\eta}_3+\boldsymbol{\eta}_4).$$

试证$\boldsymbol{\eta}_1,\boldsymbol{\eta}_2,\boldsymbol{\eta}_3,\boldsymbol{\eta}_4$也是$\mathbb{R}^4$的一个标准正交基.

4.5 自测题参考答案与提示

1. (1) $(-1,0,2)$. (2) $\pm\frac{1}{\sqrt{7}}(1,-1,2,-1)$.

(3) $\begin{pmatrix}1&0&1\\2&1&3\\-1&1&2\end{pmatrix}$. (4) 正交的单位向量组. (5) $\begin{pmatrix}1&1&1\\0&1&1\\0&0&1\end{pmatrix}$.

2. $\frac{1}{4}(5,1,-1,-1)$.

3. $\begin{pmatrix}1&0&0&1\\1&1&0&1\\0&1&1&1\\0&0&1&0\end{pmatrix}$； $(0,-1,0,1)$.

4. $|\boldsymbol{\alpha}|=\sqrt{7}$, $|\boldsymbol{\beta}|=\sqrt{15}$, $|\boldsymbol{\gamma}|=\sqrt{10}$；$(\boldsymbol{\alpha},\boldsymbol{\beta})=6$, $(\boldsymbol{\alpha},\boldsymbol{\gamma})=1$, $(\boldsymbol{\beta},\boldsymbol{\gamma})=-9$.

5. $\boldsymbol{\eta}=k_1\boldsymbol{\eta}_1+k_2\boldsymbol{\eta}_2=k_1(5,-3,0,1)+k_2(-5,3,1,0)$.

6. $\boldsymbol{\eta}=\pm\dfrac{1}{\sqrt{26}}(-4,0,-1,3)$.

7. $\boldsymbol{\eta}_1=\dfrac{1}{\sqrt{2}}\begin{pmatrix}0\\1\\1\end{pmatrix}$, $\boldsymbol{\eta}_2=\dfrac{1}{\sqrt{6}}\begin{pmatrix}2\\1\\-1\end{pmatrix}$, $\boldsymbol{\eta}_1=\dfrac{1}{\sqrt{3}}\begin{pmatrix}1\\-1\\1\end{pmatrix}$.

8. 由 $\boldsymbol{A}^*\boldsymbol{A}=|\boldsymbol{A}|\boldsymbol{E}=\pm\boldsymbol{E}$ 及 $\boldsymbol{A}^{\mathrm{T}}\boldsymbol{A}=\boldsymbol{E}$,得到 $\boldsymbol{A}^*=\pm\boldsymbol{A}^{\mathrm{T}}$.

9. 设 $\mathbf{A}$ 为实对称矩阵,则 $\mathbf{A}=\mathbf{A}^{\mathrm{T}}$. 若 $\mathbf{A}$ 为正交矩阵,则 $\mathbf{A}^{\mathrm{T}}\mathbf{A}=\mathbf{E}=\mathbf{A}^2$.

若 $\mathbf{A}^2=\mathbf{E}$,则 $\mathbf{A}^{-1}=\mathbf{A}=\mathbf{A}^{\mathrm{T}}$.

10. 方法 1　先解出 $\boldsymbol{\eta}_1,\boldsymbol{\eta}_2,\boldsymbol{\eta}_3,\boldsymbol{\eta}_4$ 关于 $\boldsymbol{\xi}_1,\boldsymbol{\xi}_2,\boldsymbol{\xi}_3,\boldsymbol{\xi}_4$ 的关系式,然后计算内积 $(\boldsymbol{\eta}_i,\boldsymbol{\eta}_j)$ $(i,j=1,2,3,4)$.

方法 2　由已知条件,$(\boldsymbol{\xi}_1,\boldsymbol{\xi}_2,\boldsymbol{\xi}_3,\boldsymbol{\xi}_4)=(\boldsymbol{\eta}_1,\boldsymbol{\eta}_2,\boldsymbol{\eta}_3,\boldsymbol{\eta}_4)\mathbf{A}$,其中

$$\mathbf{A}=\frac{1}{2}\begin{pmatrix}1&1&1&1\\1&1&-1&-1\\1&-1&1&-1\\1&-1&-1&1\end{pmatrix}$$

为对称的正交矩阵. 于是,$(\boldsymbol{\eta}_1,\boldsymbol{\eta}_2,\boldsymbol{\eta}_3,\boldsymbol{\eta}_4)$ 也是正交矩阵,从而 $\boldsymbol{\eta}_1,\boldsymbol{\eta}_2,\boldsymbol{\eta}_3,\boldsymbol{\eta}_4$ 是一个标准正交基.

第5章 矩阵的特征值与特征向量

5.1 说明与要求

本章的中心问题是研究矩阵的相似对角化，而在研究过程中，矩阵的特征值和特征向量是一个有力的工具，而且这些概念本身也是很重要的．要深刻理解矩阵的特征值和特征向量的概念，熟练掌握求特征值和特征向量的方法．对于抽象给出的矩阵要会用定义求解(实际是求特征值的取值范围)；对于具体数字给出的矩阵，一般先从特征方程 $|\lambda \boldsymbol{A}-\boldsymbol{E}|=0$ 求出特征值，再解齐次线性方程组 $(\lambda \boldsymbol{A}-\boldsymbol{E})\boldsymbol{x}=\boldsymbol{0}$，基础解系就是 λ 所对应的线性无关的特征向量．

相似对角化是重点，要掌握相似矩阵的概念和矩阵对角化的条件，注意一般矩阵与实对称矩阵在对角化方面的联系与区别．既要能求出矩阵 $\boldsymbol{A}$ 的相似对角矩阵 $\boldsymbol{\Lambda}$ (当 $\boldsymbol{A}$ 可对角化时)，又要会用特征值、特征向量、相似、可对角化等确定 $\boldsymbol{A}$ 的参数．会利用对角化方法求 $\boldsymbol{A}^m$．

知道非负矩阵的定义及有关性质．

5.2 内容提要

5.2.1 矩阵的特征值与特征向量

1. 基本概念

(1) 特征值与特征向量的定义

设 $\boldsymbol{A}$ 是数域 P 上的 n 阶矩阵，如果对于数 $\lambda_0 \in P$，存在非零 n 维列向量 $\boldsymbol{\alpha}$，使得 $\boldsymbol{A\alpha}=\lambda_0\boldsymbol{\alpha}$，则称 λ_0 为 $\boldsymbol{A}$ 的一个特征值，$\boldsymbol{\alpha}$ 称为 $\boldsymbol{A}$ 的属于特征值 λ_0 的特征向量．

(2) 特征矩阵、特征多项式

设 $\boldsymbol{A}$ 是数域 P 上的 n 阶矩阵，λ 是一个未知数，则矩阵

$$\lambda \boldsymbol{E} - \boldsymbol{A} = \begin{pmatrix} \lambda - a_{11} & -a_{12} & \cdots & -a_{1n} \\ -a_{21} & \lambda - a_{22} & \cdots & -a_{2n} \\ \vdots & \vdots & & \vdots \\ -a_{n1} & -a_{n2} & \cdots & \lambda - a_{nn} \end{pmatrix}$$

称为 $\boldsymbol{A}$ 的特征矩阵,其行列式 $|\lambda \boldsymbol{E} - \boldsymbol{A}|$ 称为 $\boldsymbol{A}$ 的特征多项式;方程 $|\lambda \boldsymbol{E} - \boldsymbol{A}| = 0$ 称为 $\boldsymbol{A}$ 的特征方程.

(3) 矩阵的迹

设 $\boldsymbol{A} = (a_{ij})$ 为 n 阶矩阵.称 $\boldsymbol{A}$ 的主对角线元素的和为矩阵 $\boldsymbol{A}$ 的迹,记为 $\mathrm{tr}(\boldsymbol{A})$,即

$$\mathrm{tr}(\boldsymbol{A}) = a_{11} + a_{22} + \cdots + a_{nn} = \sum_{i=1}^{n} a_{ii}.$$

2. 特征值与特征向量的性质

(1) n 阶矩阵 $\boldsymbol{A}$ 与它的转置矩阵 $\boldsymbol{A}^{\mathrm{T}}$ 有相同的特征值.

(2) λ_0 是 n 阶矩阵的特征值,$\boldsymbol{\alpha}$ 是 $\boldsymbol{A}$ 的属于特征值 λ_0 的特征向量的充分必要条件是 λ_0 为特征方程 $|\lambda \boldsymbol{E} - \boldsymbol{A}| = 0$ 的根,而 $\boldsymbol{\alpha}$ 是齐次线性方程组 $(\lambda \boldsymbol{E} - \boldsymbol{A})\boldsymbol{x} = \boldsymbol{0}$ 的非零解.

(3) 如果 $\lambda_1, \lambda_2, \cdots, \lambda_m$ 是 $\boldsymbol{A}$ 的不同特征值,$\boldsymbol{\alpha}_1, \boldsymbol{\alpha}_2, \cdots, \boldsymbol{\alpha}_m$ 分别是属于 $\lambda_1, \lambda_2, \cdots, \lambda_m$ 的特征向量,则 $\boldsymbol{\alpha}_1, \boldsymbol{\alpha}_2, \cdots, \boldsymbol{\alpha}_m$ 线性无关.

(4) 设矩阵在复数域上的特征值为 $\lambda_1, \lambda_2, \cdots, \lambda_n$,则

$$\mathrm{tr}(\boldsymbol{A}) = \lambda_1 + \lambda_2 + \cdots + \lambda_n = a_{11} + a_{22} + \cdots + a_{nn}, \quad \lambda_1 \lambda_2 \cdots \lambda_m = |\boldsymbol{A}|.$$

3. 特征值与特征向量的求法

设 $\boldsymbol{A} = (a_{ij})_{n \times n}$ 为 n 阶矩阵.按下列步骤求 $\boldsymbol{A}$ 的特征值与特征向量.

(1) 计算 $\boldsymbol{A}$ 的特征多项式 $|\lambda \boldsymbol{E} - \boldsymbol{A}|$;

(2) 求出特征方程 $|\lambda \boldsymbol{E} - \boldsymbol{A}| = 0$ 的全部根即得到 $\boldsymbol{A}$ 的所有特征值;

(3) 对于每个特征值 λ,求解齐次线性方程组 $(\lambda \boldsymbol{E} - \boldsymbol{A})\boldsymbol{x} = \boldsymbol{0}$,即

$$\begin{cases} (\lambda - a_{11})x_1 - a_{12}x_2 - \cdots - a_{1n}x_n = 0, \\ -a_{21}x_1 + (\lambda - a_{22})x_2 - \cdots - a_{2n}x_n = 0, \\ \qquad \vdots \\ -a_{n1}x_1 - a_{n2}x_2 - \cdots + (\lambda - a_{nn})x_n = 0. \end{cases}$$

设基础解系为 $\boldsymbol{\alpha}_1, \boldsymbol{\alpha}_2, \cdots, \boldsymbol{\alpha}_s$,则

$$k_1\boldsymbol{\alpha}_1 + k_2\boldsymbol{\alpha}_2 + \cdots + k_s\boldsymbol{\alpha}_s \quad (k_1, k_2, \cdots, k_s \text{ 不全为零})$$

为 $\boldsymbol{A}$ 的属于特征值 λ 的所有特征向量.

5.2.2 相似矩阵和矩阵对角化的条件

1. 相似矩阵

(1) 定义

设 n 阶矩阵 $\boldsymbol{A}$ 和 $\boldsymbol{B}$. 如果存在可逆矩阵 $\boldsymbol{P}$,使得 $\boldsymbol{B}=\boldsymbol{P}^{-1}\boldsymbol{A}\boldsymbol{P}$,则称 $\boldsymbol{A}$ 和 $\boldsymbol{B}$ 相似,记作 $\boldsymbol{A}\sim\boldsymbol{B}$.

(2) 基本性质

① 反身性:$\boldsymbol{A}\sim\boldsymbol{A}$;

② 对称性:如 $\boldsymbol{A}\sim\boldsymbol{B}$,则 $\boldsymbol{B}\sim\boldsymbol{A}$;

③ 传递性:如 $\boldsymbol{A}\sim\boldsymbol{B}$,且 $\boldsymbol{B}\sim\boldsymbol{C}$,则 $\boldsymbol{A}\sim\boldsymbol{C}$.

(3) 重要结论

① 若 $\boldsymbol{A}\sim\boldsymbol{B}$,则 $|\boldsymbol{A}|=|\boldsymbol{B}|$;

② 若 $\boldsymbol{A}\sim\boldsymbol{B}$,则 $\boldsymbol{A},\boldsymbol{B}$ 同时可逆或不可逆;

③ 若 $\boldsymbol{A}\sim\boldsymbol{B}$,且 $\boldsymbol{A},\boldsymbol{B}$ 可逆,则 $\boldsymbol{A}^{-1}\sim\boldsymbol{B}^{-1}$;

④ 若 $\boldsymbol{A}\sim\boldsymbol{B}$,则 $|\lambda\boldsymbol{E}-\boldsymbol{A}|=|\lambda\boldsymbol{E}-\boldsymbol{B}|$;

⑤ 若 $\boldsymbol{A}\sim\boldsymbol{B}$,则 $\boldsymbol{A},\boldsymbol{B}$ 的特征值相同;

⑥ 若 $\boldsymbol{A}\sim\boldsymbol{B}$,则 $\operatorname{tr}(\boldsymbol{A})=\operatorname{tr}(\boldsymbol{B})$;

⑦ 若 $\boldsymbol{A}\sim\boldsymbol{B}$,则其秩相等,即 $\mathrm{r}(\boldsymbol{A})=\mathrm{r}(\boldsymbol{B})$.

2. n 阶矩阵 $\boldsymbol{A}$ 与对角矩阵相似的条件

(1) $\boldsymbol{A}$ 与对角矩阵相似的充分必要条件是 $\boldsymbol{A}$ 有 n 个线性无关的特征向量;

(2) $\boldsymbol{A}$ 与对角矩阵相似的充分条件是 $\boldsymbol{A}$ 有 n 个互不相同的特征值.

3. 求与 n 阶矩阵相似的对角矩阵的方法

(1) 设 n 阶矩阵 $\boldsymbol{A}$ 有 n 个单重特征值 $\lambda_1,\lambda_2,\cdots,\lambda_n$,则

$$\boldsymbol{A}\sim\begin{pmatrix}\lambda_1&&&\\&\lambda_2&&\\&&\ddots&\\&&&\lambda_n\end{pmatrix}.$$

如 $\boldsymbol{A}\boldsymbol{\alpha}_i=\lambda_i\boldsymbol{\alpha}_i(i=1,2,\cdots,n)$,令 $\boldsymbol{P}=(\boldsymbol{\alpha}_1,\boldsymbol{\alpha}_2,\cdots,\boldsymbol{\alpha}_n)$,则

$$\boldsymbol{P}^{-1}\boldsymbol{A}\boldsymbol{P}=\begin{pmatrix}\lambda_1&&&\\&\lambda_2&&\\&&\ddots&\\&&&\lambda_n\end{pmatrix}.$$

(2) 设 n 阶矩阵 $\boldsymbol{A}$ 有 m 个特征值 $\lambda_1,\lambda_2,\cdots,\lambda_m$，其重数分别为 $k_1,k_2,\cdots,k_m$，$\sum_{i=1}^{m} k_i = n$，且对于每个特征值 λ_i 都有 k_i 个属于 λ_i 的线性无关的特征向量，则

$$\boldsymbol{A} \sim \begin{pmatrix} \left.\begin{matrix}\lambda_1 & & \\ & \ddots & \\ & & \lambda_1\end{matrix}\right\} k_1\text{个} & & & \\ & \left.\begin{matrix}\lambda_2 & & \\ & \ddots & \\ & & \lambda_2\end{matrix}\right\} k_2\text{个} & & \\ & & \ddots & \\ & & & k_m\text{个}\left\{\begin{matrix}\lambda_m & & \\ & \ddots & \\ & & \lambda_m\end{matrix}\right. \end{pmatrix} = \boldsymbol{\Lambda}.$$

如 $\boldsymbol{A\alpha}_t^{(i)} = \lambda_i\boldsymbol{\alpha}_t^{(i)}(t=1,2,\cdots,k_i,i=1,2,\cdots,m)$，令矩阵

$$\boldsymbol{P} = (\boldsymbol{\alpha}_1^{(1)},\cdots,\boldsymbol{\alpha}_{k_1}^{(1)},\boldsymbol{\alpha}_1^{(2)},\cdots\boldsymbol{\alpha}_{k_2}^{(2)},\boldsymbol{\alpha}_1^{(m)},\cdots\boldsymbol{\alpha}_{k_m}^{(m)}),$$

则 $\boldsymbol{P}^{-1}\boldsymbol{AP} = \boldsymbol{\Lambda}$.

5.2.3 实对称矩阵的对角化

1. 实对称矩阵的特征值与特征向量的特殊性质

(1) 实对称矩阵的特征值都是实数；

(2) 实对称矩阵的属于不同特征值的特征向量彼此正交；

(3) 实对称矩阵的 k 重特征值恰好有 k 个属于此特征值的实特征向量；

(4) 对于实对称矩阵 $\boldsymbol{A}$ 必存在正交矩阵 $\boldsymbol{Q}$，使得 $\boldsymbol{Q}^{-1}\boldsymbol{AQ}$ 为对角矩阵.

2. 求正交矩阵 $\boldsymbol{Q}$，使 $\boldsymbol{Q}^{-1}\boldsymbol{AQ}$ 为对角矩阵的方法

(1) 解特征方程 $|\lambda\boldsymbol{E}-\boldsymbol{A}|=0$，求出 $\boldsymbol{A}$ 的全部特征值；

(2) 解齐次线性方程组 $(\lambda\boldsymbol{E}-\boldsymbol{A})\boldsymbol{x}=\boldsymbol{0}$，求出基础解系，得到 r 重特征值的 r 个线性无关的特征向量；

(3) 利用施密特正交化方法，使得属于 r 重特征值的 r 个线性无关的向量正交化，并使其单位化；

(4) 将求得的 n 个单位正交特征向量作为矩阵 $\boldsymbol{Q}$ 的列向量，从而得到所需的正交矩阵 $\boldsymbol{Q}$；

(5) $Q^{-1}AQ$ 为对角矩阵，其对角元素为 A 的全部实特征值，它们在对角矩阵的排列顺序，与其特征向量在 Q 中的排列顺序一致.

5.2.4 非负矩阵

1. 定义

(1) 非负矩阵

设 $A=(a_{ij})_{n\times n}$ 为实矩阵，如果 A 的每个元素 $a_{ij}\geqslant 0(i,j=1,2,\cdots n)$，则称 A 为非负矩阵，记为 $A\geqslant \mathbf{0}$；如果 $a_{ij}>0$，则称 A 为正矩阵，记为 $A>\mathbf{0}$.

(2) 可约矩阵

如果 n 阶矩阵 $A=(a_{ij})_{n\times n}$ 可以经过一系列相同的行和列的互换，化为

$$\begin{pmatrix} A_{11} & A_{12} \\ \mathbf{0} & A_{22} \end{pmatrix},$$

其中 A_{11},A_{22} 为子方阵(不一定同阶)，则称 A 为可约矩阵. 否则称 A 为不可约矩阵.

2. 非负矩阵的性质

设 A 为 n 阶非负矩阵，则

(1) 存在一个实的非负的最大特征值 λ_0；

(2) 存在一个属于 λ_0 的非负特征向量；

(3) 当 $B\geqslant A$(即指 $b_{ij}\geqslant a_{ij},i,j=1,2,\cdots,n$)时，$B$ 的最大特征值 $\mu_0\geqslant\lambda_0$；

(4) 对于任何 $\mu_0>\lambda_0$，$\mu E-A$ 可逆，且 $(\mu E-A)^{-1}>\mathbf{0}$.

3. 非负不可约矩阵的性质

设 A 为 n 阶非负不可约矩阵，则

(1) 存在一个实的正的最大特征值 λ_0，且 λ_0 为 A 的单重特征值；

(2) 属于 λ_0 的特征向量是正的；

(3) 当 $B\geqslant A$ 且 $B\neq A$ 时，B 的最大特征值 $\mu_0>\lambda_0$；

(4) 对于任何 $\mu_0>\lambda_0$，$\mu E-A$ 可逆，且 $(\mu E-A)^{-1}>\mathbf{0}$.

5.3 典型例题分析

5.3.1 矩阵的特征值与特征向量

1. 计算数值型矩阵的特征值和特征向量

所谓数值型矩阵是指矩阵的元素均为已知数值的矩阵.

例 5.1 求下列矩阵的特征值、特征向量.

(1) $\begin{pmatrix}1 & 4\\ 2 & 3\end{pmatrix}$； (2) $\begin{bmatrix}0 & 0 & 1\\ 0 & 1 & 0\\ 1 & 0 & 0\end{bmatrix}$； (3) $\begin{pmatrix}0 & 1\\ -1 & 0\end{pmatrix}$.

解 (1) 由特征方程 $|\lambda\boldsymbol{E}-\boldsymbol{A}|=\begin{vmatrix}\lambda-1 & -4\\ -2 & \lambda-3\end{vmatrix}=(\lambda-5)(\lambda+1)=0$，得特征值 $\lambda=5,-1$.

求属于 $\lambda_1=5$ 的特征向量. 解齐次线性方程组 $(\lambda_1\boldsymbol{E}-\boldsymbol{A})\boldsymbol{x}=\boldsymbol{0}$. 由

$$\lambda_1\boldsymbol{E}-\boldsymbol{A}=5\boldsymbol{E}-\boldsymbol{A}=\begin{pmatrix}4 & -4\\ -2 & 2\end{pmatrix}\to\begin{pmatrix}1 & -1\\ 0 & 0\end{pmatrix}$$

可知 $\mathrm{r}(\lambda_1\boldsymbol{E}-\boldsymbol{A})=1$，基础解系包含 $n-\mathrm{r}(\lambda_1\boldsymbol{E}-\boldsymbol{A})=2-1=1$ 个向量：

$$\boldsymbol{\alpha}_1=\begin{pmatrix}1\\ 1\end{pmatrix}.$$

所以属于 $\lambda_1=5$ 的全部特征向量为 $k_1\boldsymbol{\alpha}_1(k_1\neq0)$.

求属于 $\lambda_2=-1$ 的特征向量. 解齐次线性方程组 $(\lambda_2\boldsymbol{E}-\boldsymbol{A})\boldsymbol{x}=\boldsymbol{0}$. 由

$$\lambda_2\boldsymbol{E}-\boldsymbol{A}=-\boldsymbol{E}-\boldsymbol{A}=\begin{pmatrix}-2 & -4\\ -2 & -4\end{pmatrix}\to\begin{pmatrix}1 & 2\\ 0 & 0\end{pmatrix}$$

可知 $\mathrm{r}(\lambda_2\boldsymbol{E}-\boldsymbol{A})=1$，基础解系包含 $n-\mathrm{r}(\lambda_2\boldsymbol{E}-\boldsymbol{A})=1$ 个向量：

$$\boldsymbol{\alpha}_1=\begin{pmatrix}-2\\ 1\end{pmatrix},$$

所以属于 $\lambda_2=-1$ 的全部特征向量为 $k_2\boldsymbol{\alpha}_2(k_2\neq0)$.

总之，$\boldsymbol{A}$ 的特征值为 5 和 -1. 属于 5 的特征向量为 $k_1\begin{pmatrix}1\\ 1\end{pmatrix}(k_1\neq0)$，属于 -1 的特征向量为 $k_2\begin{pmatrix}-2\\ 1\end{pmatrix}(k_2\neq0)$.

(2) 由特征方程

$$|\lambda\boldsymbol{E}-\boldsymbol{A}|=\begin{vmatrix}\lambda & 0 & -1\\ 0 & \lambda-1 & 0\\ -1 & 0 & \lambda\end{vmatrix}=(\lambda-1)^2(\lambda+1)=0,$$

得特征值 $\lambda=1,1,-1$.

求属于 $\lambda_1=1$ 的特征向量. 解齐次线性方程组 $(\lambda_1\boldsymbol{E}-\boldsymbol{A})\boldsymbol{x}=\boldsymbol{0}$. 由

$$\lambda_1\boldsymbol{E}-\boldsymbol{A}=\begin{bmatrix}1 & 0 & -1\\ 0 & 0 & 0\\ -1 & 0 & 1\end{bmatrix}\to\begin{bmatrix}1 & 0 & -1\\ 0 & 0 & 0\\ 0 & 0 & 0\end{bmatrix}$$

知，$\mathrm{r}(\lambda_1\boldsymbol{E}-\boldsymbol{A})=1$，基础解系中包含 $n-\mathrm{r}(\lambda_1\boldsymbol{E}-\boldsymbol{A})=2$ 个向量，它们是

$$\boldsymbol{\alpha}_1=\begin{pmatrix}0\\1\\0\end{pmatrix}\quad \boldsymbol{\alpha}_2=\begin{pmatrix}1\\0\\1\end{pmatrix},$$

所以属于$\lambda_1=1$(二重)的特征向量为$k_1\boldsymbol{\alpha}_1+k_2\boldsymbol{\alpha}_2$,其中$k_1,k_2$不全为零.

求属于$\lambda_2=-1$的特征向量.解齐次线性方程组$(\lambda_2\boldsymbol{E}-\boldsymbol{A})\boldsymbol{x}=\boldsymbol{0}$.由

$$\lambda_2\boldsymbol{E}-\boldsymbol{A}=\begin{pmatrix}-1&0&-1\\0&-2&0\\-1&0&-1\end{pmatrix}\to\begin{pmatrix}1&0&1\\0&1&0\\0&0&0\end{pmatrix}$$

知,$\mathrm{r}(\lambda_2\boldsymbol{E}-\boldsymbol{A})=2$,基础解系包含$n-\mathrm{r}(\lambda_2\boldsymbol{E}-\boldsymbol{A})=1$个向量:

$$\boldsymbol{\alpha}_3=\begin{pmatrix}-1\\0\\1\end{pmatrix},$$

所以属于$\lambda_2=-1$的全部特征向量为$k_3\boldsymbol{\alpha}_3(k_3\neq0)$.

总之,$\boldsymbol{A}$的特征值为$1,1,-1$.属于$\lambda_1=1,1$的全部特征向量为

$$k_1\begin{pmatrix}0\\1\\0\end{pmatrix}+k_2\begin{pmatrix}1\\0\\1\end{pmatrix}\quad(k_1\text{ 和 }k_2\text{ 不全为零});$$

属于特征值$\lambda_1=-1$的全部特征向量为

$$k_3\begin{pmatrix}-1\\0\\1\end{pmatrix}\quad(k_3\neq0).$$

(3) 由于特征方程

$$|\lambda\boldsymbol{E}-\boldsymbol{A}|=\begin{vmatrix}\lambda&-1\\1&\lambda\end{vmatrix}=\lambda^2+1=0$$

在实数域$\mathbb{R}$内无特征值,因而也无特征向量.在复数域$\mathbb{C}$内有特征值$\lambda=\pm\mathrm{i}$.

求属于$\lambda_1=\mathrm{i}$的特征向量.解齐次线性方程组$(\lambda_1\boldsymbol{E}-\boldsymbol{A})\boldsymbol{x}=\boldsymbol{0}$.由

$$\lambda_1\boldsymbol{E}-\boldsymbol{A}=\begin{pmatrix}\mathrm{i}&-1\\1&\mathrm{i}\end{pmatrix}\to\begin{pmatrix}1&\mathrm{i}\\0&0\end{pmatrix}$$

知,$\mathrm{r}(\mathrm{i}\boldsymbol{E}-\boldsymbol{A})=1$,基础解系包含$n-\mathrm{r}(\mathrm{i}\boldsymbol{E}-\boldsymbol{A})=1$个向量:

$$\boldsymbol{\alpha}_1=\begin{pmatrix}-\mathrm{i}\\1\end{pmatrix},$$

所以属于$\lambda_1=\mathrm{i}$的全部特征向量为$k_1\boldsymbol{\alpha}_1(k_1\neq0)$.

求属于$\lambda_2=-\mathrm{i}$的特征向量.解齐次线性方程组$(\lambda_2\boldsymbol{E}-\boldsymbol{A})\boldsymbol{x}=\boldsymbol{0}$.由

$$\lambda_2 \boldsymbol{E}-\boldsymbol{A}=\begin{pmatrix}-\mathrm{i} & -1\\ 1 & -\mathrm{i}\end{pmatrix}\to\begin{pmatrix}1 & -\mathrm{i}\\ 0 & 0\end{pmatrix}$$

知，$\mathrm{r}(-\mathrm{i}\boldsymbol{E}-\boldsymbol{A})=1$，基础解系包含 $n-\mathrm{r}(-\mathrm{i}\boldsymbol{E}-\boldsymbol{A})=1$个向量：

$$\boldsymbol{\alpha}_2=\begin{pmatrix}\mathrm{i}\\ 1\end{pmatrix},$$

所以属于 $\lambda=-\mathrm{i}$ 的全部特征向量为 $k_2\boldsymbol{\alpha}_2(k_2\neq 0)$.

总之，$\boldsymbol{A}$ 的特征值为$\pm\mathrm{i}$. 属于 $\lambda=\mathrm{i}$ 的全部特征向量为

$$k_1\begin{pmatrix}-\mathrm{i}\\ 1\end{pmatrix}\quad(k_1\neq 0);$$

属于特征值 $\lambda_2=-\mathrm{i}$ 的全部特征向量为

$$k_2\begin{pmatrix}\mathrm{i}\\ 1\end{pmatrix}\quad(k_2\neq 0).$$

小结 求特征值就是求特征方程 $f(\lambda)=|\lambda\boldsymbol{E}-\boldsymbol{A}|=0$ 的根 $\lambda_i(i=1,2,\cdots,m)$. 若 $\boldsymbol{A}$ 为二阶方阵，$f(\lambda)$是二次多项式，此时求 $f(\lambda)$的根是方便的；若 $\boldsymbol{A}$ 为三阶或三阶以上的矩阵，$f(\lambda)$相应为 λ 的三次或三次以上的多项式，没有求根公式，给计算带来困难. 所以这时只能靠分解因式求根，如果不能分解因式（或不会分解因式），特征值将无法求出. 若能在计算过程中就能把因式（一次因式）分解出来，这是最理想的，通常也是可行的. 一般的思路是：

(1) 把$|\lambda\boldsymbol{E}-\boldsymbol{A}|$的各行（或各列）加起来，若相等，则把相等的部分提出来（一次因式）后，剩下的是一个二次多项式，肯定可以分解因式求根.

(2) 把$|\lambda\boldsymbol{E}-\boldsymbol{A}|$的某一行（或某一列）中不含 λ 的两个元素之一化为零，则此零元素所在列（或行）往往会出现公因式，提出公因式后再计算即可.

例 5.2 求下列矩阵的特征值与特征向量.

(1) $\boldsymbol{A}=\begin{bmatrix}-1 & 2 & 2\\ 3 & -1 & 1\\ 2 & 2 & -1\end{bmatrix}$； (2) $\boldsymbol{B}=\begin{bmatrix}3 & 2 & 4\\ 2 & 0 & 2\\ 4 & 2 & 3\end{bmatrix}$.

解 (1) 特征方程为

$$|\lambda\boldsymbol{E}-\boldsymbol{A}|=\begin{vmatrix}\lambda+1 & -2 & -2\\ -3 & \lambda+1 & -1\\ -2 & -2 & \lambda+1\end{vmatrix}=\begin{vmatrix}\lambda-3 & -2 & -2\\ \lambda-3 & \lambda+1 & -1\\ \lambda-3 & -2 & \lambda+1\end{vmatrix}$$

$$=(\lambda-3)\begin{vmatrix}1 & -2 & -2\\ 1 & \lambda+1 & -1\\ 1 & -2 & \lambda+1\end{vmatrix}=0.$$

（注意：在计算行列式时把各列加到第 1 列，然后提出公因子，同时在计算过程中即分解

出因式)，所以得特征值 $\lambda_1=3,\lambda_2=\lambda_3=-3$(二重).

对于 $\lambda_1=3$，解齐次线性方程组

$$(\lambda_1\boldsymbol{E}-\boldsymbol{A})\boldsymbol{x}=\begin{pmatrix}4&-2&-2\\-3&4&-1\\-2&-2&4\end{pmatrix}\begin{pmatrix}x_1\\x_2\\x_3\end{pmatrix}=\boldsymbol{0},$$

即

$$\begin{cases}4x_1-2x_2-2x_3=0,\\-3x_1+4x_2-x_3=0,\\-2x_1-2x_2+4x_3=0.\end{cases}$$

解之得基础解系为 $(1,1,1)^{\mathrm{T}}$，$\boldsymbol{A}$ 的属于 $\lambda_1=3$ 的特征向量为 $k_1\begin{pmatrix}1\\1\\1\end{pmatrix}(k_1\neq0)$.

对于 $\lambda_2=\lambda_3=-3$，解齐次线性方程组

$$(\lambda_2\boldsymbol{E}-\boldsymbol{A})\boldsymbol{x}=\begin{pmatrix}-2&-2&-2\\-3&-2&-1\\-2&-2&-2\end{pmatrix}\begin{pmatrix}x_1\\x_2\\x_3\end{pmatrix}=\boldsymbol{0},$$

解之得基础解系为 $(1,-2,1)^{\mathrm{T}}$，$\boldsymbol{A}$ 的属于 $\lambda_2=\lambda_3=-3$ 的特征向量为 $k_2\begin{pmatrix}1\\-2\\1\end{pmatrix}(k_2\neq0)$.

由此得 $\boldsymbol{A}$ 的全部特征向量为

$$k_1\begin{pmatrix}1\\1\\1\end{pmatrix},\quad k_2\begin{pmatrix}1\\-2\\1\end{pmatrix},\text{其中 } k_1,k_2 \text{ 为任意非零常数.}$$

(2) 由特征方程

$$|\lambda\boldsymbol{E}-\boldsymbol{B}|=\begin{vmatrix}\lambda-3&-2&-4\\-2&\lambda&-2\\-4&-2&\lambda-3\end{vmatrix}=\begin{vmatrix}\lambda-3&-2&-4\\-2&\lambda&-2\\-\lambda-1&0&\lambda+1\end{vmatrix}$$

$$\xlongequal{③+(-1)\times①}(\lambda+1)\begin{vmatrix}\lambda-3&-2&-4\\-2&\lambda&-2\\-1&0&1\end{vmatrix}=(\lambda-8)(\lambda+1)^2=0,$$

得特征值为 $\lambda_1=8,\lambda_2=\lambda_3=-1$.

对于 $\lambda_1=8$，解齐次线性方程组

$$(\lambda_1\boldsymbol{E}-\boldsymbol{B})\boldsymbol{x}=\begin{pmatrix}5&-2&-4\\-2&8&-2\\-4&-2&5\end{pmatrix}\begin{pmatrix}x_1\\x_2\\x_3\end{pmatrix}=\boldsymbol{0},$$

得基础解系为$(2,1,2)^{\mathrm{T}}$,所以$\boldsymbol{B}$的属于$\lambda_1=8$的全部特征向量为

$$k_1\begin{pmatrix}2\\1\\2\end{pmatrix},\quad \text{其中 } k_1 \text{ 为任意非零常数}.$$

对于$\lambda_2=\lambda_3=-1$,解齐次线性方程组

$$(\lambda_2\boldsymbol{E}-\boldsymbol{B})\boldsymbol{x}=\begin{pmatrix}-4&-2&-4\\-2&-1&-2\\-4&-2&-4\end{pmatrix}\begin{pmatrix}x_1\\x_2\\x_3\end{pmatrix}=\boldsymbol{0},$$

得基础解系为$(1,0,-1)^{\mathrm{T}},(1,-2,0)^{\mathrm{T}}$,故$\boldsymbol{B}$的属于$\lambda_2=\lambda_3=-1$的全部特征向量为

$$k_2\begin{pmatrix}1\\0\\-1\end{pmatrix}+k_3\begin{pmatrix}1\\-2\\0\end{pmatrix},\quad \text{其中 } k_2,k_3 \text{ 是不全为零的实数}.$$

由此得矩阵$\boldsymbol{A}$的全部特征向量为

$$k_1\begin{pmatrix}2\\1\\2\end{pmatrix},\quad k_2\begin{pmatrix}1\\0\\-1\end{pmatrix}+k_3\begin{pmatrix}1\\-2\\0\end{pmatrix},$$

其中$k_1\neq0,k_2,k_3$是不同时为零的实数.

例 5.3 求矩阵$\boldsymbol{A}=\begin{pmatrix}-1&2&2&1&2\\2&-1&-2&2&0\\2&-2&-1&1&4\\0&0&0&1&3\\0&0&0&2&2\end{pmatrix}$的特征值.

解 $\boldsymbol{A}$可表示为分块对角矩阵

$$\boldsymbol{A}=\left(\begin{array}{ccc|cc}-1&2&2&1&2\\2&-1&-2&2&0\\2&-2&-1&1&4\\\hline0&0&0&1&3\\0&0&0&2&2\end{array}\right)=\begin{pmatrix}\boldsymbol{A}_1&\boldsymbol{C}_1\\\boldsymbol{0}&\boldsymbol{B}_1\end{pmatrix},$$

则由

$$|\lambda\boldsymbol{E}_5-\boldsymbol{A}|=\begin{vmatrix}\lambda\boldsymbol{E}_3-\boldsymbol{A}_1&-\boldsymbol{C}_1\\\boldsymbol{0}&\lambda\boldsymbol{E}_2-\boldsymbol{B}_1\end{vmatrix}=|\lambda\boldsymbol{E}_3-\boldsymbol{A}_1|\,|\lambda\boldsymbol{E}_2-\boldsymbol{B}_1|=0$$

知,求 $\boldsymbol{A}$ 的特征值转化为求低阶矩阵 $\boldsymbol{A}_1$ 与 $\boldsymbol{B}_1$ 的特征值即可.

因为

$$|\lambda \boldsymbol{E}_3-\boldsymbol{A}_1|=\begin{vmatrix}\lambda+1 & -2 & -2\\ -2 & \lambda+1 & 2\\ -2 & 2 & \lambda+1\end{vmatrix}\underline{\underline{②+①}}\begin{vmatrix}\lambda+1 & -2 & -2\\ \lambda-1 & \lambda-1 & 0\\ -2 & 2 & \lambda+1\end{vmatrix}$$

$$=(\lambda-1)\begin{vmatrix}\lambda+1 & -2 & -2\\ 1 & 1 & 0\\ -2 & 2 & \lambda+1\end{vmatrix}=(\lambda-1)^2(\lambda+5)=0,$$

故 $\boldsymbol{A}_1$ 的特征值为 $\lambda_1=\lambda_2=1,\lambda_3=-5$.

又由

$$|\lambda \boldsymbol{E}_2-\boldsymbol{B}_1|=\begin{vmatrix}\lambda-1 & -3\\ -2 & \lambda-2\end{vmatrix}=(\lambda-1)(\lambda-2)-6=\lambda^2-3\lambda-4=0,$$

解得 $\boldsymbol{B}_1$ 的特征值为 $\lambda_4=4,\lambda_5=-1$.

故 $\boldsymbol{A}$ 的特征值为 $\lambda_1=\lambda_2=1,\lambda_3=-5,\lambda_4=4,\lambda_5=-1$.

2. 有关抽象矩阵的特征值的计算和证明

所谓抽象矩阵,是指矩阵的元素没有具体给出的矩阵.

例 5.4 假设 $\boldsymbol{A}$ 满足方程 $\boldsymbol{A}^2-5\boldsymbol{A}+6\boldsymbol{E}=\boldsymbol{0}$,其中 $\boldsymbol{E}$ 为单位矩阵,试求 $\boldsymbol{A}$ 的特征值.

解 用定义求解.

设 λ 是 $\boldsymbol{A}$ 的特征值,对应特征向量设为 $\boldsymbol{x}\neq\boldsymbol{0}$,则 $\boldsymbol{A}\boldsymbol{x}=\lambda\boldsymbol{x}$. 又已知 $\boldsymbol{A}^2-5\boldsymbol{A}+6\boldsymbol{E}=\boldsymbol{0}$,得 $(\boldsymbol{A}^2-5\boldsymbol{A}+6\boldsymbol{E})\boldsymbol{x}=\boldsymbol{A}^2\boldsymbol{x}-5\boldsymbol{A}\boldsymbol{x}+6\boldsymbol{x}=\lambda^2\boldsymbol{x}-5\lambda\boldsymbol{x}+6\boldsymbol{x}=(\lambda^2-5\lambda+6)\boldsymbol{x}=\boldsymbol{0}$.

因为 $\boldsymbol{x}\neq\boldsymbol{0}$,故 $\lambda^2-5\lambda+6=(\lambda-2)(\lambda-3)=0$,即有

$$\lambda=2\quad 或\quad \lambda=3.$$

例 5.5 设 λ 是 n 阶可逆矩阵 $\boldsymbol{A}$ 的一个特征值,证明:$\dfrac{|\boldsymbol{A}|}{\lambda}$ 为 $\boldsymbol{A}$ 的伴随矩阵 $\boldsymbol{A}^*$ 的特征值.

分析 由已知矩阵的特征值求与其有关矩阵的特征值,一般可由特征值、特征向量的定义,或利用特征方程来得到.

解法一 已知 $|\boldsymbol{A}|\neq0,\lambda\neq0$,且 $\boldsymbol{A}\boldsymbol{x}=\lambda\boldsymbol{x}(\boldsymbol{x}\neq\boldsymbol{0})$. 两边左乘 $\boldsymbol{A}^*$,得 $\boldsymbol{A}^*\boldsymbol{A}\boldsymbol{x}=|\boldsymbol{A}|\boldsymbol{E}\boldsymbol{x}=|\boldsymbol{A}|\boldsymbol{x}=\lambda\boldsymbol{A}^*\boldsymbol{x}$,故

$$\boldsymbol{A}^*\boldsymbol{x}=\frac{|\boldsymbol{A}|}{\lambda}\boldsymbol{x},$$

即 $\dfrac{|\boldsymbol{A}|}{\lambda}$ 是 $\boldsymbol{A}^*$ 的特征值.

解法二 由于 $|\boldsymbol{A}|\neq0,\lambda\neq0,|\lambda\boldsymbol{E}-\boldsymbol{A}|=0$,故

$$|A^*||\lambda E-A|=|\lambda A^*-A^*A|=\left|-\lambda\left(\frac{|A|}{\lambda}E-A^*\right)\right|$$

$$=(-\lambda)^n\left|\frac{|A|}{\lambda}E-A^*\right|=0.$$

由于$(-\lambda)^n\neq0$,故$\left|\frac{|A|}{\lambda}E-A^*\right|=0$,即$\frac{|A|}{\lambda}$是$A^*$的特征值.

例 5.6 设有 4 阶矩阵 A 满足条件$|3E+A|=0,AA^T=2E,|A|<0$,求方阵 A 的伴随矩阵A^*的一个特征值.

分析 利用上题的结果知,若已知 A 的一个特征值λ,则A^*有一个特征值$\frac{|A|}{\lambda}$,再进一步计算$|A|$即可.问题转化为求 A 的特征值及$|A|$,已知条件给出$|3E+A|=0$,可直接用特征方程求出一个特征值.

解 由已知$|3E+A|=0$知,

$$|-3E-A|=|-(3E+A)|=(-1)^4|3E+A|=0,$$

故 A 有一个特征值$\lambda=-3$.

又由$AA^T=2E,|A|<0$可知,$|AA^T|=|2E|$,即$|A||A^T|=|A|^2=2^4|E|=16$,于是可得$|A|=\pm4$,又$|A|<0$,所以$|A|=-4$.于是A^*有一特征值为$\frac{|A|}{\lambda}=\frac{4}{3}$.

例 5.7 设 A 为可逆矩阵,试证 A 与其伴随矩阵A^*具有相同的特征向量,且相应特征值的乘积为$|A|$.

证明 设α为 A 的属于λ的一个特征向量(即$A\alpha=\lambda\alpha$),则由$A^*A=|A|E$可知

$$(A^*A)\alpha=A^*(A\alpha)=A^*(\lambda\alpha)=\lambda A^*\alpha,$$

而$(|A|E)\alpha=|A|\alpha$,由 A 可逆知,$\lambda\neq0$,于是

$$A^*\alpha=\frac{|A|}{\lambda}\alpha.$$

另一方面,设β为A^*的属于特征值μ的特征向量(即$A\beta=\mu\beta$),则由$AA^*=|A|E$可知,

$$(AA^*)\beta=A(A^*\beta)=A(\mu\beta)=\mu A\beta,$$

而$(|A|E)\beta=|A|\beta$,由 A 可逆和$A^*A=|A|E$可知,

$$|A||A^*|=||A|E|=|A|^n,$$

$$|A^*|=|A|^{n-1}\neq0,$$

其中 n 为 A 的阶.由此可见,A^*为可逆矩阵,从而$\mu\neq0$,于是

$$A\beta=\frac{|A|}{\mu}\beta.$$

综上所述,A 与A^*有完全相同的特征向量,其相应的特征值的乘积为$\lambda\cdot\frac{|A|}{\lambda}=$

$\mu \cdot \frac{|\boldsymbol{A}|}{\mu} = |\boldsymbol{A}|$.

例 5.8 设 $\boldsymbol{A}$ 和 $\boldsymbol{B}$ 为 n 阶矩阵,且 $\boldsymbol{A}$ 可逆.试证:$\boldsymbol{AB}$ 和 $\boldsymbol{BA}$ 具有相同的特征值.

证明 由于

$$\begin{aligned}|\lambda\boldsymbol{E}-\boldsymbol{AB}| &= |\boldsymbol{A}^{-1}||\lambda\boldsymbol{E}-\boldsymbol{AB}||\boldsymbol{A}| = |\boldsymbol{A}^{-1}(\lambda\boldsymbol{E}-\boldsymbol{AB})\boldsymbol{A}| \\ &= |\boldsymbol{A}^{-1}\lambda\boldsymbol{E}\boldsymbol{A}-\boldsymbol{A}^{-1}\boldsymbol{ABA}| = |\lambda\boldsymbol{E}\boldsymbol{A}^{-1}\boldsymbol{A}-\boldsymbol{A}^{-1}\boldsymbol{A}(\boldsymbol{BA})| = |\lambda\boldsymbol{E}-\boldsymbol{BA}|,\end{aligned}$$

所以 $\boldsymbol{AB}$ 和 $\boldsymbol{BA}$ 具有相同的特征值.

小结 求抽象矩阵的特征值的方法有:(1)利用定义式 $\boldsymbol{Ax}=\lambda\boldsymbol{x},\lambda\neq 0$,满足此关系式的 λ 即为 $\boldsymbol{A}$ 的特征值;(2)利用特征方程 $|\lambda\boldsymbol{E}-\boldsymbol{A}|=0$,满足此特征方程的 λ 即为 $\boldsymbol{A}$ 的特征值.

3. 求解特征值、特征向量的反问题

所谓特征值、特征向量的反问题是指已知特征值或特征向量,反求特征向量或矩阵 $\boldsymbol{A}$ 中参数;或已知全部特征值、特征向量反求矩阵;或已知部分特征值、特征向量反求另一部分特征值、特征向量以及矩阵 $\boldsymbol{A}$.

例 5.9 已知 $\boldsymbol{\xi}=(1,1,-1)^{\mathrm{T}}$ 是矩阵

$$\begin{pmatrix} 2 & -1 & 2 \\ 5 & a & 3 \\ -1 & b & -2 \end{pmatrix}$$

的一个特征向量.试确定参数 a,b 及特征向量 $\boldsymbol{\xi}$ 所对应的特征值.

解 设 λ 是特征向量 $\boldsymbol{\xi}$ 所对应的特征值,则由定义知,$\boldsymbol{A\xi}=\lambda\boldsymbol{\xi}$,即

$$\begin{pmatrix} 2 & -1 & 2 \\ 5 & a & 3 \\ -1 & b & -2 \end{pmatrix}\begin{pmatrix} 1 \\ 1 \\ -1 \end{pmatrix} = \lambda\begin{pmatrix} 1 \\ 1 \\ -1 \end{pmatrix},$$

即

$$\begin{cases} 2-1-2=\lambda, \\ 5+a-3=\lambda, \\ -1+b+2=-\lambda, \end{cases}$$

解得 $a=-3,b=0,\lambda=-1$.

例 5.10 设矩阵

$$\boldsymbol{A}=\begin{pmatrix} 1 & -3 & 3 \\ 3 & a & 3 \\ 6 & -6 & b \end{pmatrix},$$

有特征值 $\lambda_1=-2,\lambda_2=4$,试求参数 a,b 的值.

分析 题设中无已知特征向量,用特征方程 $|\lambda\boldsymbol{E}-\boldsymbol{A}|=0$ 求参数 a,b.

解 因为 $\lambda_1=-2,\lambda_2=4$ 均为 $\boldsymbol{A}$ 的特征值,所以 $|\lambda_1\boldsymbol{E}-\boldsymbol{A}|=0$,$|\lambda_2\boldsymbol{E}-\boldsymbol{A}|=0$,即

$$|\lambda_1 \boldsymbol{E}-\boldsymbol{A}|=\begin{vmatrix}\lambda_1-1 & 3 & -3\\ -3 & \lambda_1-a & -3\\ -6 & 6 & \lambda_1-b\end{vmatrix}=\begin{vmatrix}-3 & 3 & -3\\ -3 & -2-a & -3\\ -6 & 6 & -2-b\end{vmatrix}=3(5+a)(4-b)=0,$$

$$|\lambda_2 \boldsymbol{E}-\boldsymbol{A}|=\begin{vmatrix}3 & 3 & -3\\ -3 & 4-a & -3\\ -6 & 6 & 4-b\end{vmatrix}=3[-(7-a)(2+b)+72]=0,$$

解得 $a=-5,b=4$.

小结 例 5.9 和例 5.10 属于已知特征值或特征向量反求参数的问题，对于这类问题，如果已知条件中给出特征向量，可用定义式 $\boldsymbol{Ax}=\lambda \boldsymbol{x}$ 求解；若只给出特征值而没有给出特征向量，一般用特征方程 $|\lambda \boldsymbol{E}-\boldsymbol{A}|=0$ 求解.

例 5.11 设三阶矩阵满足 $\boldsymbol{A\alpha}_i=i\boldsymbol{\alpha}_i(i=1,2,3)$，其中 $\boldsymbol{\alpha}_1=(1,2,2)^{\mathrm{T}},\boldsymbol{\alpha}_2=(2,-2,1)^{\mathrm{T}},\boldsymbol{\alpha}_3=(-2,-1,2)^{\mathrm{T}}$，试求矩阵 $\boldsymbol{A}$.

解 由 $\boldsymbol{A\alpha}_i=i\boldsymbol{\alpha}_i(i=1,2,3)$，可得

$$\boldsymbol{A}(\boldsymbol{\alpha}_1,\boldsymbol{\alpha}_2,\boldsymbol{\alpha}_3)=(\boldsymbol{A\alpha}_1,\boldsymbol{A\alpha}_2,\boldsymbol{A\alpha}_3)=(\boldsymbol{\alpha}_1,2\boldsymbol{\alpha}_2,3\boldsymbol{\alpha}_3).$$

因为 $\boldsymbol{\alpha}_1,\boldsymbol{\alpha}_2,\boldsymbol{\alpha}_3$ 是三阶矩阵 $\boldsymbol{A}$ 的三个不同特征值的特征向量，所以 $\boldsymbol{\alpha}_1,\boldsymbol{\alpha}_2,\boldsymbol{\alpha}_3$ 线性无关，从而矩阵可逆，于是

$$\boldsymbol{A}=(\boldsymbol{\alpha}_1,2\boldsymbol{\alpha}_2,3\boldsymbol{\alpha}_3)(\boldsymbol{\alpha}_1,\boldsymbol{\alpha}_2,\boldsymbol{\alpha}_3)^{-1}=\begin{pmatrix}1 & 4 & -6\\ 2 & -4 & -3\\ 2 & 2 & 6\end{pmatrix}\begin{pmatrix}1 & 2 & -2\\ 2 & -2 & -1\\ 2 & 1 & 2\end{pmatrix}^{-1}$$

$$=\begin{pmatrix}1 & 4 & -6\\ 2 & -4 & -3\\ 2 & 2 & 6\end{pmatrix}\cdot\frac{1}{9}\begin{pmatrix}1 & 2 & 2\\ 2 & -2 & 1\\ -2 & -1 & 2\end{pmatrix}=\begin{pmatrix}\frac{7}{3} & 0 & -\frac{2}{3}\\ 0 & \frac{5}{3} & -\frac{2}{3}\\ -\frac{2}{3} & -\frac{2}{3} & 2\end{pmatrix}.$$

小结 例 5.11 属于已知矩阵 $\boldsymbol{A}$ 的全部特征值和特征向量，反求矩阵 $\boldsymbol{A}$ 的例子. 对这类问题，其一般思路是：若 $\boldsymbol{A}$ 为 n 阶方阵，$\lambda_1,\lambda_2,\cdots,\lambda_n$ 是 $\boldsymbol{A}$ 的 n 个特征值(可能有重根)，对应有 n 个线性无关的特征向量 $\boldsymbol{\alpha}_1,\boldsymbol{\alpha}_2,\cdots,\boldsymbol{\alpha}_n$，即 $\boldsymbol{A\alpha}_i=\lambda_i\boldsymbol{\alpha}_i(i=1,2,\cdots,n)$. 由

$$\boldsymbol{A}(\boldsymbol{\alpha}_1,\boldsymbol{\alpha}_2,\cdots,\boldsymbol{\alpha}_n)=(\boldsymbol{A\alpha}_1,\boldsymbol{A\alpha}_2,\cdots,\boldsymbol{A\alpha}_n)=(\lambda_2\boldsymbol{\alpha}_1,\lambda_2\boldsymbol{\alpha}_2,\cdots,\lambda_n\boldsymbol{\alpha}_n),$$

得

$$\boldsymbol{A}=(\lambda_2\boldsymbol{\alpha}_1,\lambda_2\boldsymbol{\alpha}_2,\cdots,\lambda_n\boldsymbol{\alpha}_n)(\boldsymbol{\alpha}_1,\boldsymbol{\alpha}_2,\cdots,\boldsymbol{\alpha}_n)^{-1}.$$

5.3.2 相似矩阵与矩阵的对角化

1. 判断矩阵 A 是否可对角化，在可对角化的情形下，求出相似变换矩阵

判断 n 阶矩阵 $\boldsymbol{A}$ 是否可对角化，其基本步骤如下：

(1) 求 $\boldsymbol{A}$ 的全部特征值，设 $\boldsymbol{A}$ 的所有不同特征值为 $\lambda_1,\lambda_2,\cdots,\lambda_s$；

(2) 对每一特征值 λ_i，解齐次线性方程组 $(\lambda_i\boldsymbol{E}-\boldsymbol{A})\boldsymbol{x}=\boldsymbol{0}$，可得对应于特征值 λ_i 的线性无关的特征向量（基础解系）$\boldsymbol{\alpha}_{i_1},\boldsymbol{\alpha}_{i_2},\cdots,\boldsymbol{\alpha}_{i_{k_i}}$ $(i=1,2,\cdots,s)$.

若 λ_i 为 m_i 重根，但 $k_i<m_i$，即对应 λ_i 的线性无关特征向量的个数小于 λ_i 的重数，则 $\boldsymbol{A}$ 不可对角化. 若每个 λ_i 的重数与线性无关的特征向量的个数相同，即 $k_1+k_2+\cdots+k_s=n$，则 $\boldsymbol{A}$ 可对角化.

当 $\boldsymbol{A}$ 可对角化时，把 n 个线性无关的特征向量作为矩阵 $\boldsymbol{P}$ 的列向量，则 $\boldsymbol{P}^{-1}\boldsymbol{AP}$ 为对角矩阵，其主对角线上元素恰好是 $\boldsymbol{A}$ 的 n 个特征值（重根重复计算），且特征值的顺序与 $\boldsymbol{P}$ 的列向量顺序（即特征值所对应的特征向量顺序）保持一致.

例 5.12 判断下列矩阵 $\boldsymbol{A}$ 是否可对角化？若可对角化，试求出可逆矩阵 $\boldsymbol{P}$，使得 $\boldsymbol{P}^{-1}\boldsymbol{AP}$ 为对角矩阵.

(1) $\boldsymbol{A}=\begin{pmatrix}3&-2&0\\-1&3&-1\\-5&7&-1\end{pmatrix}$； (2) $\boldsymbol{A}=\begin{pmatrix}1&-3&3\\3&-5&3\\6&-6&4\end{pmatrix}$.

解 (1) 由特征方程

$$|\lambda\boldsymbol{E}-\boldsymbol{A}|=\begin{vmatrix}\lambda-3&2&0\\1&\lambda-3&1\\5&-7&\lambda+1\end{vmatrix}=\begin{vmatrix}\lambda-1&2&0\\\lambda-1&\lambda-3&1\\\lambda-1&-7&\lambda+1\end{vmatrix}=(\lambda-2)^2(\lambda-1)=0,$$

得特征值 $\lambda_1=\lambda_2=2$（二重根），$\lambda_3=1$.

对于 $\lambda_1=\lambda_2=2$，解齐次线性方程组

$$(\lambda_1\boldsymbol{E}-\boldsymbol{A})\boldsymbol{x}=\begin{pmatrix}-1&2&0\\1&-1&1\\5&-7&3\end{pmatrix}\begin{pmatrix}x_1\\x_2\\x_3\end{pmatrix}=\boldsymbol{0}.$$

因为 $\mathrm{r}(2\boldsymbol{E}-\boldsymbol{A})=2$，所以属于 $\lambda_1=\lambda_2=2$ 的线性无关的特征向量的个数等于对应的齐次线性方程组的基础解系所含向量的个数，即 $3-\mathrm{r}(2\boldsymbol{E}-\boldsymbol{A})=1$，不等于根的重数 2，因此 $\boldsymbol{A}$ 不与对角矩阵相似.

(2) 特征方程为

$$|\lambda\boldsymbol{E}-\boldsymbol{A}|=\begin{vmatrix}\lambda-1&3&-3\\-3&\lambda+5&-3\\-6&6&\lambda-4\end{vmatrix}=\begin{vmatrix}\lambda-1&3&-3\\-\lambda-2&\lambda+2&0\\-6&6&\lambda-4\end{vmatrix}$$

$$=(\lambda+2)\begin{vmatrix}\lambda-1&3&-3\\-1&1&0\\-6&6&\lambda-4\end{vmatrix}=(\lambda+2)^2(\lambda-4)=0,$$

因此，$\boldsymbol{A}$ 的特征值为 $\lambda_1=\lambda_2=-2$，$\lambda_3=4$. 对于 $\lambda_1=\lambda_2=-2$，解齐次线性方程组

$$(\lambda_1\boldsymbol{E}-\boldsymbol{A})\boldsymbol{x}=(-2\boldsymbol{E}-\boldsymbol{A})\boldsymbol{x}=\begin{pmatrix}-3&3&-3\\-3&3&-3\\-6&6&-6\end{pmatrix}\begin{pmatrix}x_1\\x_2\\x_3\end{pmatrix}=\mathbf{0}.$$

因为 $\mathrm{r}(-2\boldsymbol{E}-\boldsymbol{A})=1$,可得其基础解系为$\boldsymbol{\xi}_1=(1,1,0)^{\mathrm{T}}$,$\boldsymbol{\xi}_2=(-1,0,1)^{\mathrm{T}}$.

对于 $\lambda_3=4$,解齐次线性方程组

$$(\lambda_3\boldsymbol{E}-\boldsymbol{A})\boldsymbol{x}=(4\boldsymbol{E}-\boldsymbol{A})\boldsymbol{x}=\begin{pmatrix}3&3&-3\\-3&9&-3\\-6&6&0\end{pmatrix}\begin{pmatrix}x_1\\x_2\\x_3\end{pmatrix}=\mathbf{0}.$$

因为 $\mathrm{r}(4\boldsymbol{E}-\boldsymbol{A})=2$,可得其基础解系为$\boldsymbol{\xi}_3=(1,1,2)^{\mathrm{T}}$.

综上可知,三阶矩阵 $\boldsymbol{A}$ 有三个线性无关的特征向量$\boldsymbol{\xi}_1,\boldsymbol{\xi}_2,\boldsymbol{\xi}_3$,故 $\boldsymbol{A}$ 可对角化.

令

$$\boldsymbol{P}=(\boldsymbol{\xi}_1,\boldsymbol{\xi}_2,\boldsymbol{\xi}_3)=\begin{pmatrix}1&-1&1\\1&0&1\\0&1&2\end{pmatrix},$$

则

$$\boldsymbol{P}^{-1}\boldsymbol{A}\boldsymbol{P}=\begin{pmatrix}-2&0&0\\0&-2&0\\0&0&4\end{pmatrix}.$$

例 5.13 设 n 阶矩阵

$$\boldsymbol{A}=\begin{pmatrix}0&1&&&\\&0&1&&\\&&\ddots&\ddots&\\&&&0&1\\&&&&0\end{pmatrix}.$$

试指出 $\boldsymbol{A}$ 是否有与它相似的对角矩阵,并说明理由.

解 没有与 $\boldsymbol{A}$ 相似的对角矩阵.因为 $\boldsymbol{A}$ 的特征值为 0,且重数为 n,由于 $\mathrm{r}(\boldsymbol{A})=n-1$,所以由齐次线性方程组 $\boldsymbol{A}\boldsymbol{x}=\mathbf{0}$ 求得的基础解系中的解向量只有一个,即 $\boldsymbol{A}$ 的属于特征值 0 的线性无关的特征向量只有一个(小于特征值的重数),因此 $\boldsymbol{A}$ 不能相似对角化.

2. 已知两个同阶方阵 A,B,判断 A 与 B 是否相似

例 5.14 试判断下列矩阵 $\boldsymbol{A},\boldsymbol{B}$ 是否相似,若相似,求出可逆矩阵 $\boldsymbol{M}$,使得 $\boldsymbol{B}=\boldsymbol{M}^{-1}\boldsymbol{A}\boldsymbol{M}$.

(1) $\boldsymbol{A}=\begin{pmatrix}2&0&0\\0&3&5\\0&1&2\end{pmatrix}$,$\boldsymbol{B}=\begin{pmatrix}3&1&0\\7&3&0\\0&0&1\end{pmatrix}$; (2) $\boldsymbol{A}=\begin{pmatrix}2&0&0\\0&0&1\\0&1&0\end{pmatrix}$,$\boldsymbol{B}=\begin{pmatrix}1&0&0\\0&-1&0\\0&-6&2\end{pmatrix}$.

分析 先考虑是否成立:$|\boldsymbol{A}|=|\boldsymbol{B}|$,$\mathrm{r}(\boldsymbol{A})=\mathrm{r}(\boldsymbol{B})$,$\mathrm{tr}(\boldsymbol{A})=\mathrm{tr}(\boldsymbol{B})$,若均成立,再看是

否成立$|\lambda\boldsymbol{E}-\boldsymbol{A}|=|\lambda\boldsymbol{E}-\boldsymbol{B}|$.若还成立,说明$\boldsymbol{A},\boldsymbol{B}$有相同的特征值,如果$\boldsymbol{A},\boldsymbol{B}$均可对角化,说明$\boldsymbol{A}$与$\boldsymbol{B}$相似于同一对角矩阵,从而$\boldsymbol{A}$与$\boldsymbol{B}$也相似.

解 (1) 显然有$|\boldsymbol{A}|=|\boldsymbol{B}|$,$\mathrm{r}(\boldsymbol{A})=\mathrm{r}(\boldsymbol{B})$,且$\mathrm{tr}(\boldsymbol{A})=\mathrm{tr}(\boldsymbol{B})$.但

$$|\lambda\boldsymbol{E}-\boldsymbol{A}|=\begin{vmatrix}\lambda-2&0&0\\0&\lambda-3&-5\\0&-1&\lambda-2\end{vmatrix}=(\lambda-2)(\lambda^2-5\lambda+1)=\lambda^3-7\lambda^2+11\lambda-2,$$

$$|\lambda\boldsymbol{E}-\boldsymbol{B}|=\begin{vmatrix}\lambda-3&-1&0\\-7&\lambda-3&0\\0&0&\lambda-1\end{vmatrix}=(\lambda-1)(\lambda^2-6\lambda+2)=\lambda^3-7\lambda^2+8\lambda-2,$$

可见$|\lambda\boldsymbol{E}-\boldsymbol{A}|\neq|\lambda\boldsymbol{E}-\boldsymbol{B}|$,所以$\boldsymbol{A}$与$\boldsymbol{B}$不相似.

(2) 由

$$|\lambda\boldsymbol{E}-\boldsymbol{A}|=\begin{vmatrix}\lambda-2&0&0\\0&\lambda&-1\\0&-1&\lambda\end{vmatrix}=(\lambda-2)(\lambda-1)(\lambda+1),$$

得$\boldsymbol{A}$的特征值为$\lambda_1=2,\lambda_2=1,\lambda_3=-1$.

又由

$$|\lambda\boldsymbol{E}-\boldsymbol{B}|=\begin{vmatrix}\lambda-1&0&0\\0&\lambda+1&0\\0&6&\lambda-2\end{vmatrix}=(\lambda-2)(\lambda-1)(\lambda+1),$$

得$\boldsymbol{B}$的特征值为$\lambda_1=2,\lambda_2=1,\lambda_3=-1$.

$\boldsymbol{A}$与$\boldsymbol{B}$均有三个不同的特征值,因此$\boldsymbol{A}$与$\boldsymbol{B}$同时与对角矩阵

$$\begin{pmatrix}2&0&0\\0&1&0\\0&0&-1\end{pmatrix}$$

相似,由相似关系的对称性与传递性知,$\boldsymbol{A}\sim\boldsymbol{B}$.

对应特征值$2,1,-1$,$\boldsymbol{A}$的特征向量分别为

$$\boldsymbol{\xi}_1=\begin{pmatrix}1\\0\\0\end{pmatrix},\quad\boldsymbol{\xi}_2=\begin{pmatrix}0\\1\\1\end{pmatrix},\quad\boldsymbol{\xi}_3=\begin{pmatrix}0\\1\\-1\end{pmatrix}.$$

对应特征值$2,1,-1$,$\boldsymbol{B}$的特征向量分别为

$$\boldsymbol{\eta}_1=\begin{pmatrix}0\\2\\1\end{pmatrix},\quad\boldsymbol{\eta}_2=\begin{pmatrix}1\\0\\0\end{pmatrix},\quad\boldsymbol{\eta}_3=\begin{pmatrix}0\\-1\\0\end{pmatrix}.$$

故存在

$$P=(\xi_1,\xi_2,\xi_3)=\begin{pmatrix}1&0&0\\0&1&1\\0&1&-1\end{pmatrix},\quad Q=(\eta_1,\eta_2,\eta_3)=\begin{pmatrix}0&1&0\\2&0&-1\\1&0&0\end{pmatrix},$$

使得

$$P^{-1}AP=Q^{-1}BQ=\begin{pmatrix}2&0&0\\0&1&0\\0&0&-1\end{pmatrix},$$

从而有

$$B=QP^{-1}APQ^{-1}=(PQ^{-1})^{-1}A(PQ^{-1}).$$

令 $M=PQ^{-1}$，则 M 可逆，且使得 $B=M^{-1}AM$. 这里，

$$M=PQ^{-1}=\begin{pmatrix}1&0&0\\0&1&1\\0&1&-1\end{pmatrix}\begin{pmatrix}0&1&0\\2&0&-1\\1&0&0\end{pmatrix}=\begin{pmatrix}0&0&1\\1&-1&2\\1&1&-2\end{pmatrix}.$$

例 5.15 设两矩阵

$$A=\begin{pmatrix}-13&6\\-36&17\end{pmatrix},\quad B=\begin{pmatrix}1&4\\2&3\end{pmatrix}$$

相似，试求可逆矩阵 P，使 $A=P^{-1}BP$.

解 由

$$|\lambda E-A|=\begin{vmatrix}\lambda+13&-6\\36&\lambda-17\end{vmatrix}=\lambda^2-4\lambda-5=(\lambda-5)(\lambda+1)$$

可知，A 的特征值为 5 和 -1. 同理可求得 B 的特征值也为 5 和 -1. 由于特征值都为单重，所以 A 和 B 都可对角化，即

$$A\sim\begin{pmatrix}5&0\\0&-1\end{pmatrix}=\Lambda,\quad B\sim\begin{pmatrix}5&0\\0&-1\end{pmatrix}=\Lambda.$$

先求可逆矩阵 P_1，使 $P_1^{-1}AP_1=\Lambda$. 对于 $\lambda=5$，解 $(\lambda E-A)x=0$. 由

$$\lambda E-A=5E-A=\begin{pmatrix}18&-6\\36&-12\end{pmatrix}\to\begin{pmatrix}18&-6\\0&0\end{pmatrix}\to\begin{pmatrix}1&-\frac{1}{3}\\0&0\end{pmatrix},$$

可得 A 的属于 5 的特征向量为

$$\begin{pmatrix}\frac{1}{3}\\1\end{pmatrix}\quad 或\quad \alpha_1=\begin{pmatrix}1\\3\end{pmatrix}.$$

对于 $\lambda=-1$，解 $(\lambda E-A)x=0$. 由

$$\lambda E-A=-E-A=\begin{pmatrix}12&-6\\36&-18\end{pmatrix}\to\begin{pmatrix}12&-6\\0&0\end{pmatrix}\to\begin{pmatrix}1&-\frac{1}{2}\\0&0\end{pmatrix},$$

可得 $\boldsymbol{A}$ 的属于 -1 的特征向量为

$$\begin{pmatrix}\frac{1}{2}\\1\end{pmatrix} \quad 或 \quad \boldsymbol{\alpha}_2=\begin{pmatrix}1\\2\end{pmatrix}.$$

由于 $\boldsymbol{\alpha}_1$ 和 $\boldsymbol{\alpha}_2$ 线性无关，令

$$\boldsymbol{P}_1=(\boldsymbol{\alpha}_1,\boldsymbol{\alpha}_2)=\begin{pmatrix}1&1\\3&2\end{pmatrix},$$

则 $\boldsymbol{P}_1$ 可逆，且 $\boldsymbol{P}_1^{-1}\boldsymbol{A}\boldsymbol{P}_1=\boldsymbol{\Lambda}$. 其次，又可求得 $\boldsymbol{B}$ 的属于特征值 $\lambda_1=5,\lambda_2=-1$ 的特征向量分别为

$$\boldsymbol{\xi}_1=\begin{pmatrix}1\\1\end{pmatrix},\quad \boldsymbol{\xi}_2=\begin{pmatrix}-2\\1\end{pmatrix}.$$

令

$$\boldsymbol{P}_2=\begin{pmatrix}1&-2\\1&1\end{pmatrix},$$

则有 $\boldsymbol{P}_2^{-1}\boldsymbol{B}\boldsymbol{P}_2=\boldsymbol{\Lambda}$. 于是得

$$\boldsymbol{A}=\boldsymbol{P}_1\boldsymbol{\Lambda}\boldsymbol{P}_1^{-1}=\boldsymbol{P}_1\boldsymbol{P}_2^{-1}\boldsymbol{B}\boldsymbol{P}_2\boldsymbol{P}_1^{-1}=(\boldsymbol{P}_2\boldsymbol{P}_1^{-1})^{-1}\boldsymbol{B}(\boldsymbol{P}_2\boldsymbol{P}_1^{-1}).$$

令

$$\boldsymbol{P}=\boldsymbol{P}_2\boldsymbol{P}_1^{-1}=\begin{pmatrix}1&-2\\1&1\end{pmatrix}\begin{pmatrix}-2&1\\3&-1\end{pmatrix}=\begin{pmatrix}-8&3\\1&0\end{pmatrix},$$

则有 $\boldsymbol{A}=\boldsymbol{P}^{-1}\boldsymbol{B}\boldsymbol{P}$.

小结 判断两个已知的同阶方阵相似的问题，其基本方法是：

(1) 若 $\boldsymbol{A}\sim\boldsymbol{B}$，则 $|\lambda\boldsymbol{E}-\boldsymbol{A}|=|\lambda\boldsymbol{E}-\boldsymbol{B}|$，进而可推出 $|\boldsymbol{A}|=|\boldsymbol{B}|$，$\mathrm{r}(\boldsymbol{A})=\mathrm{r}(\boldsymbol{B})$，$\mathrm{tr}(\boldsymbol{A})=\mathrm{tr}(\boldsymbol{B})$，等等，其中有一个不成立，则说明 $\boldsymbol{A},\boldsymbol{B}$ 不相似.

(2) 若 $\boldsymbol{A},\boldsymbol{B}$ 均相似于同一对角矩阵 $\boldsymbol{\Lambda}$，则 $\boldsymbol{A}$ 与 $\boldsymbol{B}$ 相似，即若 $\boldsymbol{A}\sim\boldsymbol{\Lambda}$，$\boldsymbol{B}\sim\boldsymbol{\Lambda}$，则 $\boldsymbol{A}\sim\boldsymbol{B}$.

例 5.16 已知 $\boldsymbol{A}=\boldsymbol{Q}^{-1}\boldsymbol{B}\boldsymbol{Q}$ 和 $\boldsymbol{C}=\boldsymbol{R}^{-1}\boldsymbol{B}\boldsymbol{R}$. 试求可逆矩阵 $\boldsymbol{P}$，使得 $\boldsymbol{A}=\boldsymbol{P}^{-1}\boldsymbol{C}\boldsymbol{P}$.

解 由 $\boldsymbol{C}=\boldsymbol{R}^{-1}\boldsymbol{B}\boldsymbol{R}$，可知 $\boldsymbol{B}=\boldsymbol{R}\boldsymbol{C}\boldsymbol{R}^{-1}$. 于是

$$\boldsymbol{A}=\boldsymbol{Q}^{-1}\boldsymbol{B}\boldsymbol{Q}=\boldsymbol{Q}^{-1}\boldsymbol{R}\boldsymbol{C}\boldsymbol{R}^{-1}\boldsymbol{Q}=(\boldsymbol{R}^{-1}\boldsymbol{Q})^{-1}\boldsymbol{C}(\boldsymbol{R}^{-1}\boldsymbol{Q}).$$

则 $\boldsymbol{P}=\boldsymbol{R}^{-1}\boldsymbol{Q}$ 即为所求.

3. 已知矩阵 A 与 B 相似，求 A,B 中的参数

例 5.17 设矩阵 $\boldsymbol{A}$ 与 $\boldsymbol{B}$ 相似，其中

$$\boldsymbol{A}=\begin{pmatrix}-2&0&0\\2&x&2\\3&1&1\end{pmatrix},\quad \boldsymbol{B}=\begin{pmatrix}-1&0&0\\0&2&0\\0&0&y\end{pmatrix}.$$

(1)求 x 和 y 的值；(2)求可逆矩阵 $\boldsymbol{P}$，使得 $\boldsymbol{P}^{-1}\boldsymbol{AP}=\boldsymbol{B}$.

解 (1) 方法一：因 $\boldsymbol{A}\sim\boldsymbol{B}$，故 $\boldsymbol{A},\boldsymbol{B}$ 有相同的特征多项式，即

$$|\lambda\boldsymbol{E}-\boldsymbol{A}|=|\lambda\boldsymbol{E}-\boldsymbol{B}|.$$

于是得

$$(\lambda+2)[\lambda-(x+1)\lambda+(x-2)]=(\lambda+1)(\lambda-2)(\lambda-y).$$

令 $\lambda=0$，得 $2(x-2)=2y$，即 $y=x-2$.

令 $\lambda=-1$，得 $0=4(-2-y)$，即 $y=-2$，从而 $x=0$.

方法二：因 $\boldsymbol{B}$ 是对角矩阵，故知 $\boldsymbol{A}$ 有特征值 $-1,2,y$，而特征方程为

$$|\lambda\boldsymbol{E}-\boldsymbol{A}|=(\lambda+2)[\lambda^2-(x+1)\lambda+(x-2)]=0.$$

以 $\lambda=-1$ 代入得 $x=0$. 由 $x=0$ 知，$\boldsymbol{A}$ 有特征方程

$$|\lambda\boldsymbol{E}-\boldsymbol{A}|=(\lambda+2)[\lambda^2-\lambda-2]=(\lambda+1)(\lambda+2)(\lambda-2)=0,$$

$\boldsymbol{A}$ 的特征值应为 $-1,2,-2$，比较特征值知，$y=-2$.

(2) 由(1)知，

$$\boldsymbol{A}=\begin{pmatrix}-2&0&0\\2&0&2\\3&1&1\end{pmatrix},\quad \boldsymbol{B}=\begin{pmatrix}-1&0&0\\0&2&0\\0&0&-2\end{pmatrix}.$$

$\boldsymbol{A}$ 的特征值为 $\lambda_1=-1,\lambda_2=2,\lambda_3=-2$，可求出对应的特征向量分别为

$$\boldsymbol{\xi}_1=\begin{pmatrix}0\\2\\-1\end{pmatrix},\quad \boldsymbol{\xi}_2=\begin{pmatrix}0\\1\\1\end{pmatrix},\quad \boldsymbol{\xi}_3=\begin{pmatrix}1\\0\\-1\end{pmatrix}.$$

令

$$\boldsymbol{P}=(\boldsymbol{\xi}_1,\boldsymbol{\xi}_2,\boldsymbol{\xi}_3)=\begin{pmatrix}0&0&1\\2&1&0\\-1&1&-1\end{pmatrix},$$

则 $\boldsymbol{P}$ 可逆，且 $\boldsymbol{P}^{-1}\boldsymbol{AP}=\boldsymbol{B}$.

例 5.18 设 $\boldsymbol{A}=\begin{pmatrix}0&0&1\\x&1&y\\1&0&0\end{pmatrix}$ 有三个线性无关的特征向量，求 x 和 y 应满足的条件.

分析 三阶矩阵 $\boldsymbol{A}$ 有三个线性无关的特征向量，说明 $\boldsymbol{A}$ 相似于对角矩阵，对角矩阵对角线上的元素为 $\boldsymbol{A}$ 的特征值，因此有必要先求出 $\boldsymbol{A}$ 的三个特征值. 但应注意，若一方面从 $|\lambda\boldsymbol{E}-\boldsymbol{A}|=0$ 求特征值，另一方面又想以 $|\lambda\boldsymbol{E}-\boldsymbol{A}|=|\lambda\boldsymbol{E}-\boldsymbol{B}|$（$\boldsymbol{B}$ 为 $\boldsymbol{A}$ 的相似矩阵）求得参数 x,y 可能是行不通的，本题与上题的差别在于 $|\lambda\boldsymbol{E}-\boldsymbol{A}|=0$ 中恰好不含参数，这样便于求出特征值，但却找不到要求的参数 x,y 之间的关系. 本题的关键在于三阶矩阵要有三个线性无关的特征向量，其充要条件是每个特征值的重数与其对应的线性无关的特征向量的个数相

同,由基础解系知,相当于和方程$(\lambda\boldsymbol{E}-\boldsymbol{A})\boldsymbol{x}=\boldsymbol{0}$的系数矩阵秩有关系$\mathrm{r}(\lambda\boldsymbol{E}-\boldsymbol{A})=n-$特征值重数(本题$n=3$),再由矩阵$\lambda\boldsymbol{E}-\boldsymbol{A}$的秩推导出参数$x,y$应满足的条件.

解 由

$$|\lambda\boldsymbol{E}-\boldsymbol{A}|=\begin{vmatrix}\lambda & 0 & -1\\ -x & \lambda-1 & -y\\ -1 & 0 & \lambda\end{vmatrix}=(\lambda-1)(\lambda^2-1)=(\lambda-1)^2(\lambda+1)=0,$$

得$\boldsymbol{A}$的特征值为$\lambda_1=\lambda_2=1$(二重),$\lambda_3=-1$.

根据已知条件,$\boldsymbol{A}$有三个线性无关的特征向量,因此对应$\lambda_1=\lambda_2=1$,有两个线性无关的特征向量,即齐次线性方程组

$$(\lambda_1\boldsymbol{E}-\boldsymbol{A})\boldsymbol{x}=\begin{pmatrix}1 & 0 & -1\\ -x & 0 & -y\\ -1 & 0 & 1\end{pmatrix}\begin{pmatrix}x_1\\ x_2\\ x_3\end{pmatrix}=\boldsymbol{0}$$

的基础解系所含向量的个数为 2,故$\mathrm{r}(\lambda_1\boldsymbol{E}-\boldsymbol{A})=1$.

又

$$\lambda_1\boldsymbol{E}-\boldsymbol{A}=\begin{pmatrix}1 & 0 & -1\\ -x & 0 & -y\\ -1 & 0 & -1\end{pmatrix}\rightarrow\begin{pmatrix}1 & 0 & -1\\ 0 & 0 & -x-y\\ 0 & 0 & 0\end{pmatrix},$$

因此,必有$-x-y=0$,即x,y应满足的条件为$x+y=0$.

小结 这类问题都可从"若$\boldsymbol{A}\sim\boldsymbol{B}$,则有$|\lambda\boldsymbol{E}-\boldsymbol{A}|=|\lambda\boldsymbol{E}-\boldsymbol{B}|$"的结论着手分析.至于$|\boldsymbol{A}|=|\boldsymbol{B}|$,$\mathrm{r}(\boldsymbol{A})=\mathrm{r}(\boldsymbol{B})$,$\mathrm{tr}\boldsymbol{A}=\mathrm{tr}\boldsymbol{B}$等均可由此导出.

4. 特征值、特征向量及相似矩阵的应用

(1) 利用相似矩阵计算矩阵$\boldsymbol{A}$的高次幂$\boldsymbol{A}^m$.

例 5.19 设矩阵$\boldsymbol{A}=\boldsymbol{P\Lambda P}^{-1}$,求证$\boldsymbol{A}^m=\boldsymbol{P\Lambda}^m\boldsymbol{P}^{-1}$($m$为正整数),并计算$\begin{pmatrix}1 & 4\\ 2 & 3\end{pmatrix}^m$.

解 由$\boldsymbol{A}=\boldsymbol{P\Lambda P}^{-1}$可知,

$$\begin{aligned}\boldsymbol{A}^m&=(\boldsymbol{P\Lambda P}^{-1})(\boldsymbol{P\Lambda P}^{-1})\cdots(\boldsymbol{P\Lambda P}^{-1})\\&=\boldsymbol{P\Lambda}(\boldsymbol{P}^{-1}\boldsymbol{P})\boldsymbol{P\Lambda}\cdots(\boldsymbol{P}^{-1}\boldsymbol{P})\boldsymbol{\Lambda P}^{-1}=\boldsymbol{P\Lambda}^m\boldsymbol{P}^{-1}.\end{aligned}$$

由例 5.1 的(1)知,矩阵$\begin{pmatrix}1 & 4\\ 2 & 3\end{pmatrix}$的特征值为$\lambda_1=5$,$\lambda_2=-1$,相应的特征向量为

$$\boldsymbol{\alpha}_1=\begin{pmatrix}1\\ 1\end{pmatrix},\quad \boldsymbol{\alpha}_2=\begin{pmatrix}-2\\ 1\end{pmatrix},$$

$\boldsymbol{\alpha}_1,\boldsymbol{\alpha}_2$线性无关.所以可逆矩阵

$$P=\begin{pmatrix}1&-2\\1&1\end{pmatrix},\quad P^{-1}AP=\begin{pmatrix}5&0\\0&-1\end{pmatrix},$$

因此 $A=P\Lambda P^{-1}$,即

$$\begin{pmatrix}1&4\\2&3\end{pmatrix}=\begin{pmatrix}1&-2\\1&1\end{pmatrix}\begin{pmatrix}5&0\\0&-1\end{pmatrix}\begin{pmatrix}1&-2\\1&1\end{pmatrix}^{-1}.$$

于是,有

$$\begin{pmatrix}1&4\\2&3\end{pmatrix}^m=\begin{pmatrix}1&-2\\1&1\end{pmatrix}\begin{pmatrix}5&0\\0&-1\end{pmatrix}^m\begin{pmatrix}1&-2\\1&1\end{pmatrix}^{-1}=\frac{1}{3}\begin{pmatrix}1&-2\\1&1\end{pmatrix}\begin{bmatrix}5^m&0\\0&(-1)^m\end{bmatrix}\begin{pmatrix}1&2\\-1&1\end{pmatrix}$$

$$=\frac{1}{3}\begin{bmatrix}5^m+2(-1)^m&2\times5^m-2(-1)^m\\5^m-(-1)^m&2\times5^m+(-1)^m\end{bmatrix}\quad(m=1,2,\cdots).$$

注 仅从计算 A^m 来看,研究矩阵的相似对角矩阵就很有意义.

例 5.20 设三角矩阵 A 的特征值分别为 $\lambda_1=-1,\lambda_2=1,\lambda_3=3$,对应的特征向量依次为

$$\boldsymbol{\alpha}_1=\begin{pmatrix}1\\-1\\0\end{pmatrix},\quad\boldsymbol{\alpha}_2=\begin{pmatrix}1\\-1\\1\end{pmatrix},\quad\boldsymbol{\alpha}_3=\begin{pmatrix}0\\1\\-1\end{pmatrix},$$

又向量 $\boldsymbol{\beta}=(3,-2,0)^{\mathrm{T}}$. ①将 $\boldsymbol{\beta}$ 用 $\boldsymbol{\alpha}_1,\boldsymbol{\alpha}_2,\boldsymbol{\alpha}_3$ 线性表示;②求 $A^n\boldsymbol{\beta}$ (n 为自然数).

解 ① 设 $\boldsymbol{\beta}=x_1\boldsymbol{\alpha}_1+x_2\boldsymbol{\alpha}_2+x_3\boldsymbol{\alpha}_3$,得线性方程组

$$(\boldsymbol{\alpha}_1,\boldsymbol{\alpha}_2,\boldsymbol{\alpha}_3)\begin{pmatrix}x_1\\x_2\\x_3\end{pmatrix}=\boldsymbol{\beta},$$

即

$$\begin{pmatrix}1&1&0\\-1&-1&1\\0&1&-1\end{pmatrix}\begin{pmatrix}x_1\\x_2\\x_3\end{pmatrix}=\begin{pmatrix}3\\-2\\0\end{pmatrix}.$$

解此矩阵方程:

$$\left(\begin{array}{ccc:c}1&1&0&3\\-1&-1&1&-2\\0&1&-1&0\end{array}\right)\to\left(\begin{array}{ccc:c}1&1&0&3\\0&0&1&1\\0&1&-1&0\end{array}\right)\to\left(\begin{array}{ccc:c}1&1&0&3\\0&1&-1&0\\0&1&1&0\end{array}\right)\to\left(\begin{array}{ccc:c}1&0&0&2\\0&1&0&1\\0&0&1&1\end{array}\right),$$

从而得解 $x_1=2,x_2=1,x_3=1$,故

$$\boldsymbol{\beta}=2\boldsymbol{\alpha}_1+\boldsymbol{\alpha}_2+\boldsymbol{\alpha}_3.$$

② 方法一:利用 $A\boldsymbol{\alpha}_i=\lambda_i\boldsymbol{\alpha}_i,A^n\boldsymbol{\alpha}_i=\lambda_i^n\boldsymbol{\alpha}_i(i=1,2,3)$.

$$A^n\boldsymbol{\beta}=A^n(2\boldsymbol{\alpha}_1+\boldsymbol{\alpha}_2+\boldsymbol{\alpha}_3)=2\lambda_1^n\boldsymbol{\alpha}_1+\lambda_2^n\boldsymbol{\alpha}_2+\lambda_3^n\boldsymbol{\alpha}_3$$

$$= 2(-1)^n \begin{pmatrix} 1 \\ -1 \\ 0 \end{pmatrix} + 1^n \begin{pmatrix} 1 \\ -1 \\ 1 \end{pmatrix} + 3^n \begin{pmatrix} 0 \\ 1 \\ -1 \end{pmatrix} = \begin{pmatrix} 2(-1)^n + 1 \\ 2(-1)^{n+1} + 2 \\ 1 - 3^n \end{pmatrix}.$$

方法二：令

$$\boldsymbol{P} = (\boldsymbol{\alpha}_1, \boldsymbol{\alpha}_2, \boldsymbol{\alpha}_3) = \begin{pmatrix} 1 & 1 & 0 \\ -1 & -1 & 1 \\ 0 & 1 & -1 \end{pmatrix},$$

则 $\boldsymbol{A} = \boldsymbol{P\Lambda P}^{-1}$，$\boldsymbol{A}^n = \boldsymbol{P\Lambda}^n\boldsymbol{P}^{-1}$，从而

$$\boldsymbol{A}^n\boldsymbol{\beta} = \boldsymbol{P} \begin{pmatrix} -1 & & \\ & 1 & \\ & & 3 \end{pmatrix}^n \boldsymbol{P}^{-1}\boldsymbol{\beta} = \begin{pmatrix} 1 & 1 & 0 \\ -1 & -1 & 1 \\ 0 & 1 & -1 \end{pmatrix} \begin{pmatrix} (-1)^n & & \\ & 1^n & \\ & & 3^n \end{pmatrix} \begin{pmatrix} 2 \\ 1 \\ 1 \end{pmatrix}$$

$$= \begin{pmatrix} 2(-1)^n + 1 \\ 2(-1)^{n+1} + 2 \\ 1 - 3^n \end{pmatrix}.$$

这里利用了(1)的结果

$$\boldsymbol{P}^{-1}\boldsymbol{\beta} = \begin{pmatrix} x_1 \\ x_2 \\ x_3 \end{pmatrix} = \begin{pmatrix} 2 \\ 1 \\ 1 \end{pmatrix}.$$

(2) 利用特征值和相似矩阵计算矩阵的行列式

例 5.21 设三阶矩阵 $\boldsymbol{A}$ 的特征值为 $1,-2,3$，矩阵 $\boldsymbol{B} = \boldsymbol{A}^2 - 2\boldsymbol{A}$，求：(1) $\boldsymbol{B}$ 的特征值；(2) $\boldsymbol{B}$ 是否可对角化？若可以，试写出其相似对角形矩阵；(3) 计算 $|\boldsymbol{B}|$ 和 $|\boldsymbol{A} - 2\boldsymbol{E}|$.

解 设 λ 为 $\boldsymbol{A}$ 的任一特征值，对应的一个特征向量为 $\boldsymbol{\alpha}$，则 $\boldsymbol{A\alpha} = \lambda\boldsymbol{\alpha}$ ($\boldsymbol{\alpha} \neq \boldsymbol{0}$)，所以

$$\boldsymbol{A}^2\boldsymbol{\alpha} = \lambda\boldsymbol{A\alpha} = \lambda^2\boldsymbol{\alpha},$$

$$\boldsymbol{B\alpha} = (\boldsymbol{A}^2 - 2\boldsymbol{A})\boldsymbol{\alpha} = \lambda^2\boldsymbol{\alpha} - 2\lambda\boldsymbol{\alpha} = (\lambda^2 - 2\lambda)\boldsymbol{\alpha},$$

即对应于 $\boldsymbol{A}$ 的一个特征值，$\boldsymbol{B}$ 的相应的特征值为 $\lambda^2 - 2\lambda$. 由此可知，当 $\boldsymbol{A}$ 的特征值为 $1,-2,3$ 时，$\boldsymbol{B}$ 的特征值为 $-1,8,3$. 因为 $\boldsymbol{B}$ 有三个不同的特征值，所以 $\boldsymbol{B}$ 可与一个对角矩阵相似，其相似对角矩阵为

$$\begin{pmatrix} -1 & 0 & 0 \\ 0 & 8 & 0 \\ 0 & 0 & 3 \end{pmatrix}.$$

于是 $|\boldsymbol{B}| = (-1) \times 8 \times 3 = -24$，$|\boldsymbol{A}| = 1 \times (-2) \times 3 = -6$.

又因为 $\boldsymbol{B} = \boldsymbol{A}(\boldsymbol{A} - 2\boldsymbol{E})$，所以

$$|\boldsymbol{A} - 2\boldsymbol{E}| = \frac{|\boldsymbol{B}|}{|\boldsymbol{A}|} = \frac{-24}{-6} = 4.$$

小结 求矩阵行列式的思路是：(1)利用特征多项式计算行列式；(2)利用相似矩阵求行列式.

5.3.3 实对称矩阵的对角化

例 5.22 对下列矩阵 $\boldsymbol{A}$，求正交矩阵 $\boldsymbol{Q}$，使 $\boldsymbol{Q}^{-1}\boldsymbol{A}\boldsymbol{Q}$ 为对角矩阵.

(1) $\begin{pmatrix} 1 & 2 & 0 \\ 2 & 2 & -2 \\ 0 & -2 & 3 \end{pmatrix}$； (2) $\begin{pmatrix} 1 & 2 & 2 \\ 2 & -2 & -4 \\ 2 & -4 & -2 \end{pmatrix}$.

解 (1) 由

$$|\lambda\boldsymbol{A}-\boldsymbol{E}|=\begin{vmatrix} \lambda-1 & -2 & 0 \\ -2 & \lambda-2 & 2 \\ 0 & 2 & \lambda-3 \end{vmatrix}=(\lambda+1)(\lambda-2)(\lambda-5)$$

得特征值 $\lambda=-1,2,5$.

对于 $\lambda_1=-1$，求解 $(\lambda_1\boldsymbol{E}-\boldsymbol{A})\boldsymbol{x}=\boldsymbol{0}$. 由

$$\lambda_1\boldsymbol{E}-\boldsymbol{A}=\begin{pmatrix} -2 & -2 & 0 \\ -2 & -3 & 2 \\ 0 & 2 & -4 \end{pmatrix}\to\begin{pmatrix} 1 & 1 & 0 \\ 0 & -1 & 2 \\ 0 & 0 & 0 \end{pmatrix}\to\begin{pmatrix} 1 & 0 & 2 \\ 0 & 1 & -2 \\ 0 & 0 & 0 \end{pmatrix}$$

得基础解系，从而得到一个属于特征值 -1 的特征向量

$$\begin{pmatrix} -2 \\ 2 \\ 1 \end{pmatrix}.$$

对于 $\lambda_2=2$，求解 $(\lambda_2\boldsymbol{E}-\boldsymbol{A})\boldsymbol{x}=\boldsymbol{0}$. 由

$$\lambda_2\boldsymbol{E}-\boldsymbol{A}=\begin{pmatrix} 1 & -2 & 0 \\ -2 & 0 & 2 \\ 0 & 2 & -1 \end{pmatrix}\to\begin{pmatrix} 1 & -2 & 0 \\ 0 & -4 & 2 \\ 0 & 0 & 0 \end{pmatrix}\to\begin{pmatrix} 1 & 0 & -1 \\ 0 & 1 & -\frac{1}{2} \\ 0 & 0 & 0 \end{pmatrix}$$

得基础解系，从而得到一个属于特征值 2 的特征向量

$$\begin{pmatrix} 1 \\ \frac{1}{2} \\ 1 \end{pmatrix}.$$

对于 $\lambda_3=5$，求解 $(\lambda_3\boldsymbol{E}-\boldsymbol{A})\boldsymbol{x}=\boldsymbol{0}$. 由

$$\lambda_3\boldsymbol{E}-\boldsymbol{A}=\begin{pmatrix} 4 & -2 & 0 \\ -2 & 3 & 2 \\ 0 & 2 & 2 \end{pmatrix}\to\begin{pmatrix} 4 & -2 & 0 \\ 0 & 4 & 4 \\ 0 & 0 & 0 \end{pmatrix}\to\begin{pmatrix} 1 & 0 & \frac{1}{2} \\ 0 & 1 & 1 \\ 0 & 0 & 0 \end{pmatrix}$$

得基础解系，从而得到一个属于特征值 5 的特征向量

$$\begin{pmatrix} -\dfrac{1}{2} \\ -1 \\ 1 \end{pmatrix}.$$

将上述特征向量单位化,得

$$\begin{pmatrix} -\dfrac{2}{3} \\ \dfrac{2}{3} \\ \dfrac{1}{3} \end{pmatrix}, \quad \begin{pmatrix} \dfrac{2}{3} \\ \dfrac{1}{3} \\ \dfrac{2}{3} \end{pmatrix}, \quad \begin{pmatrix} -\dfrac{1}{3} \\ -\dfrac{2}{3} \\ \dfrac{2}{3} \end{pmatrix}.$$

令

$$\boldsymbol{Q} = \begin{pmatrix} -\dfrac{2}{3} & \dfrac{2}{3} & -\dfrac{1}{3} \\ \dfrac{2}{3} & \dfrac{1}{3} & -\dfrac{2}{3} \\ \dfrac{1}{3} & \dfrac{2}{3} & \dfrac{2}{3} \end{pmatrix},$$

容易验证,$\boldsymbol{Q}$ 为正交矩阵,且

$$\boldsymbol{Q}^{-1}\boldsymbol{A}\boldsymbol{Q} = \begin{pmatrix} -1 & & \\ & 2 & \\ & & 5 \end{pmatrix}.$$

(2) 由

$$|\lambda \boldsymbol{E} - \boldsymbol{A}| = \begin{vmatrix} \lambda - 1 & -2 & -2 \\ -2 & \lambda + 2 & 4 \\ -2 & 4 & \lambda + 2 \end{vmatrix} = (\lambda - 2)^2(\lambda + 7)$$

得特征值为 $\lambda = 2, 2, -7$.

对于 $\lambda_1 = 2$,求解 $(\lambda_1 \boldsymbol{E} - \boldsymbol{A})\boldsymbol{x} = \boldsymbol{0}$. 由

$$\lambda_1 \boldsymbol{E} - \boldsymbol{A} = \begin{pmatrix} 1 & -2 & -2 \\ -2 & 4 & 4 \\ -2 & 4 & 4 \end{pmatrix} \to \begin{pmatrix} 1 & -2 & -2 \\ 0 & 0 & 0 \\ 0 & 0 & 0 \end{pmatrix}$$

得基础解系,从而得到属于特征值 2 的两个线性无关的特征向量

$$\boldsymbol{\alpha}_1 = \begin{pmatrix} 2 \\ 1 \\ 0 \end{pmatrix}, \quad \boldsymbol{\alpha}_2 = \begin{pmatrix} 2 \\ 0 \\ 1 \end{pmatrix}.$$

按施密特正交化方法得

$$\boldsymbol{\beta}_1=\begin{pmatrix}2\\1\\0\end{pmatrix},\quad \boldsymbol{\beta}_2=\boldsymbol{\alpha}_2-\frac{(\boldsymbol{\alpha}_2,\boldsymbol{\beta}_1)}{(\boldsymbol{\beta}_1,\boldsymbol{\beta}_1)}\boldsymbol{\beta}_1=\begin{pmatrix}2\\0\\1\end{pmatrix}-\frac{4}{5}\begin{pmatrix}2\\1\\0\end{pmatrix}=\begin{pmatrix}\frac{2}{5}\\-\frac{4}{5}\\1\end{pmatrix}.$$

对于 $\lambda_2=-7$,求解 $(\lambda_2\boldsymbol{E}-\boldsymbol{A})\boldsymbol{x}=\boldsymbol{0}$. 由

$$\lambda_2\boldsymbol{E}-\boldsymbol{A}=\begin{pmatrix}-8&-2&-2\\-2&-5&4\\-2&4&-5\end{pmatrix}\to\begin{pmatrix}0&-18&18\\0&-9&9\\1&-2&\frac{5}{2}\end{pmatrix}\to\begin{pmatrix}1&0&\frac{1}{2}\\0&1&-1\\0&0&0\end{pmatrix}$$

得基础解系,从而得到一个属于特征值 -7 的特征向量

$$\boldsymbol{\alpha}=\begin{pmatrix}-\frac{1}{2}\\1\\1\end{pmatrix}.$$

将上述特征向量 $\boldsymbol{\beta}_1,\boldsymbol{\beta}_2,\boldsymbol{\alpha}$ 单位化,得

$$\begin{pmatrix}\frac{2}{\sqrt{5}}\\\frac{1}{\sqrt{5}}\\0\end{pmatrix},\quad\begin{pmatrix}\frac{2}{3\sqrt{5}}\\-\frac{4}{3\sqrt{5}}\\\frac{\sqrt{5}}{3}\end{pmatrix},\quad\begin{pmatrix}-\frac{1}{3}\\\frac{2}{3}\\\frac{2}{3}\end{pmatrix}.$$

令

$$\boldsymbol{Q}=\begin{pmatrix}\frac{2}{\sqrt{5}}&\frac{2}{3\sqrt{5}}&-\frac{1}{3}\\\frac{1}{\sqrt{5}}&-\frac{4}{3\sqrt{5}}&\frac{2}{3}\\0&\frac{\sqrt{5}}{3}&\frac{2}{3}\end{pmatrix}.$$

容易验证,$\boldsymbol{Q}$ 为正交矩阵,且

$$\boldsymbol{Q}^{-1}\boldsymbol{A}\boldsymbol{Q}=\begin{pmatrix}2&&\\&2&\\&&-7\end{pmatrix}.$$

例 5.23 设 $\boldsymbol{A}$ 为 n 阶实对称矩阵,$\boldsymbol{\alpha}_1,\boldsymbol{\alpha}_2,\cdots,\boldsymbol{\alpha}_n$ 为 $\boldsymbol{A}$ 的 n 个正交的单位特征列向量,对应的特征值为 $\lambda_1,\lambda_2,\cdots,\lambda_n$. 试证

$$\boldsymbol{A}=\lambda_1\boldsymbol{\alpha}_1\boldsymbol{\alpha}_1^{\mathrm{T}}+\lambda_2\boldsymbol{\alpha}_2\boldsymbol{\alpha}_2^{\mathrm{T}}+\cdots+\lambda_n\boldsymbol{\alpha}_n\boldsymbol{\alpha}_n^{\mathrm{T}}.$$

证明 令 $\boldsymbol{\alpha}_1,\boldsymbol{\alpha}_2,\cdots,\boldsymbol{\alpha}_n$ 作为矩阵 $\boldsymbol{Q}$ 的列向量,即令 $\boldsymbol{Q}=(\boldsymbol{\alpha}_1,\boldsymbol{\alpha}_2,\cdots,\boldsymbol{\alpha}_n)$. 由于 $\boldsymbol{\alpha}_1,\boldsymbol{\alpha}_2,\cdots,\boldsymbol{\alpha}_n$ 为一组标准正交基,所以 $\boldsymbol{Q}$ 为正交矩阵,且

$$Q^{-1}=Q^{\mathrm{T}}=\begin{pmatrix}\boldsymbol{\alpha}_1^{\mathrm{T}}\\ \boldsymbol{\alpha}_2^{\mathrm{T}}\\ \vdots\\ \boldsymbol{\alpha}_n^{\mathrm{T}}\end{pmatrix}.$$

于是，由

$$Q^{-1}AQ=\Lambda=\begin{pmatrix}\lambda_1 & & & \\ & \lambda_2 & & \\ & & \ddots & \\ & & & \lambda_n\end{pmatrix},$$

可知

$$A=Q\Lambda Q^{-1}=(\boldsymbol{\alpha}_1,\boldsymbol{\alpha}_2,\cdots,\boldsymbol{\alpha}_n)\begin{pmatrix}\lambda_1 & & & \\ & \lambda_2 & & \\ & & \ddots & \\ & & & \lambda_n\end{pmatrix}\begin{pmatrix}\boldsymbol{\alpha}_1^{\mathrm{T}}\\ \boldsymbol{\alpha}_2^{\mathrm{T}}\\ \vdots\\ \boldsymbol{\alpha}_n^{\mathrm{T}}\end{pmatrix}$$

$$=(\boldsymbol{\alpha}_1,\boldsymbol{\alpha}_2,\cdots,\boldsymbol{\alpha}_n)\begin{pmatrix}\lambda_1\boldsymbol{\alpha}_1^{\mathrm{T}}\\ \lambda_2\boldsymbol{\alpha}_2^{\mathrm{T}}\\ \vdots\\ \lambda_n\boldsymbol{\alpha}_n^{\mathrm{T}}\end{pmatrix}=\lambda_1\boldsymbol{\alpha}_1\boldsymbol{\alpha}_1^{\mathrm{T}}+\lambda_2\boldsymbol{\alpha}_2\boldsymbol{\alpha}_2^{\mathrm{T}}+\cdots+\lambda_n\boldsymbol{\alpha}_n\boldsymbol{\alpha}_n^{\mathrm{T}}.$$

例 5.24 设 A,B 是两个实对称矩阵，证明：存在正交矩阵 Q，使 $Q^{-1}AQ=B$ 的充分必要条件是 A,B 具有相同的特征值.

证明 充分性 设实对称矩阵 A 和 B 的特征值均为 $\lambda_1,\lambda_2,\cdots,\lambda_n$，则存在正交矩阵 Q_1 和 Q_2，有

$$Q_1^{-1}AQ_1=\begin{pmatrix}\lambda_1 & & & \\ & \lambda_2 & & \\ & & \ddots & \\ & & & \lambda_n\end{pmatrix},\quad Q_2^{-1}BQ_2=\begin{pmatrix}\lambda_1 & & & \\ & \lambda_2 & & \\ & & \ddots & \\ & & & \lambda_n\end{pmatrix},$$

所以 $Q_1^{-1}AQ_1=Q_2^{-1}BQ_2$. 由此可得

$$Q_2Q_1^{-1}AQ_1Q_2^{-1}=B.$$

令 $Q=Q_1Q_2^{-1}$，则 Q 仍为正交矩阵，且 $Q^{-1}=Q_2Q_1^{-1}$，于是 $Q^{-1}AQ=B$.

必要性 设有正交矩阵 Q，使得 $Q^{-1}AQ=B$，于是 $A\sim B$，所以 A,B 具有相同的特征值.

5.4 自测题

1. 填空

(1) A 为 n 阶方阵，$Ax=0$ 有非零解，则 A 必有一特征值为________.

(2) 若 λ_0 为 A 的特征值，则 A^k(k 为正整数)有特征值为________.

(3) 若$\boldsymbol{\alpha}$为$\boldsymbol{A}$的特征向量，则________为$\boldsymbol{P}^{-1}\boldsymbol{AP}$的特征向量.

(4) 若n阶矩阵$\boldsymbol{A}$有n个属于特征值λ的线性无关的特征向量，则$\boldsymbol{A}=$________.

(5) 已知三阶矩阵$\boldsymbol{A}$的三个特征值为1,2,3，则$|\boldsymbol{A}|=$________，$\boldsymbol{A}^{-1}$的特征值为________.

(6) n阶零矩阵的全部特征向量是________.

(7) 若$\boldsymbol{A}\sim k\boldsymbol{E}$，则$\boldsymbol{A}=$________.

(8) 若n阶方阵$\boldsymbol{A}$与$\boldsymbol{B}$相似，且$\boldsymbol{A}^2=\boldsymbol{A}$，则$\boldsymbol{B}^2=$________.

(9) 已知

$$\boldsymbol{A}=\begin{pmatrix}1&-1&1\\2&4&-2\\-3&-3&5\end{pmatrix},\quad \boldsymbol{B}=\begin{pmatrix}\lambda&0&0\\0&2&0\\0&0&2\end{pmatrix},$$

且$\boldsymbol{A}\sim\boldsymbol{B}$，则$\lambda=$________.

(10) 三阶矩阵$\boldsymbol{A}$有三个互异的特征值$\lambda_1,\lambda_2,\lambda_3$，它们对应的特征列向量分别为$\boldsymbol{\alpha}_1,\boldsymbol{\alpha}_2,\boldsymbol{\alpha}_3$，则矩阵$(\boldsymbol{\alpha}_1,\boldsymbol{\alpha}_2,\boldsymbol{\alpha}_3)$的秩为________.

2. 选择题

(1) 设$\lambda=2$是非奇异矩阵$\boldsymbol{A}$的特征值，则矩阵$\left(\frac{1}{3}\boldsymbol{A}^2\right)^{-1}$有一特征值等于(　　).

(A) $\frac{4}{3}$　　(B) $\frac{3}{4}$　　(C) $\frac{1}{2}$　　(D) $\frac{1}{4}$

(2) 若n阶矩阵$\boldsymbol{A}$的任意一行中n个元素的和都是a，则$\boldsymbol{A}$的一个特征值为(　　).

(A) a　　(B) $-a$　　(C) 0　　(D) a^{-1}

(3) 设$\boldsymbol{A}$是n阶矩阵，λ_1,λ_2是$\boldsymbol{A}$的特征值，$\boldsymbol{\alpha}_1,\boldsymbol{\alpha}_2$是$\boldsymbol{A}$的分别对应于$\lambda_1,\lambda_2$的特征向量，则(　　).

(A) $\lambda_1=\lambda_2$时，$\boldsymbol{\alpha}_1,\boldsymbol{\alpha}_2$一定成比例　　(B) $\lambda_1=\lambda_2$时，$\boldsymbol{\alpha}_1,\boldsymbol{\alpha}_2$一定不成比例

(C) $\lambda_1\neq\lambda_2$时，$\boldsymbol{\alpha}_1,\boldsymbol{\alpha}_2$一定成比例　　(D) $\lambda_1\neq\lambda_2$时，$\boldsymbol{\alpha}_1,\boldsymbol{\alpha}_2$一定不成比例

(4) 设n阶矩阵$\boldsymbol{A}$与$\boldsymbol{B}$相似，则(　　).

(A) $\lambda\boldsymbol{E}-\boldsymbol{A}=\lambda\boldsymbol{E}-\boldsymbol{B}$　　(B) $|\lambda\boldsymbol{E}-\boldsymbol{A}|=|\lambda\boldsymbol{E}-\boldsymbol{B}|$

(C) $\lambda\boldsymbol{E}-\boldsymbol{A}\sim\lambda\boldsymbol{E}-\boldsymbol{B}$　　(D) $\boldsymbol{A}$与$\boldsymbol{B}$都相似于一个对角矩阵$\boldsymbol{D}$

(5) n阶方阵$\boldsymbol{A}$具有n个特征值是$\boldsymbol{A}$与对角矩阵相似的(　　).

(A) 充分必要条件　　(B) 充分而非必要条件

(C) 必要而非充分条件　　(D) 既非充分也非必要条件

(6) 矩阵$\boldsymbol{A}=\begin{pmatrix}0&0&0\\0&3&0\\0&0&3\end{pmatrix}$与下列哪个矩阵相似(　　).

(A) $\begin{pmatrix} 0 & 0 & 3 \\ 0 & 3 & 0 \\ 0 & 0 & 0 \end{pmatrix}$ (B) $\begin{pmatrix} 0 & 1 & 0 \\ 0 & 3 & 1 \\ 0 & 0 & 3 \end{pmatrix}$ (C) $\begin{pmatrix} 3 & 0 & 0 \\ 0 & 0 & 0 \\ 0 & 0 & 3 \end{pmatrix}$ (D) $\begin{pmatrix} 0 & 1 & 0 \\ 0 & 0 & 3 \\ 0 & 3 & 0 \end{pmatrix}$

(7) n 阶矩阵与对角矩阵相似的充分必要条件是(　　).

(A) $\boldsymbol{A}$ 有 n 个不全相同的特征值　　(B) $\boldsymbol{A}^{\mathrm{T}}$ 有 n 个不全相同的特征值

(C) $\boldsymbol{A}$ 有 n 个不相同的特征值　　(D) $\boldsymbol{A}$ 有 n 个线性无关的特征向量

(8) n 阶方阵 $\boldsymbol{A}$ 与某对角矩阵相似,则(　　).

(A) 方阵 $\boldsymbol{A}$ 的秩等于 n　　(B) 方阵 $\boldsymbol{A}$ 有 n 个不同的特征值

(C) 方阵 $\boldsymbol{A}$ 一定是对称矩阵　　(D) 方阵 $\boldsymbol{A}$ 有 n 个线性无关的特征向量

(9) λ_1,λ_2 是 n 阶矩阵 $\boldsymbol{A}$ 的特征值,$\boldsymbol{x}_1,\boldsymbol{x}_2$ 是相应于 λ_1,λ_2 的特征向量,对于不全为零的常数 c_1,c_2,(　　).

(A) 当 $\lambda_1\neq\lambda_2$ 时,$c_1\boldsymbol{x}_1+c_2\boldsymbol{x}_2$ 必为 $\boldsymbol{A}$ 的特征向量

(B) 当 $\lambda_1\neq\lambda_2$ 时,$\boldsymbol{x}_1,\boldsymbol{x}_2$ 是 $\boldsymbol{A}$ 相应于 λ_1,λ_2 的唯一的两个线性无关的特征向量

(C) 当 $\lambda_1=\lambda_2$ 时,$c_1\boldsymbol{x}_1+c_2\boldsymbol{x}_2$ 必为 $\boldsymbol{A}$ 的特征向量

(D) 当 $\lambda_1=\lambda_2$ 时,$\boldsymbol{x}_1,\boldsymbol{x}_2$ 必为 $\boldsymbol{A}$ 相应于 λ_1,λ_2 的线性无关的特征向量

(10) 设 n 阶矩阵 $\boldsymbol{A}$ 为满秩矩阵,则 $\boldsymbol{A}$(　　).

(A) 必有 n 个线性无关的特征值　　(B) 必有 n 个线性无关的特征向量

(C) 必相似于一个满秩的对角矩阵　　(D) 特征值必不为零

3. 设 $\boldsymbol{A}=\begin{pmatrix} -1 & 2 & 2 \\ 2 & -1 & -2 \\ 2 & -2 & -1 \end{pmatrix}$.

(1) 试求矩阵 $\boldsymbol{A}$ 的特征值;

(2) 利用(1)的结果,求矩阵 $\boldsymbol{E}+\boldsymbol{A}^{-1}$ 的特征值,其中 $\boldsymbol{E}$ 是三阶单位矩阵.

4. 求矩阵 $\boldsymbol{A}=\begin{pmatrix} 1 & 2 & -2 \\ -3 & 2 & 2 \\ -2 & -3 & 6 \end{pmatrix}$ 的实特征值及对应的特征向量.

5. 设 $\boldsymbol{A}$ 满足 $\boldsymbol{A}^2-3\boldsymbol{A}+2\boldsymbol{E}=\boldsymbol{0}$,证明其特征值只能取值1或2.

6. 设 $\boldsymbol{A}=(a_{ij})$ 为三角矩阵,且对角线元素互不相等. 试指出 $\boldsymbol{A}$ 是否有与它相似的对角矩阵,并说明理由.

7. 矩阵 $\boldsymbol{A}=\begin{pmatrix} -2 & 1 & 1 \\ 0 & 2 & 0 \\ -4 & 1 & 3 \end{pmatrix}$ 能否对角化? 若能,求可逆矩阵 $\boldsymbol{P}$,使 $\boldsymbol{P}^{-1}\boldsymbol{AP}$ 为对角矩阵.

8. 矩阵 $\boldsymbol{A}=\begin{pmatrix}-2&0&0\\2&x&2\\3&1&1\end{pmatrix}$ 和 $\boldsymbol{B}=\begin{pmatrix}-1&0&0\\0&2&0\\0&0&y\end{pmatrix}$ 是相似矩阵.

(1) 求 x 与 y；

(2) 求一个满足 $\boldsymbol{P}^{-1}\boldsymbol{AP}=\boldsymbol{B}$ 的可逆矩阵 $\boldsymbol{P}$.

9. 设实对称矩阵 $\boldsymbol{A}=\begin{pmatrix}1&2&4\\2&-2&2\\4&2&1\end{pmatrix}$，求可逆矩阵 $\boldsymbol{Q}$，使 $\boldsymbol{Q}^{-1}\boldsymbol{AQ}$ 为对角矩阵.

10. 设 $\boldsymbol{A}$ 为 n 阶实矩阵，满足 $\boldsymbol{AA}^{\mathrm{T}}=\boldsymbol{E}$，$|\boldsymbol{A}|<0$，试求 $\boldsymbol{A}$ 的伴随矩阵 $\boldsymbol{A}^*$ 的一个特征值.

11. 已知三阶方阵 $\boldsymbol{A}$ 的特征值为 $1,-1,2$，设矩阵 $\boldsymbol{B}=\boldsymbol{A}^3-5\boldsymbol{A}^2$. 试求：

(1) 矩阵 $\boldsymbol{B}$ 的特征值及与其相似的对角矩阵；

(2) 行列式 $|\boldsymbol{B}|$ 和 $|\boldsymbol{A}-5\boldsymbol{E}|$.

12. 设 $\boldsymbol{A}=\begin{pmatrix}3&1&3\\1&2&0\\1&0&2\end{pmatrix}$.

(1) 求 $\boldsymbol{A}$ 的所有特征值与特征向量；

(2) 判断 $\boldsymbol{A}$ 能否对角化，若能对角化，则求出可逆矩阵 $\boldsymbol{P}$，使 $\boldsymbol{A}$ 化为对角矩阵；

(3) 计算 $\boldsymbol{A}^m$.

13. 设矩阵 $\boldsymbol{A}=\begin{pmatrix}3&2&-2\\-k&-1&k\\-4&2&-3\end{pmatrix}$，问当 k 为何值时，存在可逆矩阵 $\boldsymbol{P}$，使得 $\boldsymbol{P}^{-1}\boldsymbol{AP}$ 为对角矩阵，并求出矩阵 $\boldsymbol{P}$ 和相应的对角矩阵.

5.5 自测题参考答案与提示

1. (1) 0.　(2) λ^k.　(3) $\boldsymbol{P}^{-1}\boldsymbol{\alpha}$.　(4) $\lambda\boldsymbol{E}$.　(5) $6,1,\frac{1}{2},\frac{1}{3}$.

(6) 任意 n 维零向量.　(7) $k\boldsymbol{E}$.　(8) $\boldsymbol{B}$.　(9) 6.　(10) 3.

2. (1) (B).　(2) (A).　(3) (D).　(4) (B).　(5) (B).　(6) (C).　(7) (D).
(8) (D).　(9) (C).　(10) (D).

3. (1) $1,1,-5$.　(2) $2,2,\frac{4}{5}$.

4. 1；$k(1,1,1)^T, k\neq 0$ 为任意常数.

5. 略.

6. 有.

7. 能；$\boldsymbol{P}=\begin{pmatrix}1&0&1\\0&1&0\\1&-1&4\end{pmatrix}$，$\boldsymbol{P}^{-1}\boldsymbol{A}\boldsymbol{P}=\boldsymbol{\Lambda}=\begin{pmatrix}-1&&\\&2&\\&&2\end{pmatrix}$.

8. (1) $x=0, y=-2$.　(2) $\boldsymbol{P}=\begin{pmatrix}0&0&1\\2&1&0\\-1&1&-1\end{pmatrix}$.

9. $\boldsymbol{Q}=\begin{pmatrix}\frac{\sqrt{5}}{5}&\frac{4\sqrt{5}}{15}&\frac{2}{3}\\\frac{-2\sqrt{5}}{5}&\frac{2\sqrt{5}}{15}&\frac{1}{3}\\0&\frac{-\sqrt{5}}{3}&\frac{2}{3}\end{pmatrix}$，$\boldsymbol{Q}^{-1}\boldsymbol{A}\boldsymbol{Q}=\begin{pmatrix}-3&&\\&-3&\\&&6\end{pmatrix}$.

10. $\boldsymbol{A}^*$ 的特征值为 1.

11. (1) $-4,-6,-12$；$\begin{pmatrix}-4&&\\&-6&\\&&-12\end{pmatrix}$.　(2) $|\boldsymbol{B}|=-288$；$|\boldsymbol{A}-5\boldsymbol{E}|=-72$.

12. (1) 1,2,4；$(1,-1,-1)^T,(0,1,-1)^T,(2,1,1)^T$.

(2) $\boldsymbol{P}=\begin{pmatrix}1&0&2\\-1&1&1\\1&-1&1\end{pmatrix}$；$\begin{pmatrix}1&&\\&2&\\&&4\end{pmatrix}$.

(3) $\boldsymbol{A}^m=\dfrac{1}{6}\begin{pmatrix}2+2^{2m+2}&-2+2^{2m+1}&-2+2^{2m+1}\\-2+2^{2m+1}&2+3\cdot 2^m+2^{2m}&2-3\cdot 2^m+2^{2m}\\-2+2^{2m+1}&2-3\cdot 2^m+2^{2m}&2+3\cdot 2^m+2^{2m}\end{pmatrix}$.

13. 略.

第 6 章 二次型

6.1 说明与要求

二次型与实对称矩阵之间有一一对应的关系.一方面,二次型的问题可以用矩阵的理论与方法来研究;另一方面,实对称矩阵的问题也可转化成二次型的思想方法来解决.

本章的中心问题是化二次型为标准形和二次型的正定性.学习时,应在掌握二次型的矩阵表示的基础上,熟练掌握化标准形的方法(配方法、初等变换法和正交变换法),以及二次型正定的充要条件和正定性的判定.

用正交变换法化二次型为标准形与第 5 章中的实对称矩阵正交相似于对角矩阵是同一个问题,而以两种形式出现.若用正交变换化二次型 $\boldsymbol{x}^{\mathrm{T}}\boldsymbol{A}\boldsymbol{x}$ 为标准形 $\boldsymbol{y}^{\mathrm{T}}\boldsymbol{\Lambda}\boldsymbol{y}$,则 $\boldsymbol{A}$ 与对角矩阵 $\boldsymbol{\Lambda}$ 既相似又合同,$\boldsymbol{\Lambda}$ 由 $\boldsymbol{A}$ 的特征值所组成.若用配方法化 $\boldsymbol{x}^{\mathrm{T}}\boldsymbol{A}\boldsymbol{x}$ 为标准形 $\boldsymbol{y}^{\mathrm{T}}\boldsymbol{\Lambda}\boldsymbol{y}$,则 $\boldsymbol{A}$ 与对角矩阵 $\boldsymbol{\Lambda}$ 仅仅是合同.此时对角矩阵 $\boldsymbol{\Lambda}$ 的元素不唯一.

6.2 内容提要

6.2.1 二次型及其矩阵表示

1. 二次型的定义

以数域 P 中的数为系数,关于 $x_1,x_2,\cdots,x_n$ 的二次齐次多项式

$$\begin{aligned}f(x_1,x_2,\cdots,x_n) = a_{11}x_1^2 + 2a_{12}x_1x_2 + \cdots + 2a_{1n}x_1x_n \\ + a_{22}x_2^2 + \cdots + a_{2n}x_2x_n \\ + \cdots + a_{nn}x_n^2\end{aligned} \tag{6.1}$$

称为数域 P 上的一个 n 元二次型,简称二次型.

2. 二次型的矩阵表示

设 n 阶对称矩阵

$$\boldsymbol{A}=\begin{pmatrix} a_{11} & a_{12} & \cdots & a_{1n} \\ a_{12} & a_{22} & \cdots & a_{2n} \\ \vdots & \vdots & & \vdots \\ a_{1n} & a_{2n} & \cdots & a_{nn} \end{pmatrix},$$

则 n 元二次型可表示为下列矩阵形式

$$f(x_1,x_2,\cdots,x_n)=(x_1,x_2,\cdots,x_n)\begin{pmatrix} a_{11} & a_{12} & \cdots & a_{1n} \\ a_{12} & a_{22} & \cdots & a_{2n} \\ \vdots & \vdots & & \vdots \\ a_{1n} & a_{2n} & \cdots & a_{nn} \end{pmatrix}\begin{pmatrix} x_1 \\ x_2 \\ \vdots \\ x_n \end{pmatrix}=\boldsymbol{x}^{\mathrm{T}}\boldsymbol{A}\boldsymbol{x},$$

其中 $\boldsymbol{x}=(x_1,x_2,\cdots,x_n)^{\mathrm{T}}$. 对称矩阵称为二次型的系数矩阵，简称为二次型的矩阵. 矩阵 $\boldsymbol{A}$ 的秩称为二次型 $f(x_1,x_2,\cdots,x_n)$ 的秩.

二次型与非零对称矩阵一一对应，即给定一个二次型，则确定了一个非零的对称矩阵作为其系数矩阵；反之，给定一个非零的对称矩阵，则确定了一个二次型以给定的对称矩阵为其系数矩阵.

3. 线性变换

(1) 线性变换的定义

设 $x_1,x_2,\cdots,x_n$ 和 $y_1,y_2,\cdots,y_n$ 为两组变量，关系式

$$\begin{cases} x_1=c_{11}y_1+c_{12}y_2+\cdots+c_{1n}y_n, \\ x_2=c_{21}y_1+c_{22}y_2+\cdots+c_{2n}y_n, \\ \qquad\vdots \\ x_n=c_{n1}y_1+c_{n2}y_2+\cdots+c_{nn}y_n, \end{cases}$$

其中 $c_{ij}(i,j=1,2,\cdots,n)$ 为实数域 $\mathbb{R}$（或复数域 $\mathbb{C}$）中的数，称为由 $x_1,x_2,\cdots,x_n$ 到 $y_1,y_2,\cdots,y_n$ 的线性变换，简称线性变换.

(2) 线性变换的矩阵表示

设 n 阶矩阵

$$\boldsymbol{C}=\begin{pmatrix} c_{11} & c_{12} & \cdots & c_{1n} \\ c_{21} & c_{22} & \cdots & c_{2n} \\ \vdots & \vdots & & \vdots \\ c_{n1} & c_{n2} & \cdots & c_{nn} \end{pmatrix},$$

则从 $x_1,x_2,\cdots,x_n$ 到 $y_1,y_2,\cdots,y_n$ 的线性变换可表示为

$$\boldsymbol{x}=\boldsymbol{C}\boldsymbol{y},$$

其中 $\boldsymbol{x}=(x_1,x_2,\cdots,x_n)^{\mathrm{T}}$，$\boldsymbol{y}=(y_1,y_2,\cdots,y_n)^{\mathrm{T}}$，$\boldsymbol{C}$ 称为线性变换的系数矩阵.

① 当 $|\boldsymbol{C}|\neq 0$ 时，线性变换 $\boldsymbol{x}=\boldsymbol{C}\boldsymbol{y}$ 称为非退化的线性变换.

② 当 $\boldsymbol{C}$ 是正交矩阵时，称 $\boldsymbol{x}=\boldsymbol{C}\boldsymbol{y}$ 为正交线性变换，简称正交变换.

(3) 线性变换的乘法

设 $\boldsymbol{x}=\boldsymbol{C}_1\boldsymbol{y}$ 是由 $x_1,x_2,\cdots,x_n$ 到 $y_1,y_2,\cdots,y_n$ 的非退化的线性变换，而 $\boldsymbol{y}=\boldsymbol{C}_2\boldsymbol{z}$ 是由 $y_1,y_2,\cdots,y_n$ 到 $z_1,z_2,\cdots,z_n$ 的非退化的线性变换，则由 $x_1,x_2,\cdots,x_n$ 到 $z_1,z_2,\cdots,z_n$ 的非退化的线性变换为

$$\boldsymbol{x}=(\boldsymbol{C}_1\boldsymbol{C}_2)\boldsymbol{z}.$$

二次型 $f(x_1,x_2,\cdots,x_n)=\boldsymbol{x}^{\mathrm{T}}\boldsymbol{A}\boldsymbol{x}$ 经过非退化的线性变换 $\boldsymbol{x}=\boldsymbol{C}\boldsymbol{y}$ 化为 $f(x_1,x_2,\cdots,x_n)=\boldsymbol{y}^{\mathrm{T}}\boldsymbol{B}\boldsymbol{y}$（其中 $\boldsymbol{B}=\boldsymbol{C}^{\mathrm{T}}\boldsymbol{A}\boldsymbol{C}$）仍是一个二次型.

4. 矩阵的合同关系

(1) 定义

对于数域 P 上的两个 n 阶矩阵 $\boldsymbol{A}$ 和 $\boldsymbol{B}$，如果存在可逆矩阵 $\boldsymbol{C}$，使得

$$\boldsymbol{B}=\boldsymbol{C}^{\mathrm{T}}\boldsymbol{A}\boldsymbol{C},$$

则称 $\boldsymbol{A}$ 和 $\boldsymbol{B}$ 是合同的，记为 $\boldsymbol{A}\simeq\boldsymbol{B}$.

(2) 性质

① 反身性：$\boldsymbol{A}\simeq\boldsymbol{A}$；

② 对称性：若 $\boldsymbol{A}\simeq\boldsymbol{B}$，则 $\boldsymbol{B}\simeq\boldsymbol{A}$；

③ 传递性：若 $\boldsymbol{A}\simeq\boldsymbol{B}$，且 $\boldsymbol{B}\simeq\boldsymbol{C}$，则 $\boldsymbol{A}\simeq\boldsymbol{C}$.

6.2.2 二次型的标准形

1. 关于二次型(和对称矩阵)的基本结果

(1) 二次型的标准形

① 实数域$\mathbb{R}$（或复数域$\mathbb{C}$）上的任意一个二次型都可经过系数在实数域$\mathbb{R}$（或复数域$\mathbb{C}$）中的非退化线性变换化成平方和形式

$$d_1y_1^2+d_2y_2^2+\cdots+d_ny_n^2,$$

其中非零系数的个数唯一确定，等于该二次型的秩. 上述形式的二次型称为二次型的标准形.

② 任何对称矩阵都与一个对角矩阵合同.

(2) 复二次型的规范形

① 任何复系数二次型都可经过复数域$\mathbb{C}$ 中的非退化线性变换化成如下最简形式的

平方和：

$$y_1^2+y_2^2+\cdots+y_r^2,$$

其中 r 唯一确定，等于该二次型的秩. 上述形式的复二次型称为复二次型的规范形.

② 任何复数域$\mathbb{C}$上的对称矩阵都合同于一个形如

$$\begin{pmatrix}1 & & & & & \\ & \ddots & & & & \\ & & 1 & & & \\ & & & 0 & & \\ & & & & \ddots & \\ & & & & & 0\end{pmatrix}$$

的对角矩阵，其中 1 的个数等于该矩阵的秩.

(3) 实二次型的规范形

① 任何实系数二次型都可经过实数域$\mathbb{R}$中的非退化线性变换化成如下最简形式的平方和：

$$y_1^2+y_2^2+\cdots+y_p^2-y_{p+1}^2-y_{p+2}^2-\cdots-y_r^2,$$

其中 p 和 r 唯一确定，r 为二次型的秩. 上述形式的实二次型称为实二次型的规范形，p（正平方项的个数）称为实二次型的正惯性指数，$r-p$（负平方项的个数）称为实二次型的负惯性指数，$p-(r-p)=2p-r$ 称为实二次型的符号差.

② 任何实数域$\mathbb{R}$上的对称矩阵都合同于一个形如

$$\begin{pmatrix}1 & & & & & & & & \\ & \ddots & & & & & & & \\ & & 1 & & & & & & \\ & & & -1 & & & & & \\ & & & & \ddots & & & & \\ & & & & & -1 & & & \\ & & & & & & 0 & & \\ & & & & & & & \ddots & \\ & & & & & & & & 0\end{pmatrix}$$

的对角矩阵，其中对角线上非零元素的个数等于矩阵的秩，1 的个数由对称矩阵唯一确定，称为它的正惯性指数.

(4) 利用正交变换化实二次型为标准形

① 任何实系数二次型都可经过正交线性变换化成如下形式的平方和：

$$\lambda_1y_1^2+\lambda_2y_2^2+\cdots+\lambda_ny_n^2,$$

其中 $\lambda_1,\lambda_2,\cdots,\lambda_n$ 为二次型的矩阵的全部特征值.

② 任何实对称矩阵都合同于形如

$$\begin{pmatrix} \lambda_1 & & & \\ & \lambda_2 & & \\ & & \ddots & \\ & & & \lambda_n \end{pmatrix}$$

的对角矩阵，其中 $\lambda_1,\lambda_2,\cdots,\lambda_n$ 为对称矩阵的全部特征值.

2. 化二次型为标准形

数域 P 上的任一个二次型都可经过非退化的线性替换 $\boldsymbol{x}=\boldsymbol{C}\boldsymbol{y}$ 化为标准形，即

$$\begin{aligned} f(x_1,x_2,\cdots,x_n) &= \boldsymbol{x}^{\mathrm{T}}\boldsymbol{A}\boldsymbol{x} = (\boldsymbol{C}\boldsymbol{y})^{\mathrm{T}}\boldsymbol{A}(\boldsymbol{C}\boldsymbol{y}) \\ &= \boldsymbol{y}^{\mathrm{T}}(\boldsymbol{C}^{\mathrm{T}}\boldsymbol{A}\boldsymbol{C})\boldsymbol{y} \\ &= \boldsymbol{y}^{\mathrm{T}}\boldsymbol{B}\boldsymbol{y} \\ &= d_1y_1^2+d_2y_2^2+\cdots+d_ny_n^2. \end{aligned}$$

二次型的标准形不是唯一的，而标准形中系数不为零和系数为正的平方项的个数都是唯一确定的.

(1) 化标准形的方法

① 配方法.

② 初等变换法. 其要点可简单表示为

$$\begin{pmatrix} \boldsymbol{A} \\ \cdots \\ \boldsymbol{E} \end{pmatrix} \xrightarrow{\text{初等变换}} \begin{pmatrix} \boldsymbol{D} \\ \cdots \\ \boldsymbol{C} \end{pmatrix},$$

其中 $\boldsymbol{A}$ 为二次型的矩阵，$\boldsymbol{D}$ 为对角矩阵，其对角元素依次为 $d_1,d_2,\cdots,d_n$. 注意，在初等变换过程中，做完一次列变换，紧接着做一次相应的行变换，这样一来，矩阵 $\boldsymbol{A}$ 的对称性质始终保持不变. 当 $\boldsymbol{A}$ 化为对角矩阵 $\boldsymbol{D}$ 的同时，即可得到由变量 $x_1,x_2,\cdots,x_n$ 到 $y_1,y_2,\cdots,y_n$ 的非退化线性变换系数矩阵 $\boldsymbol{C}$. 于是当做线性变换 $\boldsymbol{x}=\boldsymbol{C}\boldsymbol{y}$ 时，则可使二次型 $f=\boldsymbol{x}^{\mathrm{T}}\boldsymbol{A}\boldsymbol{x}$ 化为标准形.

③ 正交变换法. 先按上一章利用正交矩阵化实对称矩阵为对角矩阵的方法求得 $\boldsymbol{Q}$，使 $\boldsymbol{Q}^{-1}\boldsymbol{A}\boldsymbol{Q}$ 为对角矩阵. 由于 $\boldsymbol{Q}$ 为正交矩阵，$\boldsymbol{Q}^{-1}=\boldsymbol{Q}^{\mathrm{T}}$，所以同时使 $\boldsymbol{Q}^{\mathrm{T}}\boldsymbol{A}\boldsymbol{Q}$ 为对角矩阵. 于是令正交变换 $\boldsymbol{x}=\boldsymbol{Q}\boldsymbol{y}$，则二次型 $\boldsymbol{x}^{\mathrm{T}}\boldsymbol{A}\boldsymbol{x}$ 化为标准形

$$\boldsymbol{y}^{\mathrm{T}}(\boldsymbol{Q}^{\mathrm{T}}\boldsymbol{A}\boldsymbol{Q})\boldsymbol{y} = \lambda_1y_1^2+\lambda_2y_2^2+\cdots+\lambda_ny_n^2,$$

其中 $\lambda_1,\lambda_2,\cdots,\lambda_n$ 为二次型矩阵 $\boldsymbol{A}$ 的特征值.

(2) 化规范形的方法

① 任一实二次型 f 都可经过非退化线性变换 $\boldsymbol{x}=\boldsymbol{Q}\boldsymbol{z}$ 化为规范形，即

$$
\begin{aligned}
f &= \boldsymbol{x}^{\mathrm{T}}\boldsymbol{A}\boldsymbol{x} = (\boldsymbol{Q}\boldsymbol{z})^{\mathrm{T}}\boldsymbol{A}(\boldsymbol{Q}\boldsymbol{z}) \\
&= \boldsymbol{z}^{\mathrm{T}}(\boldsymbol{Q}^{\mathrm{T}}\boldsymbol{A}\boldsymbol{Q})\boldsymbol{z} \\
&= \boldsymbol{z}^{\mathrm{T}}\boldsymbol{\Lambda}_{\mathbb{R}}\boldsymbol{z} \\
&= z_1^2 + \cdots + z_p^2 - z_{p+1}^2 - \cdots - z_r^2 \quad (r \leqslant n).
\end{aligned}
$$

p 为二次型的正惯性指数，$r-p$ 为二次型的负惯性指数.

任一实二次型的规范形是由二次型的秩与正惯性指数唯一确定的.

② 任一复二次型都可经过非退化线性变换 $\boldsymbol{x}=\boldsymbol{Q}\boldsymbol{w}$ 化为规范形，即

$$
\begin{aligned}
f &= \boldsymbol{x}^{\mathrm{T}}\boldsymbol{A}\boldsymbol{x} = (\boldsymbol{Q}\boldsymbol{w})^{\mathrm{T}}\boldsymbol{A}(\boldsymbol{Q}\boldsymbol{w}) \\
&= \boldsymbol{w}^{\mathrm{T}}(\boldsymbol{Q}^{\mathrm{T}}\boldsymbol{A}\boldsymbol{Q})\boldsymbol{w} \\
&= \boldsymbol{w}^{\mathrm{T}}\boldsymbol{\Lambda}_{\mathbb{C}}\boldsymbol{w} \\
&= w_1^2 + w_2^2 + \cdots + w_r^2 \quad (r \leqslant n).
\end{aligned}
$$

任一复二次型的规范形是由其秩唯一确定的.

6.2.3 正定二次型

1. 正定二次型和正定矩阵

设实二次型 $f(x_1,x_2,\cdots,x_n)$，如果对于任意一组不全为零的实数 $x_1,x_2,\cdots,x_n$，都有

$$f(x_1,x_2,\cdots,x_n) > 0 \quad (\text{或} < 0,\text{或} \geqslant 0,\text{或} \leqslant 0,\text{或符号不定}),$$

则称二次型 $f(x_1,x_2,\cdots,x_n)$ 为正定的（或负定的，或半正定的，或半负定的，或不定的）.

可以用矩阵形式表示上述定义. 设 $\boldsymbol{A}$ 为 n 阶实对称矩阵，若对任意非零向量 $\boldsymbol{x}$，都有 $\boldsymbol{x}^{\mathrm{T}}\boldsymbol{A}\boldsymbol{x}>0$（或$<0$，或$\geqslant 0$，或$\leqslant 0$，或符号不定），则称二次型 $\boldsymbol{x}^{\mathrm{T}}\boldsymbol{A}\boldsymbol{x}$ 为正定的（或负定的，或半正定的，或半负定的，或不定的），其矩阵 $\boldsymbol{A}$ 称为正定矩阵（或负定矩阵，或半正定矩阵，或半负定矩阵，或不定的矩阵）.

2. 正定二次型的判定

(1) 二次型 $\boldsymbol{x}^{\mathrm{T}}\boldsymbol{A}\boldsymbol{x}$ 是正定的充分必要条件是其矩阵 $\boldsymbol{A}$ 是正定矩阵.

(2) n 元二次型 $\boldsymbol{x}^{\mathrm{T}}\boldsymbol{A}\boldsymbol{x}$ 是正定的充分必要条件是其正惯性指数为 n，即其规范形为 $y_1^2+y_2^2+\cdots+y_n^2$.

(3) 二次型 $\boldsymbol{x}^{\mathrm{T}}\boldsymbol{A}\boldsymbol{x}$ 是正定的充分必要条件是其矩阵 $\boldsymbol{A}$ 的特征值全大于零.

(4) n 元二次型 $\boldsymbol{x}^{\mathrm{T}}\boldsymbol{A}\boldsymbol{x}$ 是正定的充分必要条件是其顺序主子式全大于零，即

$$
\begin{vmatrix}
a_{11} & a_{12} & \cdots & a_{1k} \\
a_{21} & a_{22} & \cdots & a_{2k} \\
\vdots & \vdots & & \vdots \\
a_{k1} & a_{k2} & \cdots & a_{kk}
\end{vmatrix} > 0 \quad (k = 1,2,\cdots,n).
$$

（5）实对称矩阵 $\boldsymbol{A}$ 是正定的充分必要条件是 $\boldsymbol{A}$ 与单位矩阵合同.

6.3　典型例题分析

6.3.1　二次型及其矩阵

例 6.1　判别下列各式是否为二次型：

（1）$f_1=x_1^2+2x_2^2+x_3^2+4x_1x_2+x_1$；

（2）$f_2=x_1^2+4x_2^2-x_3^2+x_1x_3-x_2x_3+1$；

（3）$x_1^2+4x_1x_2+3x_2^2=0$；

（4）$f_3=x_1^2+4x_1x_2+2x_2^2+4x_2x_3+3x_3^3$；

（5）$f_4=x_1^2+4x_1x_2+2x_2^2+4x_2x_3+3x_3^2$；

（6）$f_5=x_1^2+\sqrt{x_1x_2}+4x_2$.

解　二次型定义为

$$f(x_1,x_2,\cdots,x_n)=a_{11}x^2+a_{12}x_1x_2+\cdots+a_{nn}x_n^2.$$

它的特点是：

① f 是以 $x_1,x_2,\cdots,x_n$ 为自变量的多元函数；

② f 的函数形式是多项式；

③ 多项式中每一项都是二次的，即每一项或是某个自变量的平方或是两个自变量的交叉乘积.

根据上述特点来判断本题：

（1）f_1 中包含低于二次的一次项 x_1，故不是二次型.

（2）f_2 中包含了低于二次的 0 次项 1，所以不是二次型.

（3）题中给的是一个方程，它不是二次齐次多项式.

（4）f_3 中包含了高于二次的 3 次项 $3x_3^3$，所以不是二次型.

（5）f_4 是二次型.

（6）f_5 含 $\sqrt{x_1x_2}$，不是二次项，因此 f_5 不是二次型.

例 6.2　将二次型 $f(x_1,x_2,x_3)=x_1^2+2x_2^2-3x_3^2+4x_1x_2-6x_2x_3$ 表示成矩阵形式.

解法一　由二次齐次多项式的一般式直接化为矩阵表示

$$\begin{aligned}f&=x_1^2+2x_2^2-3x_3^2+4x_1x_2-6x_2x_3\\&=x_1(x_1+2x_2+0)+x_2(2x_1+2x_2-3x_3)+x_3(0-3x_2-3x_3)\\&=(x_1,x_2,x_3)\begin{pmatrix}x_1+2x_2+0\\2x_1+2x_2-3x_3\\0-3x_2-3x_3\end{pmatrix}\end{aligned}$$

$$=(x_1,x_2,x_3)\begin{pmatrix}1 & 2 & 0\\ 2 & 2 & -3\\ 0 & -3 & -3\end{pmatrix}\begin{pmatrix}x_1\\ x_2\\ x_3\end{pmatrix}$$

$$=\boldsymbol{x}^{\mathrm{T}}\boldsymbol{A}\boldsymbol{x}.$$

解法二 将二次型表示成矩阵形式 $\boldsymbol{x}^{\mathrm{T}}\boldsymbol{A}\boldsymbol{x}$ 时，其中 $\boldsymbol{A}$ 为实对称矩阵，即 $a_{ij}=a_{ji}(i\neq j)$，由对应关系可知

$$a_{11}=1,\quad a_{22}=2,\quad a_{33}=-3,$$
$$a_{12}=a_{21}=2,\quad a_{13}=a_{31}=0,\quad a_{23}=a_{32}=-3,$$

故得

$$f(x_1,x_2,x_3)=(x_1,x_2,x_3)\begin{pmatrix}1 & 2 & 0\\ 2 & 2 & -3\\ 0 & -3 & -3\end{pmatrix}\begin{pmatrix}x_1\\ x_2\\ x_3\end{pmatrix}.$$

要注意的是，将二次齐次多项式化为矩阵形式时，其中矩阵 $\boldsymbol{A}$ 是对称矩阵，只有在 $\boldsymbol{A}$ 是对称矩阵的意义下，二次齐次多项式的矩阵表示才是唯一的，即若 $\boldsymbol{x}^{\mathrm{T}}\boldsymbol{A}\boldsymbol{x}=\boldsymbol{x}^{\mathrm{T}}\boldsymbol{B}\boldsymbol{x}$ 对任何 $\boldsymbol{x}$ 成立，且 $\boldsymbol{A}^{\mathrm{T}}=\boldsymbol{A},\boldsymbol{B}^{\mathrm{T}}=\boldsymbol{B}$，则 $\boldsymbol{A}=\boldsymbol{B}$. 对于一般矩阵而言，若 $\boldsymbol{x}^{\mathrm{T}}\boldsymbol{A}_1\boldsymbol{x}=\boldsymbol{x}^{\mathrm{T}}\boldsymbol{B}_1\boldsymbol{x}$ 对任何 $\boldsymbol{x}$ 成立，并不能得出 $\boldsymbol{A}_1=\boldsymbol{B}_1$，请看例子：

$$(x_1,x_2)\begin{pmatrix}1 & 0\\ 0 & 1\end{pmatrix}\begin{pmatrix}x_1\\ x_2\end{pmatrix}=x_1^2+x_2^2=(x_1,x_2)\begin{pmatrix}1 & -1\\ 1 & 1\end{pmatrix}\begin{pmatrix}x_1\\ x_2\end{pmatrix},$$

对任何 $\boldsymbol{x}$，等式成立，但

$$\begin{pmatrix}1 & 0\\ 0 & 1\end{pmatrix}\neq\begin{pmatrix}1 & -1\\ 1 & 1\end{pmatrix}.$$

从这个意义上讲二次齐次多项式用一般矩阵表示是不唯一的.

例 6.3 已知

$$\begin{cases}y_1=x_1+2x_2+3x_3,\\ y_2=\quad\ +\ x_2+2x_3,\\ y_3=\qquad\qquad\ x_3,\end{cases}$$

求由变量 x_1,x_2,x_3 到 y_1,y_2,y_3 的非退化线性变换.

解 由题设容易求得

$$\begin{cases}x_3=y_3,\\ x_2=y_2-2y_3,\\ x_1=y_1-2(y_2-2y_3)-3y_3=y_1-2y_2+y_3,\end{cases}$$

于是，得到由变量 x_1,x_2,x_3 到 y_1,y_2,y_3 的线性变换

$$\begin{cases} x_1 = y_1 - 2y_2 + y_3, \\ x_2 = \qquad y_2 - 2y_3, \\ x_3 = \qquad\qquad y_3. \end{cases}$$

由于系数矩阵的行列式

$$\begin{vmatrix} 1 & -2 & 1 \\ 0 & 1 & -2 \\ 0 & 0 & 1 \end{vmatrix} = 1 \neq 0,$$

所以求得的线性变换是非退化线性变换.

例 6.4 设 $\boldsymbol{A} \simeq \boldsymbol{B}$. 试证: $\boldsymbol{A}$ 为对称矩阵的充分必要条件是 $\boldsymbol{B}$ 为对称矩阵.

证明 由题设 $\boldsymbol{A} \simeq \boldsymbol{B}$,则存在可逆矩阵 $\boldsymbol{C}$ 使得 $\boldsymbol{B} = \boldsymbol{C}^{\mathrm{T}}\boldsymbol{AC}$. 于是 $\boldsymbol{A} = (\boldsymbol{C}^{-1})^{\mathrm{T}}\boldsymbol{BC}^{-1}$. 反之,当 $\boldsymbol{A} = \boldsymbol{A}^{\mathrm{T}}$ 时,有

$$\boldsymbol{B}^{\mathrm{T}} = (\boldsymbol{C}^{\mathrm{T}}\boldsymbol{AC})^{\mathrm{T}} = \boldsymbol{C}^{\mathrm{T}}\boldsymbol{A}^{\mathrm{T}}\boldsymbol{C} = \boldsymbol{C}^{\mathrm{T}}\boldsymbol{AC} = \boldsymbol{B};$$

当 $\boldsymbol{B} = \boldsymbol{B}^{\mathrm{T}}$ 时,有

$$\boldsymbol{A}^{\mathrm{T}} = ((\boldsymbol{C}^{-1})^{\mathrm{T}}\boldsymbol{BC}^{-1})^{\mathrm{T}} = (\boldsymbol{C}^{-1})^{\mathrm{T}}\boldsymbol{A}^{\mathrm{T}}\boldsymbol{C}^{-1} = (\boldsymbol{C}^{-1})^{\mathrm{T}}\boldsymbol{AC}^{-1} = \boldsymbol{A}.$$

注 尽管我们常常研究的是对称矩阵之间的合同关系,但从概念上说,矩阵合同关系并不只限于对称矩阵.

例 6.5 设 $\boldsymbol{A}$ 和 $\boldsymbol{B}$ 为可逆矩阵,且 $\boldsymbol{A} \simeq \boldsymbol{B}$. 试证 $\boldsymbol{A}^{-1} \simeq \boldsymbol{B}^{-1}$.

证明 由题设 $\boldsymbol{A} \simeq \boldsymbol{B}$,则存在可逆矩阵 $\boldsymbol{C}$,使得 $\boldsymbol{B} = \boldsymbol{C}^{\mathrm{T}}\boldsymbol{AC}$. 于是

$$\boldsymbol{B}^{-1} = (\boldsymbol{C}^{\mathrm{T}}\boldsymbol{AC})^{-1} = \boldsymbol{C}^{-1}\boldsymbol{A}^{-1}(\boldsymbol{C}^{\mathrm{T}})^{-1} = \boldsymbol{C}^{-1}\boldsymbol{A}^{-1}(\boldsymbol{C}^{-1})^{\mathrm{T}},$$

即 $\boldsymbol{A}^{-1} \simeq \boldsymbol{B}^{-1}$.

例 6.6 设三阶对角矩阵

$$\boldsymbol{A} = \begin{pmatrix} \omega_1 & & \\ & \omega_2 & \\ & & \omega_3 \end{pmatrix}, \quad \boldsymbol{B} = \begin{pmatrix} \omega_2 & & \\ & \omega_3 & \\ & & \omega_1 \end{pmatrix},$$

试证 $\boldsymbol{A} \simeq \boldsymbol{B}$.

证明 设

$$\boldsymbol{C}_1 = \begin{pmatrix} 0 & 1 & 0 \\ 1 & 0 & 0 \\ 0 & 0 & 1 \end{pmatrix}, \quad \boldsymbol{C}_2 = \begin{pmatrix} 1 & 0 & 0 \\ 0 & 0 & 1 \\ 0 & 1 & 0 \end{pmatrix},$$

则有

$$\boldsymbol{C}_1^{\mathrm{T}}\boldsymbol{AC}_1 = \begin{pmatrix} 0 & 1 & 0 \\ 1 & 0 & 0 \\ 0 & 0 & 1 \end{pmatrix}\begin{pmatrix} \omega_1 & & \\ & \omega_2 & \\ & & \omega_3 \end{pmatrix}\begin{pmatrix} 0 & 1 & 0 \\ 1 & 0 & 0 \\ 0 & 0 & 1 \end{pmatrix} = \begin{pmatrix} \omega_2 & & \\ & \omega_1 & \\ & & \omega_3 \end{pmatrix} = \widetilde{\boldsymbol{A}},$$

$$\boldsymbol{C}_2^{\mathrm{T}}\widetilde{\boldsymbol{A}}\boldsymbol{C}_2=\begin{pmatrix}1&0&0\\0&0&1\\0&1&0\end{pmatrix}\begin{pmatrix}\omega_2&&\\&\omega_1&\\&&\omega_3\end{pmatrix}\begin{pmatrix}1&0&0\\0&0&1\\0&1&0\end{pmatrix}=\begin{pmatrix}\omega_2&&\\&\omega_3&\\&&\omega_1\end{pmatrix}=\boldsymbol{B},$$

于是 $\boldsymbol{A}\simeq\widetilde{\boldsymbol{A}}$，且 $\widetilde{\boldsymbol{A}}\simeq\boldsymbol{B}$，从而 $\boldsymbol{A}\simeq\boldsymbol{B}$.

例 6.7 设三阶对角矩阵

$$\boldsymbol{A}=\begin{pmatrix}a_1^2&&\\&a_2^2&\\&&-a_3^2\end{pmatrix},\quad \boldsymbol{B}=\begin{pmatrix}1&&\\&1&\\&&-1\end{pmatrix},$$

其中 $a_1,a_2,a_3\neq0$，试证 $\boldsymbol{A}\simeq\boldsymbol{B}$.

证明 设

$$\boldsymbol{C}=\begin{pmatrix}\dfrac{1}{a_1}&&\\&\dfrac{1}{a_2}&\\&&\dfrac{1}{a_3}\end{pmatrix},$$

则有

$$\boldsymbol{C}^{\mathrm{T}}\boldsymbol{A}\boldsymbol{C}=\begin{pmatrix}\dfrac{1}{a_1}&&\\&\dfrac{1}{a_2}&\\&&\dfrac{1}{a_3}\end{pmatrix}\begin{pmatrix}a_1^2&&\\&a_2^2&\\&&-a_3^2\end{pmatrix}\begin{pmatrix}\dfrac{1}{a_1}&&\\&\dfrac{1}{a_2}&\\&&\dfrac{1}{a_3}\end{pmatrix}=\begin{pmatrix}1&&\\&1&\\&&-1\end{pmatrix}=\boldsymbol{B},$$

所以 $\boldsymbol{A}\simeq\boldsymbol{B}$.

6.3.2 化二次型为标准形和规范型

例 6.8 用配方法将下述二次型化为标准形，并写出所使用的线性变换.

(1) $2x_1x_2-4x_1x_3+x_2^2+6x_2x_3+8x_3^2$；

(2) $x_1x_2+x_1x_3-3x_2x_3$；

(3) $(x_1-x_2)^2+(x_2-x_3)^2+(x_3-x_1)^2$.

解 (1)
$$\begin{aligned}f&=2x_1x_2-4x_1x_3+x_2^2+6x_2x_3+8x_3^2\\&=(x_2^2+2x_1x_2+6x_2x_3)-4x_1x_3+8x_3^2\\&=(x_1+x_2+3x_3)^2-x_1^2-9x_2^3-6x_1x_3-4x_1x_3+8x_2^3\\&=(x_1+x_2+3x_3)^2-(x_1^2+10x_1x_3)-x_3^2\\&=(x_1+x_2+3x_3)^2-(x_1+5x_3)^2+24x_3^2.\end{aligned}$$

令

$$\begin{cases} y_1 = x_1 + x_2 + 3x_3, \\ y_2 = \qquad\qquad x_3, \\ y_3 = x_1 \qquad + 5x_3, \end{cases}$$

由系数行列式

$$\begin{vmatrix} 1 & 1 & 3 \\ 0 & 0 & 1 \\ 1 & 0 & 5 \end{vmatrix} = 1 \neq 0,$$

从而求得由 x_1, x_2, x_3 到 y_1, y_2, y_3 的非退化线性变换

$$\begin{cases} x_1 = \qquad -5y_2 + y_3, \\ x_2 = y_1 + 2y_2 - y_3, \\ x_3 = \qquad\quad y_2. \end{cases}$$

利用上述线性变换,可将二次型 f 化为标准形

$$f = y_1^2 + 24y_2^2 - y_3^2.$$

(2) 令线性变换

$$\begin{cases} x_1 = y_1 + y_2, \\ x_2 = y_1 - y_2, \\ x_3 = \qquad\qquad y_3, \end{cases}$$

由系数行列式

$$\begin{vmatrix} 1 & 1 & 0 \\ 1 & -1 & 0 \\ 0 & 0 & 1 \end{vmatrix} = -2 \neq 0$$

可知,线性变换是非退化的.利用此线性变换可将由 x_1, x_2, x_3 表达的二次型

$$f = x_1x_2 + x_1x_3 - 3x_2x_3$$

化为由变量 y_1, y_2, y_3 表达的二次型:

$$\begin{aligned} f &= (y_1 + y_2)(y_1 - y_2) + (y_1 + y_2)y_3 - 3(y_1 - y_2)y_3 \\ &= y_1^2 - y_2^2 - 2y_1y_3 + 4y_2y_3 = (y_1^2 - 2y_1y_3) - y_2^2 + 4y_2y_3 \\ &= (y_1 - y_3)^2 - (y_3^2 - 4y_2y_3) - y_2^2 = (y_1 - y_3)^2 - (y_3 - 2y_2)^2 + 3y_2^2. \end{aligned}$$

令

$$\begin{cases} z_1 = y_1 \qquad\quad - y_3, \\ z_2 = \qquad y_2, \\ z_3 = \quad -2y_2 + y_3, \end{cases}$$

由系数行列式

$$\begin{vmatrix} 1 & 0 & -1 \\ 0 & 1 & 0 \\ 0 & -2 & 1 \end{vmatrix} = 1 \neq 0,$$

可求得由 y_1, y_2, y_3 到 z_1, z_2, z_3 的非退化线性变换

$$\begin{cases} y_1 = z_1 + 2z_2 + z_3, \\ y_2 = \quad z_2, \\ y_3 = \quad 2z_2 + z_3. \end{cases}$$

由此线性变换可进一步将由 z_1, z_2, z_3 表达的二次型化为由 z_1, z_2, z_3 表达的二次型标准形

$$f = z_1^2 + 3z_2^2 - z_3^2.$$

(3) $f = (x_1 - x_2)^2 + (x_2 - x_3)^2 + (x_3 - x_1)^2$

$$\begin{aligned} &= (2x_1^2 - 2x_1x_2 - 2x_1x_3) + 2x_2^2 - 2x_2x_3 + 2x_3^2 \\ &= 2\left(x_1 - \frac{1}{2}x_2 - \frac{1}{2}x_3\right)^2 - \frac{1}{2}x_2^2 - \frac{1}{2}x_3^2 - x_2x_3 + 2x_2^2 - 2x_2x_3 + 2x_3^2 \\ &= 2\left(x_1 - \frac{1}{2}x_2 - \frac{1}{2}x_3\right)^2 + \frac{3}{2}(x_2 - x_3)^2. \end{aligned}$$

令

$$\begin{cases} y_1 = x_1 - \frac{1}{2}x_2 - \frac{1}{2}x_3, \\ y_2 = \quad x_2 - x_3, \\ y_3 = \quad x_3, \end{cases}$$

由系数行列式

$$\begin{vmatrix} 1 & -\frac{1}{2} & -\frac{1}{2} \\ 0 & 1 & -1 \\ 0 & 0 & 1 \end{vmatrix} = 1 \neq 0,$$

可求得由 x_1, x_2, x_3 到 y_1, y_2, y_3 的非退化线性变换

$$\begin{cases} x_1 = y_1 + \frac{1}{2}y_2 + y_3, \\ x_2 = \quad y_2 + y_3, \\ x_3 = \quad y_3. \end{cases}$$

利用此线性变换可将二次型化为标准形

$$f = 2y_1^2 + \frac{3}{2}y_2^2.$$

小结 本例从三个不同的侧面说明如何正确理解和使用配方法.

(1) 使用配方法时,应先找出一个有平方项的变量,将含有此变量的所有的项集中在

一起配完全平方.正确的配方应该满足这样的要求:经配方后所余各项中不再出现该变量.照此办法继续配方,直至将所有的项都包含在完全平方项中.按此程序所得的线性变换必定非退化.

(2) 如果二次型中只有混合项,没有平方项,则应像例6.8(2)题的解那样,先将一个混合项经过线性变换变成两个新变量的平方差,然后按前述办法实施配方法.

(3) 例6.8(3)中二次型虽已表示成平方和,但必须特别指出,不能据此设

$$\begin{cases} y_1 = x_1 - x_2, \\ y_2 = x_2 - x_3, \\ y_3 = -x_1 + x_3, \end{cases}$$

因为系数行列式

$$\begin{vmatrix} 1 & -1 & 0 \\ 0 & 1 & -1 \\ -1 & 0 & 1 \end{vmatrix} = 0,$$

所以不能由此求得由 x_1, x_2, x_3 到 y_1, y_2, y_3 的非退化线性变换,使二次型化为 $f = y_1^2 + y_2^2 + y_3^2$.正确的做法只能是先将括号去掉,然后按前述办法依次逐个变量重新配方.所得标准形的平方项只有两个.

(4) 按配方法得到的线性变换和标准形都不是唯一的.事实上,比如例6.8(1),如令 $y_1 = k(x_1 + x_2 + 3x_3)$ $(k \neq 0)$,或令 $y_1 = x_1 + 5x_3$, $y_3 = x_1 + x_2 + 3x_3$,其他不变,这样一来,所得线性变换和二次型的标准形都会是另外的样子.但无论怎样,不管用什么方法所得的二次型的标准形中所含平方项的个数是唯一确定的.如在实数域中讨论实二次型,其标准形中所含正负平方项的个数也都是唯一确定的.

例 6.9 利用初等变换法将例6.8中(1)和(2)的二次型化为标准形,同时写出所使用的线性变换.

解 (1)
$$\begin{pmatrix} \boldsymbol{A} \\ \cdots \\ \boldsymbol{E} \end{pmatrix} = \begin{pmatrix} 0 & 1 & -2 \\ 1 & 1 & 3 \\ -2 & 3 & 8 \\ \hdashline 1 & 0 & 0 \\ 0 & 1 & 0 \\ 0 & 0 & 1 \end{pmatrix} \xrightarrow{①②\text{对调}} \begin{pmatrix} 1 & 0 & -2 \\ 1 & 1 & 3 \\ 3 & -2 & 8 \\ \hdashline 0 & 1 & 0 \\ 1 & 0 & 0 \\ 0 & 0 & 1 \end{pmatrix}$$

$$\xrightarrow{①②\text{对调}} \begin{pmatrix} 1 & 1 & 3 \\ 1 & 0 & -2 \\ 3 & -2 & 8 \\ \hdashline 0 & 1 & 0 \\ 1 & 0 & 0 \\ 0 & 0 & 1 \end{pmatrix} \xrightarrow{②-①,③-3\times①} \begin{pmatrix} 1 & 0 & 0 \\ 1 & -1 & -5 \\ 3 & -5 & -1 \\ \hdashline 0 & 1 & 0 \\ 1 & -1 & -3 \\ 0 & 0 & 1 \end{pmatrix}$$

$$\xrightarrow{②-①,③-3\times①}\begin{pmatrix}1&0&0\\0&-1&-5\\0&-5&-1\\\hdashline 0&1&0\\1&-1&-3\\0&0&1\end{pmatrix}\xrightarrow{③-5\times②}\begin{pmatrix}1&0&0\\0&-1&0\\0&-5&24\\\hdashline 0&1&-5\\1&-1&2\\0&0&1\end{pmatrix}$$

$$\xrightarrow{③-5\times②}\begin{pmatrix}1&0&0\\0&-1&0\\0&0&24\\\hdashline 0&1&-5\\1&-1&2\\0&0&1\end{pmatrix}=\begin{pmatrix}\boldsymbol{C}^{\mathrm{T}}\boldsymbol{AC}\\\hdashline \boldsymbol{C}\end{pmatrix}.$$

令 $\boldsymbol{x}=\boldsymbol{Cy}$,其中 $\boldsymbol{x}=(x_1,x_2,x_3)^{\mathrm{T}}$,$\boldsymbol{y}=(y_1,y_2,y_3)^{\mathrm{T}}$,即

$$\begin{cases}x_1= \quad\quad y_2-5y_3,\\x_2=y_1-y_2+2y_3,\\x_3= \quad\quad\quad\quad y_3.\end{cases}$$

因为 $\boldsymbol{C}$ 是由单位矩阵经初等列变换而得,所以 $\boldsymbol{C}$ 是可逆的,线性变换 $\boldsymbol{x}=\boldsymbol{Cy}$ 是非退化的.利用此线性变换,二次型化为标准形 $f=y_1^2-y_2^2+24y_3^2$.

(2) $$\begin{pmatrix}\boldsymbol{A}\\\hdashline\boldsymbol{E}\end{pmatrix}=\begin{pmatrix}0&\frac{1}{2}&\frac{1}{2}\\\frac{1}{2}&0&-\frac{3}{2}\\\frac{1}{2}&-\frac{3}{2}&0\\\hdashline 1&0&0\\0&1&0\\0&0&1\end{pmatrix}\xrightarrow{①+②}\begin{pmatrix}\frac{1}{2}&\frac{1}{2}&\frac{1}{2}\\\frac{1}{2}&0&-\frac{3}{2}\\-1&-\frac{3}{2}&0\\\hdashline 1&0&0\\1&1&0\\0&0&1\end{pmatrix}$$

$$\xrightarrow{①+②}\begin{pmatrix}1&\frac{1}{2}&-1\\\frac{1}{2}&0&-\frac{3}{2}\\-1&-\frac{3}{2}&0\\\hdashline 1&0&0\\1&1&0\\0&0&1\end{pmatrix}\xrightarrow{②-\frac{1}{2}\times①,③+①}\begin{pmatrix}1&0&0\\\frac{1}{2}&-\frac{1}{4}&-1\\-1&-1&-1\\\hdashline 1&-\frac{1}{2}&1\\1&\frac{1}{2}&1\\0&0&1\end{pmatrix}$$

$$\xrightarrow{②-\frac{1}{2}\times①,③+①}\begin{pmatrix}1 & 0 & 0\\ 0 & -\frac{1}{4} & -1\\ 0 & -1 & -1\\ \hdashline 1 & -\frac{1}{2} & 1\\ 1 & \frac{1}{2} & 1\\ 0 & 0 & 1\end{pmatrix}\xrightarrow{③-4\times②}\begin{pmatrix}1 & 0 & 0\\ 0 & -\frac{1}{4} & 0\\ 0 & -1 & 3\\ \hdashline 1 & -\frac{1}{2} & 3\\ 1 & \frac{1}{2} & -1\\ 0 & 0 & 1\end{pmatrix}$$

$$\xrightarrow{③-4\times②}\begin{pmatrix}1 & 0 & 0\\ 0 & -\frac{1}{4} & 0\\ 0 & 0 & 3\\ \hdashline 1 & -\frac{1}{2} & 3\\ 1 & \frac{1}{2} & -1\\ 0 & 0 & 1\end{pmatrix}\xrightarrow{②③对调}\begin{pmatrix}1 & 0 & 0\\ 0 & 0 & -\frac{1}{4}\\ 0 & 3 & 0\\ \hdashline 1 & 3 & -\frac{1}{2}\\ 1 & -1 & \frac{1}{2}\\ 0 & 1 & 0\end{pmatrix}$$

$$\xrightarrow{②③对调}\begin{pmatrix}1 & 0 & 0\\ 0 & 3 & 0\\ 0 & 0 & -\frac{1}{4}\\ \hdashline 1 & 3 & -\frac{1}{2}\\ 1 & -1 & \frac{1}{2}\\ 0 & 1 & 0\end{pmatrix}=\begin{pmatrix}\boldsymbol{C}^{\mathrm{T}}\boldsymbol{AC}\\ \hdashline \boldsymbol{C}\end{pmatrix}.$$

令 $\boldsymbol{x}=\boldsymbol{Cy}$，即

$$\begin{cases}x_1 = y_1 + 3y_2 - \frac{1}{2}y_3,\\ x_2 = y_1 - \ \ y_2 + \frac{1}{2}y_3,\\ x_3 = \qquad\quad y_2.\end{cases}$$

由于 $\boldsymbol{C}$ 可逆，线性变换 $\boldsymbol{x}=\boldsymbol{Cy}$ 非退化. 利用此线性变换，二次型化为标准形

$$f = y_1^2 + 3y_2^2 - \frac{1}{4}y_3^2.$$

小结 (1) 利用初等变换法求二次型的标准形时，原则上应该在做一次初等列变换之后，就接着做与此相应的初等行变换. 但为了表达简洁，也可连续做几次初等列变换，使 $\boldsymbol{A}$ 的某一行(位于对角元素右侧)所有非对角元素都化为零，然后相应地做几次初等行变换，此时由 $\boldsymbol{A}$ 变来的矩阵仍保持为对称矩阵. 否则计算有错，应回头检查.

(2) 算得的最后结果是否正确,只需验算 $\boldsymbol{B}=\boldsymbol{C}^{\mathrm{T}}\boldsymbol{A}\boldsymbol{C}$ 是否成立,其中 $\boldsymbol{B}$ 为 $\boldsymbol{A}$ 变换来的矩阵. 以例 6.9(2)为例,只需验算下式是否成立:

$$\begin{pmatrix}1&0&0\\0&3&0\\0&0&-\frac{1}{4}\end{pmatrix}=\begin{pmatrix}1&3&-\frac{1}{2}\\1&-1&\frac{1}{2}\\0&1&0\end{pmatrix}^{\mathrm{T}}\begin{pmatrix}0&\frac{1}{2}&\frac{1}{2}\\\frac{1}{2}&0&-\frac{3}{2}\\\frac{1}{2}&-\frac{3}{2}&0\end{pmatrix}\begin{pmatrix}1&3&-\frac{1}{2}\\1&-1&\frac{1}{2}\\0&1&0\end{pmatrix}.$$

例 6.10 利用正交变换将下列二次型化为标准形,并写出所做的变换.

(1) $5x_1^2+2x_2^2+5x_3^2-4x_1x_2-8x_1x_3+4x_2x_3$;

(2) $2x_1x_2-2x_3x_4$.

解 (1) 二次型的矩阵为

$$\boldsymbol{A}=\begin{pmatrix}5&-2&-4\\-2&2&2\\-4&2&5\end{pmatrix}.$$

由特征多项式

$$|\lambda\boldsymbol{E}-\boldsymbol{A}|=\begin{vmatrix}\lambda-5&2&4\\2&\lambda-2&-2\\4&-2&\lambda-5\end{vmatrix}=(\lambda-1)^2(\lambda-10)$$

得特征值 $\lambda=1,1,10$.

对于 $\lambda_1=1$(二重根),解齐次线性方程组 $(\lambda_1\boldsymbol{E}-\boldsymbol{A})\boldsymbol{x}=\boldsymbol{0}$. 由

$$\lambda_1\boldsymbol{E}-\boldsymbol{A}=\begin{pmatrix}-4&2&4\\2&-1&-2\\4&-2&-4\end{pmatrix}\rightarrow\begin{pmatrix}1&-\frac{1}{2}&-1\\0&0&0\\0&0&0\end{pmatrix}$$

可知,$\mathrm{r}(\lambda_1\boldsymbol{E}-\boldsymbol{A})=1$,基础解系(包含两个自由未知量)为

$$\begin{pmatrix}\frac{1}{2}\\1\\0\end{pmatrix},\quad\begin{pmatrix}1\\0\\1\end{pmatrix},$$

即得属于 $\lambda_1=1$ 的两个线性无关的特征向量

$$\boldsymbol{\alpha}_1=\begin{pmatrix}1\\2\\0\end{pmatrix},\quad\boldsymbol{\alpha}_2=\begin{pmatrix}1\\0\\1\end{pmatrix},$$

由此可得正交特征向量

$$\boldsymbol{\beta}_1=\boldsymbol{\alpha}_1=\begin{pmatrix}1\\2\\0\end{pmatrix},\quad\boldsymbol{\beta}_2=\boldsymbol{\alpha}_2-\frac{(\boldsymbol{\alpha}_2,\boldsymbol{\beta}_1)}{(\boldsymbol{\beta}_1,\boldsymbol{\beta}_1)}\boldsymbol{\beta}_1=\begin{pmatrix}1\\0\\1\end{pmatrix}-\frac{1}{5}\begin{pmatrix}1\\2\\0\end{pmatrix}=\begin{pmatrix}\frac{4}{5}\\-\frac{2}{5}\\1\end{pmatrix}.$$

经单位化可得到单位正交特征向量组

$$\begin{pmatrix} \frac{1}{\sqrt{5}} \\ \frac{2}{\sqrt{5}} \\ 0 \end{pmatrix}, \quad \begin{pmatrix} \frac{4}{3\sqrt{5}} \\ -\frac{2}{3\sqrt{5}} \\ \frac{\sqrt{5}}{3} \end{pmatrix}.$$

对于 $\lambda_3=10$，解齐次线性方程组 $(\lambda_3\boldsymbol{E}-\boldsymbol{A})\boldsymbol{x}=\boldsymbol{0}$. 由

$$\lambda_3\boldsymbol{E}-\boldsymbol{A}=10\boldsymbol{E}-\boldsymbol{A}=\begin{pmatrix} 5 & 2 & 4 \\ 2 & 8 & -2 \\ 4 & -2 & 5 \end{pmatrix} \to \begin{pmatrix} 1 & 0 & 1 \\ 0 & 1 & -\frac{1}{2} \\ 0 & 0 & 0 \end{pmatrix}$$

可知，$r(\lambda_3\boldsymbol{E}-\boldsymbol{A})=2$，基础解系(仅含一个向量)为

$$\begin{pmatrix} -1 \\ \frac{1}{2} \\ 1 \end{pmatrix},$$

得单位特征向量

$$\begin{pmatrix} -\frac{2}{3} \\ \frac{1}{3} \\ \frac{2}{3} \end{pmatrix}.$$

令正交矩阵

$$\boldsymbol{Q}=\begin{pmatrix} \frac{1}{\sqrt{5}} & \frac{4}{3\sqrt{5}} & -\frac{2}{3} \\ \frac{2}{\sqrt{5}} & -\frac{2}{3\sqrt{5}} & \frac{1}{3} \\ 0 & \frac{\sqrt{5}}{3} & \frac{2}{3} \end{pmatrix},$$

可知

$$\boldsymbol{Q}^{\mathrm{T}}\boldsymbol{A}\boldsymbol{Q}=\begin{pmatrix} 1 & & \\ & 1 & \\ & & 10 \end{pmatrix}.$$

令正交变换 $\boldsymbol{x}=\boldsymbol{Q}\boldsymbol{y}$，即

$$\begin{cases} x_1=\frac{1}{\sqrt{5}}y_1+\frac{4}{3\sqrt{5}}y_2-\frac{2}{3}y_3, \\ x_2=\frac{2}{\sqrt{5}}y_1-\frac{2}{3\sqrt{5}}y_2+\frac{1}{3}y_3, \\ x_3=\frac{\sqrt{5}}{3}y_2+\frac{2}{3}y_3, \end{cases}$$

则二次型化为标准形

$$f = y_1^2 + y_2^2 + 10y_3^2.$$

（2）二次型的矩阵

$$\boldsymbol{A} = \begin{pmatrix} 0 & 1 & 0 & 0 \\ 1 & 0 & 0 & 0 \\ 0 & 0 & 0 & -1 \\ 0 & 0 & -1 & 0 \end{pmatrix}.$$

由特征多项式

$$|\lambda\boldsymbol{E} - \boldsymbol{A}| = \begin{vmatrix} \lambda & -1 & 0 & 0 \\ -1 & \lambda & 0 & 0 \\ 0 & 0 & \lambda & 1 \\ 0 & 0 & 1 & \lambda \end{vmatrix} = (\lambda - 1)^2(\lambda + 1)^2,$$

可知特征值为± 1(两个二重根).

对于$\lambda_1 = 1$(二重根),解齐次线性方程组$(\lambda_1\boldsymbol{E} - \boldsymbol{A})\boldsymbol{x} = \boldsymbol{0}$. 由

$$\lambda_1\boldsymbol{E} - \boldsymbol{A} = \begin{pmatrix} 1 & -1 & 0 & 0 \\ -1 & 1 & 0 & 0 \\ 0 & 0 & 1 & 1 \\ 0 & 0 & 1 & 1 \end{pmatrix} \to \begin{pmatrix} 1 & -1 & 0 & 0 \\ 0 & 0 & 1 & 1 \\ 0 & 0 & 0 & 0 \\ 0 & 0 & 0 & 0 \end{pmatrix}$$

得基础解系(包含两个向量)

$$\begin{pmatrix} 1 \\ 1 \\ 0 \\ 0 \end{pmatrix}, \quad \begin{pmatrix} 0 \\ 0 \\ 1 \\ -1 \end{pmatrix}.$$

从而得标准正交特征向量组

$$\begin{pmatrix} \frac{1}{\sqrt{2}} \\ \frac{1}{\sqrt{2}} \\ 0 \\ 0 \end{pmatrix}, \quad \begin{pmatrix} 0 \\ 0 \\ \frac{1}{\sqrt{2}} \\ -\frac{1}{\sqrt{2}} \end{pmatrix}.$$

对于$\lambda_3 = -1$(二重根),解齐次线性方程组$(\lambda_3\boldsymbol{E} - \boldsymbol{A})\boldsymbol{x} = \boldsymbol{0}$. 由

$$\lambda_3\boldsymbol{E} - \boldsymbol{A} = \begin{pmatrix} -1 & -1 & 0 & 0 \\ -1 & -1 & 0 & 0 \\ 0 & 0 & -1 & 1 \\ 0 & 0 & 1 & -1 \end{pmatrix} \to \begin{pmatrix} 1 & 1 & 0 & 0 \\ 0 & 0 & 1 & -1 \\ 0 & 0 & 0 & 0 \\ 0 & 0 & 0 & 0 \end{pmatrix}$$

得基础解系(包含两个向量)

$$\begin{pmatrix}-1\\1\\0\\0\end{pmatrix},\quad \begin{pmatrix}0\\0\\1\\1\end{pmatrix},$$

从而得标准正交特征向量组

$$\begin{pmatrix}-\frac{1}{\sqrt{2}}\\\frac{1}{\sqrt{2}}\\0\\0\end{pmatrix},\quad \begin{pmatrix}0\\0\\\frac{1}{\sqrt{2}}\\\frac{1}{\sqrt{2}}\end{pmatrix}.$$

于是得正交矩阵

$$\boldsymbol{Q}=\begin{pmatrix}\frac{1}{\sqrt{2}} & 0 & -\frac{1}{\sqrt{2}} & 0\\ \frac{1}{\sqrt{2}} & 0 & \frac{1}{\sqrt{2}} & 0\\ 0 & \frac{1}{\sqrt{2}} & 0 & \frac{1}{\sqrt{2}}\\ 0 & -\frac{1}{\sqrt{2}} & 0 & \frac{1}{\sqrt{2}}\end{pmatrix},$$

使得

$$\boldsymbol{Q}^{\mathrm{T}}\boldsymbol{A}\boldsymbol{Q}=\begin{pmatrix}1 & & & \\ & 1 & & \\ & & -1 & \\ & & & -1\end{pmatrix}.$$

利用正交变换 $\boldsymbol{x}=\boldsymbol{C}\boldsymbol{y}$,即

$$\begin{cases}x_1=\frac{1}{\sqrt{2}}y_1-\frac{1}{\sqrt{2}}y_3,\\ x_2=\frac{1}{\sqrt{2}}y_1+\frac{1}{\sqrt{2}}y_3,\\ x_3=\frac{1}{\sqrt{2}}y_2+\frac{1}{\sqrt{2}}y_4,\\ x_4=-\frac{1}{\sqrt{2}}y_2+\frac{1}{\sqrt{2}}y_4,\end{cases}$$

将二次型化为标准形

$$f=y_1^2+y_2^2-y_3^2-y_4^2.$$

例 6.11 设矩阵

$$A=\begin{pmatrix}0&1&0&0\\1&0&0&0\\0&0&y&1\\0&0&1&2\end{pmatrix}.$$

(1) 已知 A 的一个特征值为 3,试求 y;

(2) 求矩阵 P,使得 $(AP)^{\mathrm{T}}(AP)$ 为对角矩阵.

分析 由 $|3E-A|=0$ 可求得 y. 因为 $(AP)^{\mathrm{T}}(AP)=P^{\mathrm{T}}(A^{\mathrm{T}}A)P$,而 $A^{\mathrm{T}}A$ 为对称矩阵,要求 P,使 $P^{\mathrm{T}}(A^{\mathrm{T}}A)P$ 为对角矩阵,可先求 $A^{\mathrm{T}}A$ 的特征值及对应的特征向量,并把重根所对应特征值的特征向量正交化,最后把所有特征向量再单位化. 以这些特征向量为列构造矩阵 P,即可满足要求,这是标准的实对称矩阵对角化问题. 考虑到实对称矩阵与二次型之间的一一对应关系,本题更简便的方法是: 写出实对称矩阵 $A^{\mathrm{T}}A$ 对应的二次型,用配方法(或初等变换法),找出非退化线性变换 $x=Py$ 使此二次型化为标准形,则 P 即为所求的矩阵. 实对称矩阵的对角化问题,均可按此思路分析.

解 (1) 因为

$$|\lambda E-A|=\begin{vmatrix}\lambda&-1&0&0\\-1&\lambda&0&0\\0&0&\lambda-y&-1\\0&0&-1&\lambda-2\end{vmatrix}$$
$$=(\lambda^2-1)[\lambda^2-(y+2)\lambda+2y-1]=0,$$

当 $\lambda=3$ 时,代入上式解得 $y=2$. 于是

$$A=\begin{pmatrix}0&1&0&0\\1&0&0&0\\0&0&2&1\\0&0&1&2\end{pmatrix}.$$

(2) $(AP)^{\mathrm{T}}(AP)=P^{\mathrm{T}}(A^{\mathrm{T}}A)P$,而

$$A^{\mathrm{T}}A=A^2=\begin{pmatrix}1&0&0&0\\0&1&0&0\\0&0&5&4\\0&0&4&5\end{pmatrix}$$

为对称矩阵. 考虑二次型

$$f=x^{\mathrm{T}}A^2x=x_1^2+x_2^2+5x_3^2+5x_4^2+8x_3x_4=x_1^2+x_2^2+5\left(x_3+\frac{4}{5}x_4\right)^2+\frac{9}{5}x_4^2.$$

令 $y_1=x_1, y_2=x_2, y_3=x_3+\frac{4}{5}x_4, y_4=x_4$,得

$$\begin{pmatrix}x_1\\x_2\\x_3\\x_4\end{pmatrix}=\begin{pmatrix}1&0&0&0\\0&1&0&0\\0&0&1&-\frac{4}{5}\\0&0&0&1\end{pmatrix}\begin{pmatrix}y_1\\y_2\\y_3\\y_4\end{pmatrix}.$$

取

$$\boldsymbol{P}=\begin{pmatrix}1&0&0&0\\0&1&0&0\\0&0&1&-\frac{4}{5}\\0&0&0&1\end{pmatrix},$$

则有

$$(\boldsymbol{AP})^{\mathrm{T}}(\boldsymbol{AP})=\boldsymbol{P}^{\mathrm{T}}(\boldsymbol{A}^{\mathrm{T}}\boldsymbol{A})\boldsymbol{P}=\begin{pmatrix}1&0&0&0\\0&1&0&0\\0&0&5&0\\0&0&0&\frac{9}{5}\end{pmatrix}.$$

例 6.12 将下列二次型化成规范形,并指出其正惯性指数.

$$f=x_1^2-2x_2^2+2x_3^2-4x_1x_2+x_1x_3+8x_2x_3.$$

解 先用配方法将二次型 f 化为标准形 $f=\sum_{i=1}^{k}d_iy_i^2$,然后做线性变换

$$y_i=\begin{cases}\dfrac{1}{\sqrt{|d_i|}}z_i, & i=1,2,\cdots,r,\\ z_i, & i=r+1,2,\cdots,n,\end{cases}$$

即得二次型的规范形.用配方法或初等变换法可将原二次型化为标准形

$$f_1=y_1^2-6y_2^2+\frac{26}{3}y_3^2,$$

且所做的非退化线性变换为 $\boldsymbol{C}_1=\begin{pmatrix}1&2&2/3\\0&1&4/3\\0&0&1\end{pmatrix}$ (化标准形的过程省略).

做线性变换

$$\begin{cases}y_1=z_1,\\ y_2=\dfrac{1}{\sqrt{6}}z_3\\ y_3=\sqrt{\dfrac{3}{26}}z_2\end{cases},\quad \boldsymbol{C}_2=\begin{pmatrix}1&0&0\\0&0&\frac{1}{\sqrt{6}}\\0&\sqrt{\frac{3}{26}}&0\end{pmatrix},$$

则得二次型 f 的规范形

$$f=z_1^2+z_2^2-z_3^2,$$

其正惯性指数为 $p=2$. 由 x_1,x_2,x_3 到 z_1,z_2,z_3 的非退化线性变换为

$$C=C_1C_2=\begin{pmatrix}1 & 2 & \frac{2}{3}\\ 0 & 1 & \frac{4}{3}\\ 0 & 0 & 1\end{pmatrix}\begin{pmatrix}1 & 0 & 0\\ 0 & 0 & \frac{1}{\sqrt{6}}\\ 0 & \sqrt{\frac{3}{26}} & 0\end{pmatrix}=\begin{pmatrix}1 & \frac{2}{\sqrt{78}} & \frac{2}{\sqrt{6}}\\ 0 & \frac{4}{\sqrt{78}} & \frac{1}{\sqrt{6}}\\ 0 & \frac{3}{\sqrt{78}} & 0\end{pmatrix}.$$

6.3.3　已知二次型通过正交变换化为标准形，求二次型中的参数

例 6.13　设二次型

$$f=x_1^2+x_2^2+x_3^2+2\alpha x_1x_2+2\beta x_2x_3+2x_1x_3$$

经正交变换 $\boldsymbol{x}=\boldsymbol{Q}\boldsymbol{y}$ 化成 $f=y_1^2+2y_3^2$，试求常数 α,β.

解　设变换前后二次型的矩阵分别为

$$\boldsymbol{A}=\begin{pmatrix}1 & \alpha & 1\\ \alpha & 1 & \beta\\ 1 & \beta & 1\end{pmatrix},\quad \boldsymbol{B}=\begin{pmatrix}0 & 0 & 0\\ 0 & 1 & 0\\ 0 & 0 & 2\end{pmatrix},$$

则 $\boldsymbol{A}$ 与 $\boldsymbol{B}$ 是相似矩阵，故 $|\lambda\boldsymbol{E}-\boldsymbol{A}|=|\lambda\boldsymbol{E}-\boldsymbol{B}|$，即

$$\begin{vmatrix}\lambda-1 & -\alpha & -1\\ -\alpha & \lambda-1 & -\beta\\ -1 & -\beta & \lambda-1\end{vmatrix}=\begin{vmatrix}\lambda & 0 & 0\\ 0 & \lambda-1 & 0\\ 0 & 0 & \lambda-2\end{vmatrix},$$

即

$$\lambda^3-3\lambda^2+(2-\alpha^2-\beta^2)\lambda+(\alpha-\beta)^2=\lambda^3-3\lambda^2+2\lambda.$$

令 $\lambda=0$，得 $\alpha=\beta$；令 $\lambda=1$，得 $\alpha^2+\beta^2=0$. 于是必有 $\alpha=\beta=0$ 即为所求的常数.

小结　解此类问题的一般思路是：设变换前后二次型所对应的矩阵分别是 $\boldsymbol{A},\boldsymbol{B}$，则由于是通过正交变换化二次型为标准形，必有 $\boldsymbol{A}\sim\boldsymbol{B}$，从而 $|\lambda\boldsymbol{E}-\boldsymbol{A}|=|\lambda\boldsymbol{E}-\boldsymbol{B}|$，由此可求出参数.

6.3.4　正定二次型(正定矩阵)的有关命题

1. 判断具体二次型是否正定

例 6.14　判断下列二次型是否为正定的：

$$f=2x_1^2+5x_2^2+5x_3^2+4x_1x_2-4x_1x_3-8x_2x_3.$$

解法一　配方法. 由于

$$f=2(x_1+x_2-x_3)^2+3\left(x_2-\frac{2}{3}x_3\right)^2+\frac{3}{5}x_3^2,$$

令

$$\begin{cases} y_1 = x_1 + x_2 - x_3, \\ y_2 = x_2 - \dfrac{2}{3}x_3, \\ y_3 = x_3, \end{cases}$$

或等价地,令

$$\begin{cases} x_1 = y_1 - y_2 + \dfrac{1}{3}y_3, \\ x_2 = y_2 + \dfrac{2}{3}y_3, \\ x_3 = y_3, \end{cases}$$

由于系数行列式

$$\begin{vmatrix} 1 & -1 & \dfrac{1}{3} \\ 0 & 1 & \dfrac{2}{3} \\ 0 & 0 & 1 \end{vmatrix} = 1 \neq 0,$$

所以由 x_1, x_2, x_3 到 y_1, y_2, y_3 的线性变换是非退化的. 通过此线性变换,二次型化为标准形

$$f = 2y_1^2 + 3y_2^2 + \frac{5}{3}y_3^2.$$

由于正惯性指数 $p=n=3$,所以二次型 f 是正定的.

解法二 初等变换法. 对二次型的矩阵 $\boldsymbol{A}$ 连续施行初等行变换和相应的初等列变换,直至将矩阵化为对角矩阵.

$$\boldsymbol{A} = \begin{pmatrix} 2 & 2 & -2 \\ 2 & 5 & -4 \\ -2 & -4 & 5 \end{pmatrix} \xrightarrow[]{\substack{②-① \\ ③+①}} \begin{pmatrix} 2 & 2 & -2 \\ 0 & 3 & -2 \\ 0 & -2 & 3 \end{pmatrix} \xrightarrow[\substack{②-① \\ ③+①}]{} \begin{pmatrix} 2 & 0 & 0 \\ 0 & 3 & -2 \\ 0 & -2 & 3 \end{pmatrix}$$

$$\xrightarrow{③+\frac{2}{3}\times②} \begin{pmatrix} 2 & 0 & 0 \\ 0 & 3 & -2 \\ 0 & 0 & \dfrac{5}{3} \end{pmatrix} \xrightarrow[③+\frac{2}{3}\times②]{} \begin{pmatrix} 2 & 0 & 0 \\ 0 & 3 & 0 \\ 0 & 0 & \dfrac{5}{3} \end{pmatrix},$$

由于最后得到的矩阵的主对角线上元素全为正,所以二次型 f 是正定的.

解法三 矩阵特征值法. 由二次型 f 得矩阵 $\boldsymbol{A}$ 的特征多项式

$$|\lambda\boldsymbol{E} - \boldsymbol{A}| = \begin{vmatrix} \lambda-2 & -2 & 2 \\ -2 & \lambda-5 & 4 \\ 2 & 4 & \lambda-5 \end{vmatrix} = (\lambda-1)^2(\lambda-10),$$

可知 $\boldsymbol{A}$ 的全部特征值 1,1,10 全为正,所以二次型 f 是正定的.

解法四 顺序主子式法.由于

$$A_1=2>0,\quad A_2=\begin{vmatrix}2&2\\2&5\end{vmatrix}=6>0,\quad A_3=\begin{vmatrix}2&2&-2\\2&5&-4\\-2&-4&5\end{vmatrix}=10>0,$$

$\boldsymbol{A}$ 的顺序主子式全部为正,所以二次型 f 是正定的.

小结 判断具体给出的二次型是否正定,一般使用上述四种常用的方法.

2. 证明抽象二次型(或矩阵 $\boldsymbol{A}$)为正定二次型(或正定矩阵)

例 6.15 设 $\boldsymbol{A}$ 为 $m\times n$ 实矩阵,且 $n<m$,证明:$\boldsymbol{A}^{\mathrm{T}}\boldsymbol{A}$ 为正定矩阵的充要条件是 $\mathrm{r}(\boldsymbol{A})=n$.

分析 必要性易证.由一个矩阵正定的充要条件是其对应的二次型是正定的即可证明充分性.

证明 必要性 设 $\boldsymbol{A}^{\mathrm{T}}\boldsymbol{A}$ 为正定矩阵,则 $|\boldsymbol{A}^{\mathrm{T}}\boldsymbol{A}|>0$,即 $\boldsymbol{A}^{\mathrm{T}}\boldsymbol{A}$ 为可逆矩阵,从而 $\mathrm{r}(\boldsymbol{A})\geqslant\mathrm{r}(\boldsymbol{A}^{\mathrm{T}}\boldsymbol{A})=n$,但 $\mathrm{r}(\boldsymbol{A})\leqslant\min\{m,n\}=n$,故 $\mathrm{r}(\boldsymbol{A})=n$.

充分性 设 $\mathrm{r}(\boldsymbol{A})=n$,则对任意 n 维列向量 $\boldsymbol{x}\neq\boldsymbol{0}$,有 $\boldsymbol{A}\boldsymbol{x}\neq\boldsymbol{0}$,于是

$$\boldsymbol{x}^{\mathrm{T}}(\boldsymbol{A}^{\mathrm{T}}\boldsymbol{A})\boldsymbol{x}=(\boldsymbol{A}\boldsymbol{x})^{\mathrm{T}}(\boldsymbol{A}\boldsymbol{x})>0.$$

根据定义可知 $\boldsymbol{A}^{\mathrm{T}}\boldsymbol{A}$ 正定.

例 6.16 设 $\boldsymbol{A}$ 为 m 阶实对称矩阵且正定,$\boldsymbol{B}$ 为 $m\times n$ 实矩阵,$\boldsymbol{B}^{\mathrm{T}}$ 为 $\boldsymbol{B}$ 的转置矩阵,试证:$\boldsymbol{B}^{\mathrm{T}}\boldsymbol{A}\boldsymbol{B}$ 为正定矩阵的充分必要条件是 $\mathrm{r}(\boldsymbol{B})=n$.

证明 充分性 用定义法证明.

因 $(\boldsymbol{B}^{\mathrm{T}}\boldsymbol{A}\boldsymbol{B})^{\mathrm{T}}=\boldsymbol{B}^{\mathrm{T}}\boldsymbol{A}^{\mathrm{T}}\boldsymbol{B}=\boldsymbol{B}^{\mathrm{T}}\boldsymbol{A}\boldsymbol{B}$,故 $\boldsymbol{B}^{\mathrm{T}}\boldsymbol{A}\boldsymbol{B}$ 为实对称矩阵.

若 $\mathrm{r}(\boldsymbol{B})=n$,则线性方程组 $\boldsymbol{B}\boldsymbol{x}=\boldsymbol{0}$ 只有零解,从而对任意实 n 维列向量 $\boldsymbol{x}\neq\boldsymbol{0}$,有 $\boldsymbol{B}\boldsymbol{x}\neq\boldsymbol{0}$.

因为 $\boldsymbol{A}$ 为正定矩阵,所以对于 $\boldsymbol{B}\boldsymbol{x}\neq\boldsymbol{0}$,有 $(\boldsymbol{B}\boldsymbol{x})^{\mathrm{T}}\boldsymbol{A}(\boldsymbol{B}\boldsymbol{x})>0$.于是当 $\boldsymbol{x}\neq\boldsymbol{0}$ 时,$\boldsymbol{x}^{\mathrm{T}}(\boldsymbol{B}^{\mathrm{T}}\boldsymbol{A}\boldsymbol{B})\boldsymbol{x}>0$,故 $\boldsymbol{B}^{\mathrm{T}}\boldsymbol{A}\boldsymbol{B}$ 为正定矩阵.

必要性 方法一:设 $\boldsymbol{B}^{\mathrm{T}}\boldsymbol{A}\boldsymbol{B}$ 为正定矩阵,则对任意实 n 维列向量 $\boldsymbol{x}\neq\boldsymbol{0}$,有 $\boldsymbol{x}^{\mathrm{T}}(\boldsymbol{B}^{\mathrm{T}}\boldsymbol{A}\boldsymbol{B})\boldsymbol{x}>\boldsymbol{0}$,即

$$(\boldsymbol{B}\boldsymbol{x})^{\mathrm{T}}\boldsymbol{A}(\boldsymbol{B}\boldsymbol{x})>0.$$

于是,$\boldsymbol{B}\boldsymbol{x}\neq\boldsymbol{0}$,因此,$\boldsymbol{B}\boldsymbol{x}=\boldsymbol{0}$ 只有零解,从而 $\mathrm{r}(\boldsymbol{B})=n$.

方法二:$\boldsymbol{B}^{\mathrm{T}}\boldsymbol{A}\boldsymbol{B}$ 为 $n\times n$ 正定矩阵,则 $\mathrm{r}(\boldsymbol{B}^{\mathrm{T}}\boldsymbol{A}\boldsymbol{B})=n$,从而

$$\mathrm{r}(\boldsymbol{B})>\mathrm{r}(\boldsymbol{B}^{\mathrm{T}}\boldsymbol{A}\boldsymbol{B})=n,$$

又 $\mathrm{r}(\boldsymbol{B})\leqslant n$,故 $\mathrm{r}(\boldsymbol{B})=n$.

例 6.17 设 $\boldsymbol{A}$ 为 $m\times n$ 实矩阵,$\boldsymbol{E}$ 为 n 阶单位矩阵,已知矩阵 $\boldsymbol{B}=\lambda\boldsymbol{E}+\boldsymbol{A}^{\mathrm{T}}\boldsymbol{A}$,试证:当 $\lambda>0$ 时,矩阵 $\boldsymbol{B}$ 为正定矩阵.

证明 用定义法. 因为

$$\boldsymbol{B}^{\mathrm{T}}=(\lambda\boldsymbol{E}+\boldsymbol{A}^{\mathrm{T}}\boldsymbol{A})^{\mathrm{T}}=\lambda\boldsymbol{E}+\boldsymbol{A}^{\mathrm{T}}\boldsymbol{A}=\boldsymbol{B},$$

所以 $\boldsymbol{B}$ 为 n 阶对称矩阵. 对于任意的实 n 维向量 $\boldsymbol{x}$，有

$$\boldsymbol{x}^{\mathrm{T}}\boldsymbol{B}\boldsymbol{x}=\boldsymbol{x}^{\mathrm{T}}(\lambda\boldsymbol{E}+\boldsymbol{A}^{\mathrm{T}}\boldsymbol{A})\boldsymbol{x}=\lambda\boldsymbol{x}^{\mathrm{T}}\boldsymbol{x}+\boldsymbol{x}^{\mathrm{T}}\boldsymbol{A}^{\mathrm{T}}\boldsymbol{A}\boldsymbol{x}=\lambda\boldsymbol{x}^{\mathrm{T}}\boldsymbol{x}+(\boldsymbol{A}\boldsymbol{x})^{\mathrm{T}}\boldsymbol{A}\boldsymbol{x}.$$

当 $\boldsymbol{x}\neq\boldsymbol{0}$ 时，有 $\boldsymbol{x}^{\mathrm{T}}\boldsymbol{x}>0$，$(\boldsymbol{A}\boldsymbol{x})^{\mathrm{T}}\boldsymbol{A}\boldsymbol{x}>0$. 因此，当 $\lambda>0$ 时，对任意 $\boldsymbol{x}\neq\boldsymbol{0}$，有

$$\boldsymbol{x}^{\mathrm{T}}\boldsymbol{B}\boldsymbol{x}=\lambda\boldsymbol{x}^{\mathrm{T}}\boldsymbol{x}+(\boldsymbol{A}\boldsymbol{x})^{\mathrm{T}}\boldsymbol{A}\boldsymbol{x}>0,$$

即 $\boldsymbol{B}$ 为正定矩阵.

小结 要证明某抽象二次型 $\boldsymbol{x}^{\mathrm{T}}\boldsymbol{A}\boldsymbol{x}$ 为正定二次型大多用定义法. 若证明抽象矩阵 $\boldsymbol{A}$ 正定，一般采用定义法和特征值法(证 $\boldsymbol{A}$ 的特征值全大于零).

注 正定矩阵必须是对称矩阵，因此在论证之前应注意 $\boldsymbol{A}$ 是否为对称矩阵，若不是对称矩阵，根本谈不上正定性.

3. 已知二次型 $f=\boldsymbol{x}^{\mathrm{T}}\boldsymbol{A}\boldsymbol{x}$ 正定，求 $\boldsymbol{A}$ 中参数的取值范围

例 6.18 t 满足什么条件时下列二次型是正定的：

(1) $f(x_1,x_2,x_3)=5x_1^2+x_2^2+x_3^2+4x_1x_2-2x_1x_3+2tx_2x_3$；

(2) $f(x_1,x_2,x_3)=x_1^2+4x_2^2+x_3^2+2tx_1x_2+10x_1x_3+6tx_2x_3$.

解 (1) 由已给二次型可知其矩阵为

$$\boldsymbol{A}=\begin{pmatrix}5&2&-1\\2&1&t\\-1&t&1\end{pmatrix},$$

其顺序主子式为

$$A_1=5,\quad A_2=\begin{vmatrix}5&2\\2&1\end{vmatrix}=1,\quad A_3=\begin{vmatrix}5&2&-1\\2&1&t\\-1&t&1\end{vmatrix}=-t(5t+4),$$

可知，当 $-\frac{4}{5}<t<0$ 时所有顺序主子式大于零，即当 t 满足 $-\frac{4}{5}<t<0$ 时，$f(x_1,x_2,x_3)$ 是正定的.

(2) 由已给二次型可知其矩阵为

$$\boldsymbol{A}=\begin{pmatrix}1&t&5\\t&4&3\\5&3&1\end{pmatrix},$$

其顺序主子式为

$$A_1=1,\quad A_2=\begin{vmatrix}1&t\\t&4\end{vmatrix}=4-t^2,\quad A_3=\begin{vmatrix}1&t&5\\t&4&3\\5&3&1\end{vmatrix}=-t^2+30t-105,$$

由于 $4-t^2$ 和 $-t^2+30t-105$ 不能同时大于零，所以不论 t 取什么值，二次型 $f(x_1,x_2,x_3)$ 都不能是正定的.

4. 已知二次型 $f(x_1,x_2,x_3)=\boldsymbol{x}^{\mathrm{T}}\boldsymbol{A}\boldsymbol{x}$（或对称矩阵）正定，求证其他结论

例 6.19 已知 $\boldsymbol{A}$ 为正定矩阵，$\boldsymbol{E}$ 是 n 阶单位矩阵，证明 $|\boldsymbol{A}+\boldsymbol{E}|>0$.

证法一 设 $\boldsymbol{A}$ 的特征值分别为 $\lambda_1,\lambda_2,\cdots,\lambda_n$，则有

$$|\lambda_i\boldsymbol{E}-\boldsymbol{A}|=0 \quad (i=1,2,\cdots,n),$$

即 $|(\lambda_i+1)\boldsymbol{E}-(\boldsymbol{A}+\boldsymbol{E})|=0$，所以 λ_i+1 是 $\boldsymbol{A}+\boldsymbol{E}$ 的特征值.

因为 $\boldsymbol{A}$ 为正定矩阵，所以 $\lambda_i>0$，从而 $\lambda_i+1>1$，故

$$|\boldsymbol{A}+\boldsymbol{E}|=(\lambda_1+1)(\lambda_2+1)\cdots(\lambda_n+1)>1.$$

证法二 因为 $\boldsymbol{A}$ 为正定矩阵，故存在正交矩阵 $\boldsymbol{Q}$，使

$$\boldsymbol{Q}^{\mathrm{T}}\boldsymbol{A}\boldsymbol{Q}=\boldsymbol{Q}^{-1}\boldsymbol{A}\boldsymbol{Q}=\begin{pmatrix}\lambda_1 & & & \\ & \lambda_2 & & \\ & & \ddots & \\ & & & \lambda_n\end{pmatrix},$$

其中 $\lambda_i>0(i=1,2,\cdots,n)$ 是 $\boldsymbol{A}$ 的特征值，因此

$$\boldsymbol{A}=\boldsymbol{Q}\begin{pmatrix}\lambda_1 & & & \\ & \lambda_2 & & \\ & & \ddots & \\ & & & \lambda_n\end{pmatrix}\boldsymbol{Q}^{-1},$$

于是

$$\boldsymbol{A}+\boldsymbol{E}=\boldsymbol{Q}\begin{pmatrix}\lambda_1 & & & \\ & \lambda_2 & & \\ & & \ddots & \\ & & & \lambda_n\end{pmatrix}\boldsymbol{Q}^{-1}+\boldsymbol{Q}\boldsymbol{E}\boldsymbol{Q}^{-1}=\boldsymbol{Q}\begin{pmatrix}\lambda_1+1 & & & \\ & \lambda_2+1 & & \\ & & \ddots & \\ & & & \lambda_n+1\end{pmatrix}\boldsymbol{Q}^{-1},$$

从而有

$$|\boldsymbol{A}+\boldsymbol{E}|=|\boldsymbol{Q}|\begin{vmatrix}\lambda_1+1 & & & \\ & \lambda_2+1 & & \\ & & \ddots & \\ & & & \lambda_n+1\end{vmatrix}|\boldsymbol{Q}^{-1}|$$

$$=(\lambda_1+1)(\lambda_2+1)\cdots(\lambda_n+1)>1.$$

例 6.20 试证二次型 $\sum\limits_{i=1}^{n}x_i^2+\sum\limits_{1\leqslant i<j\leqslant n}x_ix_j$ 正定.

证法一 由二次型矩阵

$$A=\begin{pmatrix}1&\frac{1}{2}&\frac{1}{2}&\cdots&\frac{1}{2}\\ \frac{1}{2}&1&\frac{1}{2}&\cdots&\frac{1}{2}\\ \vdots&\vdots&\vdots&&\vdots\\ \frac{1}{2}&\frac{1}{2}&\frac{1}{2}&\cdots&1\end{pmatrix}$$

可知，其 k 阶顺序主子式

$$A_k=\begin{vmatrix}1&\frac{1}{2}&\frac{1}{2}&\cdots&\frac{1}{2}\\ \frac{1}{2}&1&\frac{1}{2}&\cdots&\frac{1}{2}\\ \vdots&\vdots&\vdots&&\vdots\\ \frac{1}{2}&\frac{1}{2}&\frac{1}{2}&\cdots&1\end{vmatrix}=\frac{k+1}{2^k}>0\quad(k=1,2,\cdots,n),$$

所以 $\boldsymbol{A}$ 为正定矩阵，即所给二次型为正定二次型.

证法二 题设二次型的矩阵 $\boldsymbol{A}=\frac{1}{2}(\boldsymbol{E}+\boldsymbol{e}\boldsymbol{e}^{\mathrm{T}})$，其中 $\boldsymbol{e}=(1,1,\cdots,1)^{\mathrm{T}}$. 由于

$$\boldsymbol{A}^2=\frac{1}{4}(\boldsymbol{E}+(n+2)\boldsymbol{e}\boldsymbol{e}^{\mathrm{T}}),$$

容易验证 $\boldsymbol{A}$ 满足 $4\boldsymbol{A}^2-2(n+2)\boldsymbol{A}+(n+1)\boldsymbol{E}=\boldsymbol{0}$，于是 $\boldsymbol{A}$ 的特征值 λ 满足

$$4\lambda^2-2(n+2)\lambda+(n+1)=(4\lambda-(n+1))(\lambda-1)=0,$$

即 $\boldsymbol{A}$ 的特征值只能是 $\lambda=\frac{n+1}{4}$ 或 1，可见特征值为正. 因此 $\boldsymbol{A}$ 为正定矩阵，即二次型为正定二次型.

6.4 自测题

1. 填空

(1) 二次型 $f(x_1,x_2,x_3,x_4)=x_1^2+2x_2^2+3x_3^2+4x_1x_2+2x_2x_3$ 的系数矩阵为________.

(2) 矩阵 $\boldsymbol{A}=\begin{pmatrix}1&2&4\\2&2&-1\\4&-1&3\end{pmatrix}$ 对应的二次型是________.

(3) 若二次型 $f(x_1,x_2,x_3)=x_1^2+4x_2^2+2x_3^2+2tx_1x_2+2x_1x_3$ 是正定的，那么 t 应满足不等式________.

(4) 实二次型 $f(x_1,x_2,x_3)=x_1^2-x_2^2+3x_3^2$ 的秩为________，正惯性指数为________，负惯性指数为________.

(5) 设 n 阶实对称矩阵 $\boldsymbol{A}$ 的特征值分别为 $1,2,\cdots,n$，则当 t ________时，$t\boldsymbol{E}-\boldsymbol{A}$ 为正定矩阵.

(6) 若 n 阶实对称矩阵 $\boldsymbol{A}$ 的秩为 $r(<n)$ 且 $\boldsymbol{A}^2=\boldsymbol{A}$，则 $\boldsymbol{A}$ 是________矩阵(正定、半正定，……)，正惯性指数为________.

(7) 实二次型的规范形由________唯一确定；复二次型的规范形由________唯一确定.

(8) 实对称矩阵 $\boldsymbol{A}$ 正定的充要条件是它的特征值________.

(9) 设 $\boldsymbol{A}$ 是实对称可逆矩阵，则将 $f=\boldsymbol{x}^{\mathrm{T}}\boldsymbol{A}\boldsymbol{x}$ 化为 $f=\boldsymbol{y}^{\mathrm{T}}\boldsymbol{A}^{-1}\boldsymbol{y}$ 的线性变换为________.

(10) 设 $\boldsymbol{A}$ 为 n 阶方阵，那么 $\boldsymbol{A}\boldsymbol{A}^{\mathrm{T}}$ 是________(对称矩阵、非对称矩阵、对角矩阵).

2. 选择题

(1) 设 $\boldsymbol{A},\boldsymbol{B}$ 均为 n 阶方阵，$\boldsymbol{x}=(x_1,x_2,\cdots,x_n)^{\mathrm{T}}$，且 $\boldsymbol{x}^{\mathrm{T}}\boldsymbol{A}\boldsymbol{x}=\boldsymbol{x}^{\mathrm{T}}\boldsymbol{B}\boldsymbol{x}$，当(　　)时，$\boldsymbol{A}=\boldsymbol{B}$.

(A) $\mathrm{r}(\boldsymbol{A})=\mathrm{r}(\boldsymbol{B})$　　(B) $\boldsymbol{A}^{\mathrm{T}}=\boldsymbol{A}$

(C) $\boldsymbol{B}^{\mathrm{T}}=\boldsymbol{B}$　　(D) $\boldsymbol{A}^{\mathrm{T}}=\boldsymbol{A}$ 且 $\boldsymbol{B}^{\mathrm{T}}=\boldsymbol{B}$

(2) 实二次型 $f(x_1,x_2,x_3,x_4)=\boldsymbol{x}^{\mathrm{T}}\boldsymbol{A}\boldsymbol{x}$ 为正定二次型的充分必要条件是(　　).

(A) $|\boldsymbol{A}|>0$

(B) 存在 n 阶可逆矩阵 $\boldsymbol{C}$，使 $\boldsymbol{A}=\boldsymbol{C}^{\mathrm{T}}\boldsymbol{C}$

(C) 负惯性指数为零

(D) 对于某一 $\boldsymbol{x}=(x_1,x_2,\cdots,x_n)^{\mathrm{T}}\neq\boldsymbol{0}$，有 $\boldsymbol{x}^{\mathrm{T}}\boldsymbol{A}\boldsymbol{x}>0$

(3) 实二次型 $f(x_1,x_2,x_3,x_4)=x_1^2+2x_1x_2+tx_2^2+3x_3^2$，当 $t=$(　　)时，其秩为 2.

(A) 0　　(B) 1　　(C) 2　　(D) 3

(4) 设 $\boldsymbol{A},\boldsymbol{B}$ 为同阶可逆矩阵，则(　　).

(A) $\boldsymbol{A}\boldsymbol{B}=\boldsymbol{B}\boldsymbol{A}$

(B) 存在可逆矩阵 $\boldsymbol{P}$，使 $\boldsymbol{P}^{-1}\boldsymbol{A}\boldsymbol{P}=\boldsymbol{B}$

(C) 存在可逆矩阵 $\boldsymbol{C}$，使 $\boldsymbol{C}^{\mathrm{T}}\boldsymbol{A}\boldsymbol{C}=\boldsymbol{B}$

(D) 存在可逆矩阵 $\boldsymbol{P}$ 和 $\boldsymbol{Q}$，使 $\boldsymbol{P}\boldsymbol{A}\boldsymbol{Q}=\boldsymbol{B}$

(5) 设 $\boldsymbol{A}$ 为正定矩阵，则下列矩阵中(　　)不一定是正定的.

(A) $\boldsymbol{A}^{\mathrm{T}}$　　(B) $\boldsymbol{A}^{-1}$　　(C) $\boldsymbol{A}+\boldsymbol{E}$　　(D) $\boldsymbol{A}-\boldsymbol{E}$

(6) 设 $\boldsymbol{A}$ 是一个三阶实矩阵，如果对任意一个三维列向量 $\boldsymbol{x}$，都有 $\boldsymbol{x}^{\mathrm{T}}\boldsymbol{A}\boldsymbol{x}=0$，那么(　　).

(A) $|\boldsymbol{A}|=0$　　(B) $|\boldsymbol{A}|>0$　　(C) $|\boldsymbol{A}|<0$　　(D) 以上都不是

(7) n 阶实对称矩阵 $\boldsymbol{A}$ 为正定矩阵的充分必要条件是(　　).

(A) 所有 k 阶子式为正$(k=1,2,\cdots,n)$

(B) $\boldsymbol{A}$ 的所有特征值非负

(C) $\boldsymbol{A}^{-1}$ 为正定矩阵

(D) $\mathrm{r}(\boldsymbol{A})=n$

(8) 设 $\boldsymbol{A},\boldsymbol{B}$ 都是 n 阶实对称矩阵，且都正定，那么 $\boldsymbol{AB}$ 是(　　).

(A) 实对称矩阵　(B) 正定矩阵　(C) 可逆矩阵　(D) 正交矩阵

(9) 下列矩阵(　　)为正定的.

(A) $\begin{pmatrix}1&2&0\\2&3&0\\0&0&2\end{pmatrix}$　(B) $\begin{pmatrix}1&2&0\\2&4&0\\0&0&2\end{pmatrix}$

(C) $\begin{pmatrix}1&-2&0\\-2&5&0\\0&0&-2\end{pmatrix}$　(D) $\begin{pmatrix}2&0&0\\0&1&2\\0&2&5\end{pmatrix}$

(10) 设 $\boldsymbol{A},\boldsymbol{B}$ 是 n 阶正定矩阵，则(　　)是正定矩阵.

(A) $\boldsymbol{A}^*+\boldsymbol{B}^*$　(B) $\boldsymbol{A}^*-\boldsymbol{B}^*$　(C) $\boldsymbol{A}^*\boldsymbol{B}^*$　(D) $k_1\boldsymbol{A}^*+k_2\boldsymbol{B}^*$

3. 对二次型 $f=2x_1^2+x_2^2-4x_1x_2-4x_2x_3$ 分别做下列两个非退化线性替换.

(1) $\begin{pmatrix}x_1\\x_2\\x_3\end{pmatrix}=\begin{pmatrix}1&1&-2\\0&1&-2\\0&0&1\end{pmatrix}\begin{pmatrix}y_1\\y_2\\y_3\end{pmatrix}$;　(2) $\begin{pmatrix}x_1\\x_2\\x_3\end{pmatrix}=\begin{pmatrix}\frac{1}{\sqrt{2}}&1&-1\\0&1&-1\\0&0&\frac{1}{2}\end{pmatrix}\begin{pmatrix}y_1\\y_2\\y_3\end{pmatrix}$.

4. 试用配方法将二次型 $f(x_1,x_2,x_3)=x_1^2+x_2^2+3x_3^2+4x_1x_2+2x_1x_3+2x_2x_3$ 化为标准形(平方和)和规范形.

5. 用初等变换法将二次型 $f(x_1,x_2,x_3,x_4)=x_1^2+x_2^2+x_3^2+x_4^2+2x_1x_2+2x_2x_3+2x_3x_4$ 化为规范形，并求所做的非退化变换矩阵，且用矩阵验算结果.

6. 已知二次型 $f(x_1,x_2,x_3)=2x_1^2+3x_2^2+3x_3^2+2ax_2x_3\ (a>0)$，通过正交变换化成标准形 $f=y_1^2+2y_2^2+5x_3^2$，求参数 a 及所用的正交变换矩阵.

7. 设矩阵 $\boldsymbol{A}=\begin{pmatrix}1&0&1\\0&2&0\\1&0&1\end{pmatrix}$，矩阵 $\boldsymbol{B}=(k\boldsymbol{E}+\boldsymbol{A})^2$，其中 k 为实数，$\boldsymbol{E}$ 为单位矩阵. 求对角矩阵 $\boldsymbol{\Lambda}$，使 $\boldsymbol{B}$ 与 $\boldsymbol{\Lambda}$ 相似，并求 k 为何值时，$\boldsymbol{B}$ 为正定矩阵.

8. 设 $\boldsymbol{A}_1\simeq\boldsymbol{A}_2,\boldsymbol{B}_1\simeq\boldsymbol{B}_2$. 试证

$$\begin{pmatrix}\boldsymbol{A}_1&\\&\boldsymbol{B}_1\end{pmatrix}\simeq\begin{pmatrix}\boldsymbol{A}_2&\\&\boldsymbol{B}_2\end{pmatrix}.$$

9. 判断三元二次型 $f=x_1^2+5x_2^2+x_3^2+4x_1x_2-4x_2x_3$ 的正定性.

10. $\boldsymbol{A}$ 是 n 阶实对称矩阵,$\boldsymbol{AB}+\boldsymbol{B}^{\mathrm{T}}\boldsymbol{A}$ 是正定矩阵,证明 $\boldsymbol{A}$ 可逆.

11. 设 $\boldsymbol{A}$ 是 n 阶正定矩阵,证明:$|\boldsymbol{A}+2\boldsymbol{E}|>2^n$.

6.5 自测题参考答案与提示

1. (1) $\begin{pmatrix}1&2&0&0\\2&2&1&0\\0&1&3&0\\0&0&0&0\end{pmatrix}$.

(2) $f(x_1,x_2,x_3,x_4)=x_1^2+2x_2^2+3x_3^2+4x_1x_2+8x_1x_3-2x_2x_3$.

(3) $-\sqrt{2}<t<\sqrt{2}$. (4) 3;2;1. (5) $>n$. (6) 半正定;r.

(7) 二次型的秩和正惯性指数;二次型的秩. (8) 全大于零. (9) $\boldsymbol{x}=\boldsymbol{A}^{-1}\boldsymbol{y}$.

(10) 对称矩阵.

2. (1) (D). (2) (B). (3) (B). (4) (D). (5) (D). (6) (A). (7) (C). (8) (C). (9) (D). (10) (A).

3. (1) $f=2y_1^2-y_2^2+4y_3^2$. (2) $f=y_1^2-y_2^2+y_3^2$.

4. $f(x_1,x_2,x_3)=y_1^2-3y_2^2+\dfrac{7}{3}y_3^2$;$f(x_1,x_2,x_3)=y_1^2+y_2^2-y_3^2$.

5. $f=y_1^2+y_2^2+y_3^2-y_4^2$, $\boldsymbol{C}=\begin{pmatrix}1&0&1&-1\\0&0&-1&1\\0&1&0&-1\\0&0&1&0\end{pmatrix}$.

6. $a=2$, $\boldsymbol{Q}=\begin{pmatrix}0&1&0\\\dfrac{1}{\sqrt{2}}&0&\dfrac{1}{\sqrt{2}}\\-\dfrac{1}{\sqrt{2}}&0&\dfrac{1}{\sqrt{2}}\end{pmatrix}$.

7. $\boldsymbol{\Lambda}=\begin{pmatrix}(k+2)^2&0&0\\0&(k+2)^2&0\\0&0&k^2\end{pmatrix}$;当 $k\neq-2$ 且 $k\neq0$ 时,$\boldsymbol{B}$ 正定.

8. 略.

9. f 不是正定的.

10~11. 略.